教育部职业教育与成人教育司推荐教材
职业教育电力技术类专业教学用书

电工材料

主　编　曾　荣
副主编　王　霞
编　写　叶　荣
主　审　刘景峰　黄天戍

中国电力出版社
CHINA ELECTRIC POWER PRESS

内 容 提 要

本书共分5章，主要内容为普通导电材料、特殊导电材料、绝缘材料、磁性材料和其他电工材料。教材文字简练、理论联系实际、图表并茂、内容新颖、深入浅出、涉及面广。通过学习电工材料的基础知识，在理解、掌握主要理论知识的基础上，让学生了解并记住常用电工材料的性能、特点、用途、使用范围、型号、规格及表示方法，达到在实践和应用中能合理、经济地选用电工材料、正确使用电工材料的目的。

本书可作为高职高专相关专业的教学用书，也可作为成人院校电气类专业及农村电工岗位培训的教材，也可供有关科技人员学习、参考。

图书在版编目（CIP）数据

电工材料/曾荣主编．—北京：中国电力出版社，2007.12（2024.11重印）

教育部职业教育与成人教育司推荐教材

ISBN 978-7-5083-6239-7

Ⅰ．电…　Ⅱ．曾…　Ⅲ．电工材料—高等学校：技术学校—教材　Ⅳ．TM2

中国版本图书馆CIP数据核字（2007）第174674号

中国电力出版社出版、发行

（北京市东城区北京站西街19号　100005　http://www.cepp.sgcc.com.cn）

三河市航远印刷有限公司印刷

各地新华书店经售

*

2007年12月第一版　2024年11月北京第十五次印刷

787毫米×1092毫米　16开本　12印张　291千字

定价 **36.00** 元

前言

本书为教育部职业教育与成人教育司推荐教材，是根据教育部审定的电力技术类专业主干课程的教学大纲编写而成的，并列入教育部《2004～2007年职业教育教材开发编写计划》。本书经中国电力教育协会和中国电力出版社组织专家评审，又列为全国电力高等职业教育规划教材，作为高等职业教育电力技术类专业教学用书。

本书体现了职业教育的性质、任务和培养目标；符合职业教育的课程教学基本要求和有关岗位、技术等级要求；具有思想性、科学性、适合国情的先进性和教学适应性；符合职业教育的特点和规律，具有明显的职业教育特色；符合国家有关部门颁发的技术质量标准。本书既可以作为学历教育教学用书，也可作为职业资格和岗位技能的培训教材。

高等职业教育是我国高等教育的重要组成部分。随着高等职业教育发展，为适应高职高专人才的培养要求，对教学模式、培养方案，特别是教材都作出了相应的调整。

本书是以能力培养为目标，以够用为度、实用为本、应用为主的原则编写，对电工材料中的导电材料、特殊导电材料、绝缘材料、磁性材料、其他电工材料等五个主要方面的新知识、新技术、新工艺和新方法进行了系统的介绍，具有典型的职业教育特色。

本书文字简练、理论联系实际、图表并茂、内容新颖、深入浅出、涉及面广。通过学习电工材料的基础知识，在理解、掌握主要理论知识的基础上，让学生了解并记住常用电工材料的性能、特点、用途、使用范围、型号、规格及表示方法，达到在实践和应用中能合理、经济地选用电工材料，正确使用电工材料的目的。

本书以三年制高职高专学生为主要编写对象，也可作为成人院校电气类专业的教学用书及农村电工岗位的培训用书；在内容上，保证了生产、技术、管理人员和高、中、初级实用人才所需的知识面和使用面，同时可供有关科技人员学习、参考。

本书中的章、节之间，可以相对独立，自由取舍，适合于以学制模块式的教学方式和综合化课程的教学要求。本书不仅是一本通俗易懂的职业教育教材，同时也是一本很好的资料参考书籍。

教材的教学参考学时为60学时。

本书由曾荣副教授（武汉电力职业技术学院）任主编，并编写绪论及第1章、第2章；王霞讲师（保定电力职业技术学院）任副主编，编写了第4章、第5章；叶荣副教授（武汉电力职业技术学院）编写第3章。刘景峰副教授（保定电力职业技术学院）担任本书主审。本书在编写过程中，曾多次得到黄天成教授、博导（武汉大学）的指导和审阅。周南星同志（武汉电力职业技术学院）对本书的编写原则及内容提出了许多宝贵意见。在此，一并表示衷心感谢。

限于编者的学识水平，书中不足和疏漏之处在所难免，殷切希望使用本书的广大读者批评指正。

编　者

武汉电力职业技术学院

2007 年 6 月

目 录

绪　论

材料学属于一门边缘学科，是研究、生产、使用材料的专门学科。

各种电工仪器、仪表、机械设备、电气设备以及电力系统所应用的材料，根据其专门用途可分为结构材料、电工材料、修饰材料等。

电工材料由于被广泛地应用于直接涉及人类社会的生产、生活、科学技术和社会活动等各个领域范畴。同时，随着科学技术的发展与进步，对社会起到日益突出的先导作用。尤其是新型的电工材料不断问世，对于现代科技、高电压技术的发展和社会经济的进步有着巨大的推动作用。因此，正确地使用电工材料亦日趋引起人们的重视。

电工材料是指包括对于任何电器、电机、电力系统等内部所发生的电磁过程起到有效作用的材料。这样，可以归入电工材料的有：

（1）用以传导电流的材料——导电材料；

（2）限制电流通过的绝缘材料（电介质）；

（3）储积或通导磁通的材料——磁性材料；

（4）半导体以及其他特殊电工材料。

熟悉最主要的电工材料，说明它们的性质，解释当电磁场作用于这些材料时其中发生的基本物理过程是本课程的主要任务。用理论分析方法系统地介绍各种电工材料的性能、特点、用途、使用范围、型号、规格及表示方法，在实际应用中利用各种电工材料的特性来经济选材、正确用材的方法及注意事项，科学合理地选择、使用电工材料，是本课程的主要目的。

导电材料可用来制成控制电能以及产生热、光、磁、化学效应等的器件或装置，分为普通导电材料、特殊导电材料等。它具有高的导电性、足够的机械强度、不易氧化、不易腐蚀、容易加工和容易焊接等特性。随着电工技术的发展，普通导电材料将会向节省铜材，用铝代铜，逐步提高综合性能（即高强度、轻、耐温、耐燃）的方向发展；特殊导电材料则会向高品质、多样化方向发展。

光纤通信在我国已有 20 多年的使用历史。光纤光缆在我国的发展可以分为这样几个阶段：①对光缆可用性的探讨；②取代市内局间中继线的市话电缆和 PCM 电缆；③取代有线通信干线上的高频对称电缆和同轴电缆；④正在取代接入网的主干线和配线的市话主干电缆和配线电缆，进入局域网和室内综合布线系统。目前，光纤光缆已经进入了有线通信的各个领域，包括邮电通信、广播通信、电力通信和军用通信等领域。

光缆的结构总是随着光网络的发展、使用环境的要求而不断改进。新一代的全光网络要求光缆能够提供更宽的带宽、容纳更多的波长、传送更高的速率、便于安装维护、使用寿命更长等。

绝缘材料在提高产品质量、缩小产品体积、降低产品成本、提高产品的可靠性和安全性等方面都起着显著的作用。它的主要功能是：隔离电位不同的导体；改善高压电场中的电位梯度；为电容器提供储存或释放电能的条件；在电气工程中起灭弧、散热、冷却、防潮、防腐蚀、防辐射、防电晕，以及机械支撑、固定导体、保护导体等作用。它可以分为气态绝缘材料、液态绝缘材料、半固态绝缘材料、固态绝缘材料等多种类别。随着绝缘技术的发展，将会不断改进绝缘材料的工艺水平，向耐高压、耐高温、耐低温、阻燃、无毒无害、节能、复合绝缘以及提高绝缘质量和可靠性等方向发展。

超导技术的应用，是科技现代化的重要标志之一。超导材料的电阻消失和具有完全抗磁性，是超导体互相独立的两个基本特征。目前，超导体需要的温度很低，使它的应用在很大程度上受到限制。我国及其他各国都在积极进行研究，寻找较高温度下的超导体，探索把超导材料应用到实际中的可能性。随着更高临界温度超导体的巨大突破，现代科学技术的各个方面都将发生更深刻的变化。

磁性材料按其磁性特点与应用情况分为硬磁材料和软磁材料。硬磁材料在一定空间产生恒定磁场，可以作为磁能量源的一类材料。它的磁滞回线较宽、具有较大的矫顽力、剩磁大、磁滞现象比较显著。并且一旦经过磁化很不容易去磁，能长期保持磁性基本不变。软磁材料具有磁滞回线狭窄、磁导率高、矫顽力较小等特点，在工程上主要用于减小磁路的磁阻、增强磁通量。随着特殊磁性材料技术的发展，新型的磁性材料不断问世，并广泛应用于计算机的记忆、记录等存储元件以及录音、录像、磁控开关等设备中，在科技现代化中起到了重要作用。

随着电工材料日新月异的发展和进步，掌握电工材料的理论知识，利用国家标准和手册正确选用电工材料，已成为生产、技术、管理人员和高、中、初级实用人才的工作必需。

《电工材料》是一门专业基础性强而且与生产实际紧密结合的课程，被教育部职业教育与成人教育司确定为高职高专电气工程及自动化类专业的课程之一。

本书尽可能地从理论上系统介绍电工材料的新知识、新技术、新工艺和新方法，力求站在理论知识与实践相结合的角度进行编写，可以作为生产、技术、管理人员和高、中、初级实用人才准确了解和掌握常用电工材料的性能、特点，用途、使用范围、型号、规格及表示方法的培训教材。

通过《电工材料》的学习，不仅能拓展学生的知识面、丰富科学知识，更重要的是有利于对学生进行理论联系实际和综合能力的培养。而且学习电工材料的基础知识，了解或掌握主要电工材料的主要性能、用途以及适用范围，可以培养学生独立分析和解决问题的能力，在实际应用中能合理、经济地选用电工材料，达到正确使用电工材料的目的。

电工材料的种类繁多，包含了比较全面的综合性知识。学习时要注意对其基本概念、名词术语等含义的正确理解，抓住主要矛盾，全面分析、了解材料型号的含义及编制规律。可以采用列表、对比等方法掌握常用材料的特性、用途以及使用范围。另外，除了重点掌握材料的电、磁性能外，还要注意其耐热性、防潮性、化学稳定性、机械特性的选配以及选用电工材料的经济性。

第1章

普 通 导 电 材 料

§1-1　导电材料的基础知识

在工业生产中，能够传导电流的金属材料，称为导电材料。导电材料具有良好的导电性，它的电阻率一般在 $10^{-8} \sim 10^{-6}\Omega \cdot m$之间。用于导电的金属材料，在具有高导电性的同时，还应具有足够的机械强度、不易氧化、不易腐蚀、容易加工和容易焊接等多种特性。对于导电金属材料的选用问题，应根据材料的经济和资源情况进行综合考虑。

一、导电材料的基本特性和表述方式

导电材料的基本特性，一般通过它的电性能、热性能及机械性能等系列技术参数指标来进行表示。

1. 电阻率（电阻系数）与电导率

材料传导电流的能力，称为导电性。各种金属或合金的导电性均不相同，即使是同一种材料的导电性，也与其使用温度以及制作时的长短、粗细、组成、纯度等有关。

电阻率是衡量材料电性能的重要参数，它与导体的材料有关。在一定的温度下，对同一种材料电阻率是一个常数，不同的材料有着不同的电阻率。一般是将长度1m、横截面积 $1mm^2$ 的导电材料，20℃时的电阻值定义为导体的电阻率，用 ρ 表示。由电工知识有

$$\rho = \frac{RS}{L} \quad (\Omega \cdot m) \tag{1-1}$$

式中　R——材料的电阻，Ω；

S——材料的横截面积，mm^2；

L——材料的长度，m。

由式（1-1）可知，导体电阻和电阻率成正比。对于横截面积和长度都相同的不同材料：电阻率愈大，其电阻愈大，材料的导电能力愈差；电阻率愈小，其电阻愈小，材料的导电能力则愈强。因此在电力工程中，可以选用导电性能好的材料，用来达到降低输电损耗的目的。

导电材料的电性能还可以用电导率 γ 表示，电导率 γ 是电阻率 ρ 的倒数，即

$$\gamma = \frac{1}{\rho} \quad (S/m 或 S/cm)$$

2. 电阻温度系数

实验证明，导电金属材料的电阻与温度有关，随温度的增长而增加。如果导电材料在 t_0℃时的电阻为 R_0，在 t℃时的电阻为 R，则有

$$R = R_0[1 + \alpha(t - t_0)] \quad (\Omega) \tag{1-2}$$

其中，α 称为电阻的温度系数。

可见，α 与初始的电阻值 R_0 有关，显然不是固定不变的系数。

将式（1-2）整理可得

$$\alpha = \frac{R - R_0}{R_0(t - t_0)} \quad (1/℃) \tag{1-3}$$

式（1-3）说明，α 表示温度升高1℃（即 $t-t_0=1℃$）时，电阻增量（$R-R_0$）与 R_0 的比值。

不同的材料，有着不同的电阻温度系数。大多数材料的电阻值随温度的升高而增大（即 α 为正值），称它们具有正温度系数；有些材料（如碳）却因温度的升高而电阻值下降（即 α 为负值），称其为具有负温度系数。

3. 热阻系数

导电材料传导热量的能力，称为导热性。导电金属都具有导热性能，所以导热性体现了导电材料的重要特性。由于不同的金属材料热阻系数均不相同，因此在有效选择、使用导电材料时，导热性往往是不可忽视的因素。

导电材料的导热性能所反映的热阻大小，可用热阻系数 ρ_t 表示，亦即

$$R_t = \rho_t \frac{L}{S} \tag{1-4}$$

式中 R_t——热阻，Ω；

ρ_t——热阻系数，Ω·mm²/m。

式（1-4）说明，热阻系数越大，材料的热阻越大，其导热能力差；反之，导热能力好。

热阻系数的倒数称为热导系数，用 K_t 表示，即

$$K_t = \frac{1}{\rho_t} \quad [m/(\Omega \cdot mm)^2] \tag{1-5}$$

热阻的倒数称为热导，用 G_t 表示，即

$$G_t = \frac{1}{R_t} \quad (\Omega^{-1}) \tag{1-6}$$

4. 抗拉强度

导电材料的试样在拉伸试验中被拉断以前，其单位截面积所能承受的外界最大拉力，称为抗拉强度，用 υ_b 表示，即

$$\upsilon_b = \frac{P_b}{S} \quad (Pa) \tag{1-7}$$

式中 P_b——最大拉力，N；

S——材料的原横截面积，mm²。

5. 抗弯强度

导电材料在与轴线垂直的外力作用下，使材料呈现弯曲塑性变形和断裂的极限强度，称为抗弯强度，用 υ 表示，即

$$\upsilon = \frac{M}{W} \quad (Pa) \tag{1-8}$$

式中 M——所受外力矩，即弯曲力矩，N·m；

W——材料的截面积系数，mm^2。

6. 抗压强度

导电材料在压力的作用下，抵抗塑性形变的极限强度（即导电材料单位面积上所能承受的最大压力），称为抗压强度，用 υ_y 表示，即

$$\upsilon_y = \frac{P_y}{S} \quad (Pa) \tag{1-9}$$

式中 P_y——最大压力，N；

S——材料的原横截面积，mm^2。

7. 伸长率

导电材料因受外力作用被拉断后，材料总伸长长度与原长度之比的百分比，称为伸长率（亦称延伸率），用 δ 表示，即

$$\delta = \frac{L_1 - L_0}{L_0} \times 100\% \tag{1-10}$$

式中 L_1——材料拉断后的标距长度，mm；

L_0——材料原来的标距长度，mm。

8. 屈服强度

当导电材料所受的外力为载荷时，假如载荷不再增加，而导电材料本身的变形却继续增加的现象，称为屈服现象。产生屈服现象时的应力，称为屈服强度（或屈服点），用 υ_s 表示，即

$$\upsilon_s = \frac{P_s}{S} \quad (Pa) \tag{1-11}$$

式中 P_s——屈服载荷，N；

S——材料的横截面积，mm^2。

9. 蠕变强度

高温环境下的导电材料，即使所受的载荷外力小于屈服强度，但随着时间的推移也会缓慢地出现永久性变形现象，这种现象称为蠕变。

若温度一定，导电材料经过一定的时间变化，其蠕变速度没有超过规定的数值，此时它所承受的最大应力称为蠕变强度。

10. 弹性极限和弹性系数

弹性是指材料的变形随着外力撤除而消失的能力。材料能保持弹性变形的最大应力称为弹性极限。金属材料在弹性极限范围内变形时，应力和应变成正比，其比例常数为弹性系数。

11. 冲击韧性

导电金属材料对冲击力（动力载荷）的抵抗能力，称为冲击韧性。冲击韧性是衡量导电金属材料在动力载荷下承受冲击力的机械性能指标。

12. 硬度

导电材料抵抗更刚性硬物体压入其表面的能力，称为硬度。硬度不是一个单纯的物理量，它代表着弹性、塑性、塑性变形以及强度韧性等一系列不同物理量所组合的一个综合

性能指标、是一个重要的机械性能指标。

导电材料的硬度表示方法，通常有布氏硬度 HB、洛氏硬度 HR、维氏硬度 HV、肖氏硬度 HS 等；并且硬度与强度之间，还有近似的比例关系，导电材料的硬度愈高，它的强度则愈大。

13. 密度

导电材料单位体积所具有的质量，称为密度，用 ρ 表示，即

$$\rho = \frac{m}{V} \quad (\mathrm{kg/m^3} \text{ 或 } \mathrm{g/cm^3}) \tag{1-12}$$

式中 m——物质的质量，kg 或 g；

V——物质的体积，m^3 或 cm^3。

可见，导电材料的密度直接反映了其结构的质量和体积的大小。

二、导电材料的特性及用途

导电材料的主要功能是用于传输电能及电信号。能够用来导电的金属材料种类很多，其中金、银属于贵重金属并为优良导体，但由于资源少、价格昂贵，综合考虑材料的导电性、经济性以及资源情况，它们一般只用于特殊场合。在电力工程中，应用最广泛的导电金属是铜和铝。

铜由于具有较高的导电性和导热性，足够的机械强度和良好的耐腐蚀性，并具有良好的延展性和可塑性，无低温脆性、便于焊接、易于压力加工成各种型材等诸多优点，因而成为一种广泛应用的导电材料。

铝作为轻金属材料，密度是 2.7g/cm³，约为铜的 30%；铝的电导率约为铜的 61%。对于长度和电阻相同的铜和铝而言：铝材料所需的截面是铜的 1.6 倍，体积也是铜的 1.6 倍，质量却是铜的 54%；如果载流相同，铝的截面是铜的 1.5 倍。因此，具有良好的导电性；铝的导热性好，其热导率约为铜的 56%；铝的塑性好，易于加工，可拉成细丝或压成薄片，机械强度为铜的 50%。并且，铝的资源丰富、价格低廉，使用中若对导体尺寸和力学性能没有特殊要求时，可以优先考虑选用铝作为导电材料。

另外，有些合金材料的导电、导热以及可锻性等各项性能也都优于纯金属。因此，还可以根据不同的导电用途和其他特殊需要，采用合金导体以及复合金属导体作为导电材料使用。

常见导电金属的主要特性和用途，见表 1-1。

表 1-1 常见导电金属的特性及用途

名称	符号	密度 (g/cm³)	熔点 (℃)	抗拉强度 (N/mm²)	电阻率 (20℃, $10^{-2}\Omega\cdot mm^2/m$)	电阻温度系数 (20℃, 10^{-3}/℃)	主要特性	主要用途
银	Ag	10.50	961.93	160～180	1.59	3.80	导电性、导热性以及抗氧化性最好，易压力加工，焊接性能好	航空导线、耐高温导线、射频电缆等导体的镀层、瓷电容器极板等

续表

名称	符号	密度 (g/cm³)	熔点 (℃)	抗拉强度 (N/mm^2)	电阻率 (20℃, $10^{-2}\Omega\cdot mm^2/m$)	电阻温度系数 (20℃, 10^{-3}/℃)	主要特性	主要用途
铜	Cu	8.90	1084.5	200～220	1.69	3.93	导电性和导热性好，具有良好的耐蚀性和焊接性，易压力加工	各种电线电缆用导体、母线和载流零件等
金	Au	19.30	1064.43	130～140	2.40	3.40	导电性能仅次于银和铜，抗氧化性特好，易压力加工	电子材料特殊用途
铝	Al	2.70	66.37	70～80	2.65	4.03	有良好的导电性和导热性，良好的抗氧化性和耐蚀性，比重小，易压力加工	各种电线电缆用导体、母线、载流零件和电缆护层等
钼	Mo	10.2	2620	700～1000	4.77	3.30	具有硬度高和抗拉强度高的特点，耐磨，熔点高，性脆，高温易氧化，需特殊加工	超高温导体，电焊机电极，电子管栅极丝及支架等
钨	W	19.30	3387	1000～1200	5.48	4.50	抗拉强度很高，耐磨，熔点高，性脆，高温易氧化，需特殊加工	电光源灯丝，电子管灯丝及电极，超高温导体和电焊机电极等
镍	Ni	8.90	1455	400～500	6.90	6	抗氧化性能好，高温强度高，耐辐射性好	高温导体保护层，高温特殊导体，电子管阳极和阴极等零件
锡	Sn	7.30	231.96	15～27	11.4	4.20	塑性高，耐蚀性能好，强度和熔点低	导体保护层，焊料和熔丝等

§1-2　裸　导　线

裸导线（或裸导体）是指导线表面没有绝缘层的金属电线。它属于电线电缆产品中最基本的一种大类产品，应用非常广泛。

根据裸导线形状、结构和用途的不同，将它分为圆单线、型线和型材、架空用绞线、软接线四个系列；按照所用材料的组成，可分为单金属线、合金线、双金属线三种。

裸导线在工程中，主要用于电力、交通、通信工程以及电机、变压器和各种电气设备的制造。

一、裸导线型号的组成

裸导线的型号组成及代号含义，见表1-2。

表1-2 裸导线的型号组成及代号含义

类别、用途（或以导体区分）	特征				派生
	形状	加工	类型	软硬	
T—铜线	B—扁形	F—防腐	J—加强型	R—柔软	A—第一种
L—铝线	D—带形	J—绞制	K—扩径型	Y—硬	B—第二种
G—钢（铁线）	G—沟形	X—纤维编织	Q—轻型	YB（BY）—半硬	1—第一种
M—母线	K—空心	X—镀锡	Z—支撑型	YT—特硬	2—第二种
S—电刷线	P—排状	YD—镀银	C—触头用		3—第三种
C—电车线	T—梯形	Z—编织			4—第四种
T—天线	Y—圆形				630—标称截面积（mm^2）
TY—银铜合金					800—标称截面积（mm^2）
HL—热处理型铝镁硅合金线					

裸导线型号的编制顺序及方法如下：

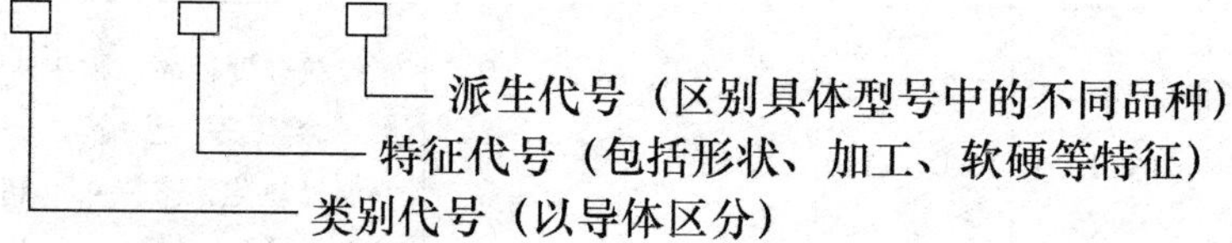

下面举例说明。

（1）LGJF——防腐型钢芯铝绞线：

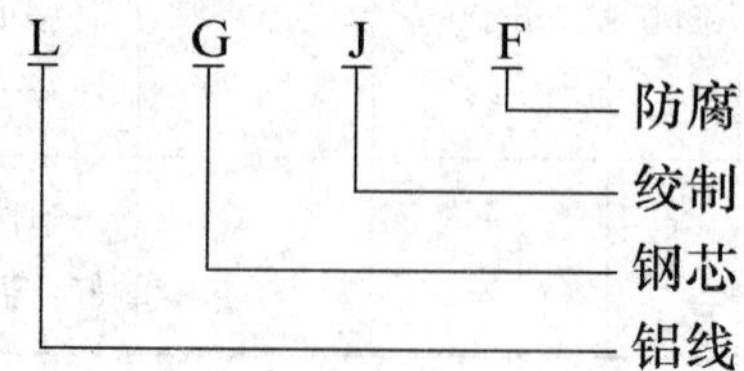

（2）LGJK－630——扩径导线（电站用软母线）：

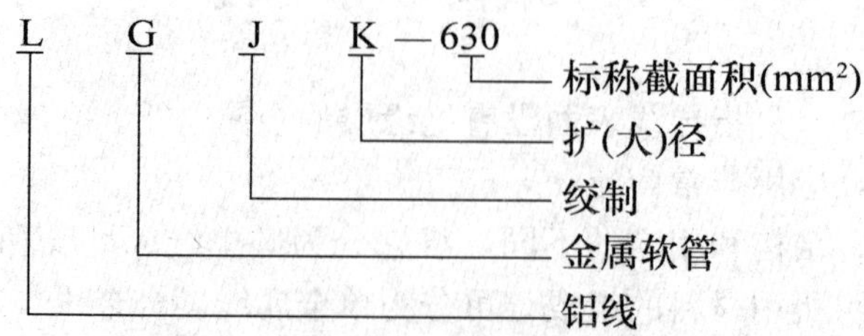

裸导线的表示方法一般由型号、规格以及标准编号组成。

(3) 热处理铝镁硅稀土合金圆线，标称直径 d=2.0mm，表示为

LH_B 2.0 GB 7893—1987

(4) 窄边为 a=2.24mm，宽边 b=16.00mm 的软铜扁线，H4 状态硬铝扁线或 H2 状态的硬铜带，分别表示为

TBR 2.24×16.00 GB 5584.2—1985；

LBY4 2.24×16.00 GB 5584.3—1985；

TDY2 2.24×16.00 GB 5584.4—1985。

(5) 大底边为 5.26mm，高度为 56mm，角度为 12°55′37″的梯形铜排，表示为

TPT—5.26/56/12°55′37″ ZBK 12003.2—1989

裸导线的主要技术性能指标有电阻率、电阻温度系数、密度、抗拉强度、伸长率、弹性系数等。

二、圆单线

圆单线由不同的导体材料以及不同的加工方式制作而成。它可以单独使用，也可制成绞线，同时圆单线还是构成各种电线电缆线芯的单体材料。

圆单线一般分为圆铜线、圆铝线、铝镁硅系合金圆线、铜包钢线、铝包钢线等。

常用圆单线的品种、型号、性能及用途，见表 1-3。

表 1-3　常用圆单线的品种、型号、性能及用途

名　称	型　号	特　性	主 要 用 途
圆 铜 线	TR TY TYT	软线的延伸率高 硬线的抗拉强度比软线大 1 倍左右，半硬线介于两者之间	硬线主要用作架空导线；半硬线和软线主要用作电线、电缆及电磁线的线芯，亦用于其他电器制品
圆 铝 线	LR LY4、LY6 LY8、LY9		
镀锡圆铜线	TRX	具有良好的焊接性及耐蚀性，并起到铜线与被覆绝缘（如橡皮）之间的隔离作用	电线、电缆用线芯及其他电器制品
铝合金圆线	HL HL2	具有比纯铝线高的抗拉强度	硬线用于制造架空导线；软线用于电线、电缆线芯等
铝包钢圆线	GL GGL	抗拉强度高	架空导线、通信用载波避雷线、大跨越导线
铜包钢圆线	GTA、GTB		
无磁性圆铜线		含铁量小，磁性小	无磁性漆包线导体
镀银圆铜线	TRY	耐高温性好	航空用氟塑料导线、射频电缆线芯

1. 圆单线的命名方法

圆单线的命名方法为：

名称＝镀层或包覆层或附加说明＋外形名＋材质名＋线

下面举例说明。

（1）圆铜线＝外形（圆）＋材质（铜）＋线；

（2）镀锡圆铜线＝镀层（锡）＋外形（圆）＋材质（铜）＋线；

（3）铜包钢芯圆线＝包覆层（铜）＋外形（圆）＋材质（钢）＋线。

2. 规格

圆单线的规格可直接用截面直径（或截面积）表示。

3. 圆单线的选用

按照工程的用途、要求选用圆单线，主要根据负载电流的大小和材料的经济、价格情况等相关因素，确定所选导线的材质、状态、外形、线径以及截面积的大小。

三、型线

型线的形状是多样的，有矩形、梯形和其他几何形状。型线可以独立使用，也可以用于制造电缆及电气设备的元件。型线包括有铜、铝母线，铜、铝扁线，各种铜排、铜带，空芯导线和电车线等。

型线的规格一般用截面的宽边、窄边及圆角表示。它的产品规格可通过《材料手册》查找。

例如，TBY1 型 H1 状态硬铜扁线，若 $a=1.60$mm，$b=4.00$mm，$r=0.5$mm，查《材料手册》有：TBY1 型 H1 状态硬铜扁线的标称截面为 6.185mm^2。

型线和型材的品种、型号及主要用途，见表 1-4。

表 1-4　　型线和型材的品种、型号及主要用途

产品名称	型　号	生产范围（mm）	主要用途
扁铜线	TBY TBR	厚 0.80～5.60 宽 2.00～16.00	供电机、电器、配电设备及其他电工方面应用
铜母线	TMY TMR	厚 2.24～31.5 宽 16.0～125	
铜带	TDY TDR	厚 0.80～3.55 宽 9.00～100	
扁铝线	LBY LBR	厚 0.80～7.1 宽 2.00～16.00	
铝母线	LMY LMR	厚 2.24～31.5 高 10～120	
梯形铜排	TPT THPT	厚 3～18 宽 2.00～16.00	电机换向器的整流片
异形铜排	—	—	电机换向器的整流片、大电机绕组、电气开关触头等

续表

产品名称	型　号	生产范围（mm）	主要用途
空心铜导线	TBRK	厚5～18 宽5～18	电机、变压器绕组
空心铝导线	LBRK	厚6.5～14 宽8.5～22.5	
铜电车线	CTY CT	50～110（mm^2） 60～150（mm^2）	电力运输系统的架空接触导线
钢铝电车线	GLCA GLCB	100～215（mm^2） 80～173（mm^2）	

四、绞线

绞线是指由多根圆单线或型线，经同芯分层呈螺旋形扭绞及相邻层扭绞方向相反的绞合而形成的导线（或导体）。绞线由于具有足够的强度，因而被广泛用于高、低压输电的电力线路。

1. 绞线的分类

绞线从结构上分为简单绞线（或称单绞线）、复合绞线（或称双绞线）和组合绞线。简单绞线是由相同材料的圆单线绞合而成，并且导体中的单线应具有相同的标称直径；复合绞线是指将数股单绞线构成的线束，再按单绞方式绞合成的整条电线；组合绞线是由导电部分的圆单线和增强部分的芯线组合绞制而成。

根据绞线的结构形式又可分为多股实芯绞线、扩径绞线、自阻尼绞线和紧缩型绞线等多种。

常用的多股实芯绞线包括铝（或铝合金）绞线、钢绞线和钢芯铝绞线等。它与截面相同的圆单线比较，由于多股实芯绞线各股强度的缺陷点不会集中于同一个断面，从而可以减轻因弯曲或振动所产生的弯曲应力，使整体强度保持均匀。因此，多股实芯绞线柔软性能好、易弯曲并具有足够的强度。多股实芯绞线截面图的举例，如图1-1所示。

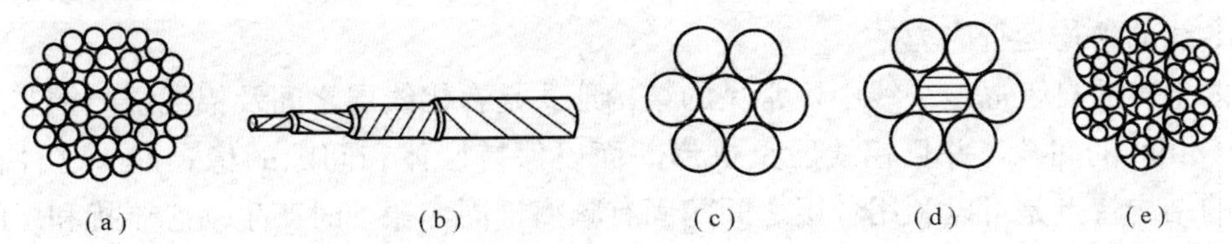

图1-1　多股实芯绞线截面图举例

(a) TRJ型软铜绞线；(b) TJ型铜绞线；(c) LJ型铝绞线；
(d) LGJ型钢芯铝绞线；(e) 复合绞线

在导电体相同的情况下，从截面上观察，若所构成的绞线外径明显比实芯绞线的外径增大，这种绞线称为扩径绞线。

扩径绞线分为空芯型、支撑芯型、填充型和层间支撑型等。绞线扩径的目的在于：通过增大导线的外径，以减少高压线路和变电站母线的电晕和无线电干扰。

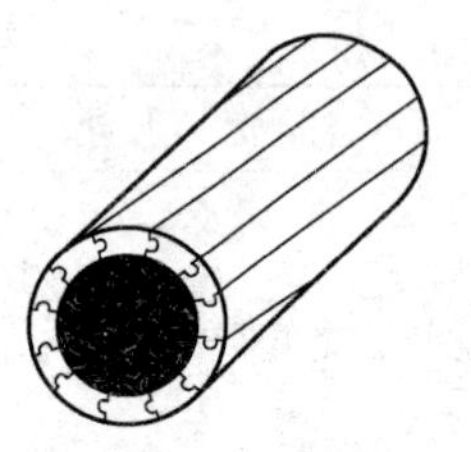
图 1-2 空芯型绞线截面外形

(1) 空芯型绞线。空芯型绞线的截面外形，如图 1-2 所示。它是由每股导体制成带扣的拱型断面，各股相加连接成圆管形并加以扭绞而成。为了保证扣连的强度和抗拉要求，导体必须用铜材加工，并且加工和制造的工艺复杂。由于空芯型绞线的制造成本高，因此只用于一些特殊场合。

(2) 支撑芯型绞线。“工”形支撑芯型绞线的截面外形，如图 1-3 所示。它的芯架一般是采用“工”形或“U”形的铜、铝材料拧成的螺旋管（国内生产厂家也有用镀锌金属软管）作支撑，形成非受力绕线支架。在支架上的内层绕钢线股，外层依次缠绕铝线股，构成支撑芯型绞线。

(3) 填充型绞线。填充型绞线的线芯为钢绞线。所谓填充料是指在钢绞线的外面绕两层浸渍过、不水溶的细纸绳或塑料绳，其中每层均混入有两股铝线用以保证绞线横断面的稳定性。然后，在较外层或表面层缠绕铝股，构成填充型绞线。填充型绞线的截面外形，如图1-4所示。

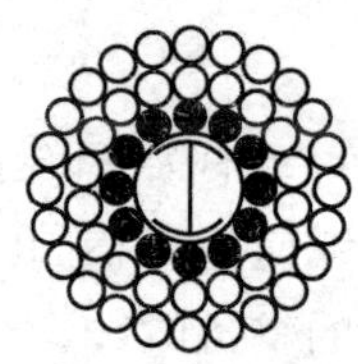
图 1-3 “工”形支撑芯型绞线截面外形

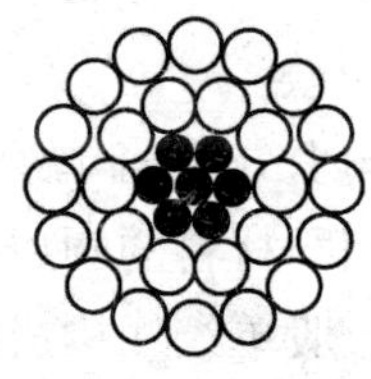
图 1-4 填充型绞线截面外形

(4) 层间支撑型绞线。层间支撑型绞线的结构与填充型绞线相似，不同点在于不加填充料。但在钢芯与铝股层间，用缠绕 1～2 层、每层 4 根（或更多）的拱形或圆形铝线股作为绞线支撑层来取代填充料层。然后，外面采用密布铝股的方式构成层间支撑型绞线。层间支撑型绞线的截面外形，如图 1-5 所示。

自阻尼型绞线是以防振为目的，专门设计制造出的一种对微风振动有较好阻尼作用的导线，阻尼作用是一般绞线的 3～15 倍。因此，使用时可以不必再采取其他防振措施，从而提高导线的平均运行应力。

国内生产的自阻尼型绞线中，常见的结构形式是在铝线层之间及铝线层与钢芯之间保持 0.3～3mm 的间隙，并且铝线股呈拱形断面以保持层体和间隙的稳定性。这种自阻尼型绞线的结构特点是可以利用各层之间的固有频率不同，振动时产生动态干扰和层间的摩擦、碰击耗能，起到消振作用。自阻尼型绞线的截面外形，如图 1-6 所示。

图 1-5 层间支撑型绞线截面外形

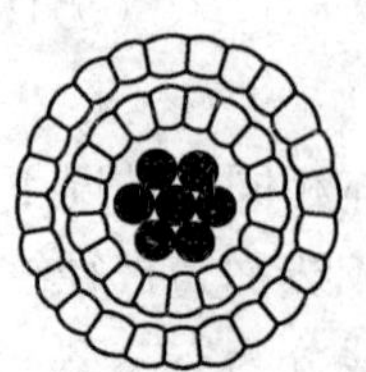
图 1-6 自阻尼型绞线截面外形

自阻尼型绞线的结构形式有多种，其他形式的自阻尼型绞线一般是在股层之间介入软金属或高滞后作用的非金属材料，用来提高自阻尼作用。

目前，一种新兴的小弧垂钢芯铝绞线正在国内推广使用。这种钢芯铝绞线的钢芯采用高强度钢丝，而铝股采用软态或半硬态铝线。架线时，预加较大张力让铝股塑性伸长，使铝股松弛，架线后的铝股基本不受张力。因此，运行中能消耗较多振动能量，并提高铝股的耐振性能，同时可提高线温，增加传输容量。

紧缩型绞线是将圆线同心绞线通过特殊的模压，使外层线股挤为扇状，使整根导线有一光滑的圆柱形表面。经压缩减小了绞线空隙和外径，不仅使风、冰荷载减少，还有利于阻止导线的舞动，但易产生微风振动。紧缩型绞线的截面外形，如图1-7所示。

图1-7 紧缩型绞线截面外形

常用架空用绞线的品种、型号及用途，见表1-5。

表1-5 常用架空用绞线的品种、型号及用途

品种			型号	用途
普通绞线	铝绞线		LJ	用于受力不大、档距较小的一般配电线路
	铝合金绞线	热处理型	LHJ	用于一般配电线路
		非热处理型	LH_2J	
	铝包钢绞线		GLJ	用于重冰区或大跨度导线、通信避雷线
	硬铜绞线		TJ	除特殊需要外，一般不采用
组合绞线	钢芯铝绞线	普通	LGJ	用于高压和超高压受力大，大跨度的输配电线路
		轻型	LGJQ	
		重型	LGJJ	
	钢芯铝合金绞线	热处理型	LHGJ	用于重冰区或大跨越输电线路等
		非热处理型	LH_2GJ	
		加强型热处理型	LHGJJ	
		加强型非热处理型	LH_2GJJ	
	钢芯铝包钢绞线		GLGJ	用于较大的跨越或重冰区输电线路
	钢—铝包钢混绞线		GGLJ	用于大跨越输电线路或通信避雷线
	钢芯软铝绞线		LRGJ	用于传输容量较大的输配电线路
	防腐钢芯铝绞线	轻防腐	LGJF	用于周围有腐蚀环境的输配电线路
		中防腐	$LGJF_2$	
		重防腐	$LGJF_3$	
电车线	钢铝电车线	无轨电车	GLGB	用于无轨电车的馈电线路
		电机车	GLCA	用于电机车的馈电线路
	铝合金电车线		LHC	用于电机车的馈电线路
	铜电车线	双沟形	TCG	用于特殊情况
		圆形	TCY	仅用于原有线路的检修和起重行车

续表

<table>
<tr><th colspan="3">品　种</th><th>型　号</th><th>用　途</th></tr>
<tr><td rowspan="5">特种绞线</td><td colspan="2">高强度重防腐钢芯铝包钢绞线</td><td>$CLGJF_3$</td><td>用于大跨度输电线路</td></tr>
<tr><td rowspan="2">扩径导线</td><td>扩径钢芯铝绞线</td><td>LGJK</td><td>用于高压或高海拔输电线路</td></tr>
<tr><td>铝钢扩径空心导线</td><td>LGKK</td><td>用于高压或高海拔变电站</td></tr>
<tr><td colspan="2">自阻尼钢芯铝绞线</td><td></td><td>用于大档距、耐疲劳的输配电线路</td></tr>
<tr><td colspan="2">紧缩型导线</td><td></td><td>用于重冰区的输配电线路</td></tr>
</table>

2. 命名方式及型号编制方法

(1) 命名方式：

名称＝材质＋状态＋构造

其中：材质是指铜导体或铝导体；状态是指硬与软；构造是指有无钢芯。

例如：铝绞线；铜软绞线；加强型钢芯绞线等。

(2) 型号编制方法：

型号＝材质＋构造＋状态＋绞线

例如，LGJJ 型号的字母含义。其中：L—铝线；G—钢芯；J—加强型；J—绞线。LGJJ 称为加强型钢芯铝绞线。

TJ 型号的字母含义：T—硬铜线；J—绞线。TJ 称为硬铜绞线。

3. 规格

架空用绞线的规格是以标称截面积（mm^2）表示。同时，在主要技术参数中提供绞合单线的根数、单线直径和绞合后的外径。

例如，LH_BGJ—400/50 的含义为：铝合金标称截面积为 400mm^2、钢芯标称截面积为 50mm^2 的钢芯热处理铝镁硅稀土合金绞线。根据技术参数表可查出：标称截面积为 400mm^2；根数/直径（mm）为 37/3.70；外径（mm）为 25.90。

再如，LH_AJ—400 的含义为：铝合金标称截面积为 400mm^2 的热处理铝镁硅合金绞线。

4. 架空用绞线的选用

由于架空用绞线常用于户外输电线路，在露天条件下长期运行，因而不仅要承受导线自身的负荷，同时还要承受气候变化等其他不利因素所引起的额外的机械负荷，以及空气中各种有害气体的腐蚀。因此，使用架空用绞线应按它们的机械强度、耐热及电阻率的大小等参数合理确定选用规格，具体条件如下。

(1) 导线必须有足够的机械强度，以防止因额外机械负荷而造成的短路。

(2) 导线允许电流必须大于长期通过的实际工作电流。

(3) 对于动力线路，导线的压降损失不应超过 7%；对于照明线路，线路的压降损失不应超过 15%。

(4) 选用时，注意环境因素以及有害气体的腐蚀。

选择架空用绞线时，重点以前面三个条件为主。一般采用前两个条件进行初选，再按照第三个条件验算架空线路的末端电压，如果压降损失超过允许值，可考虑加大导线截面并再次进行验算，直到合格为止。

五、软接线

软接线是由小截面软圆铜线绞制或编织而成，具有柔软性，主要用于各种软连接的场合。软接线包括裸铜软线、铜编织线、铜电刷线等。其中，常用的铜编织线又分为斜纹型（TZ 型）和直纹型（TZZ 型）两大类型。

铜电刷线因制作方式特殊，由硬圆铜线先制成束线，再进行复绞，最后进行韧炼而成。所以，铜电刷线应结构稳定，具有良好的稳定性、表面光洁、不能有毛刺、使用中保证在取放电刷多次弯曲时铜电刷线不会断裂。因此，对其有如下技术要求：

（1）电刷线最外层的绞向为右向，相邻层的绞向应相反。

（2）内层绞合节径比应大于 12，外层节径比为 8～10。

（3）股线的节径比应大于 25。

（4）电刷线不应有缺股、断股或股线损伤现象，股线允许整股焊接。

（5）个别股线中的缺线应不超过股线单线总数的 3%。

（6）电刷线应绞合紧密。检验方法是将 7 股的电刷线剪成 50mm 的线段或将 12 股及以上的电刷线剪成 150mm 的线段，从 200mm 的高度水平自由落到平板上应不散开。

（7）TS 型的伸长率应不小于 18%，TSX 型的伸长率应不小于 15%，TSR 型的伸长率应不小于 15%。

（8）因软化处理，所引起金黄色或淡红色表面氧化变色的电刷线，仍可作为合格品。

常用软接线的品种、型号及主要用途，见表 1-6。

表 1-6　常用软接线的品种、型号及用途

产品名称	型　号	截面范围（mm^2）	主要用途
铜电刷线	TS TSX	0.3～16	电机、电器及仪表上连接用的电刷引接线
	TSR TSXR	0.16～2.5	
铜天线	TT TTR	1.0～25	通信架空天线
铜软绞线	TJR－1 TJRX－1	0.06～500	电气装置的接线或接地线
	TJR－2 TJRX－2	6～50	
	TJR－3 TJRX－3	0.012～300	电子电气设备或元件用接线
铜特软绞线	TTJR	0.5～6	电气装置或电子元件的耐振连接线

续表

产品名称	型　号	截面范围（mm^2）	主要用途
铜编制线	TZ－1	16～800	电气装置、开关电器、电炉及蓄电池等接线
	TZ－2 TZX－2	4～120	
	TZ－3 TZX－3	4～35	
	TZ－4 TZX－4	0.03～0.3	电子电气设备或元件用接线
扬声器音圈接线	TZ－4－1	0.012～0.2	扬声器音圈接线
镀锡铜编制套	TZXP	1～60（套径）	屏蔽保护

§1-3 电 磁 线

电磁线是一种具有很薄绝缘层的金属电线，用于实现电能和磁能的相互转换。通常将它绕制成线圈或绕组的形式，使电磁线在磁场中切割磁力线产生感应电动势；或者通过电流产生磁场，以达到应用效果，故又称为绕组线。

电磁线主要用于制造电机、变压器、各种电器、仪器仪表的线圈绕组。其分类一般有三种形式：

（1）根据导电线芯的材料，分为铜线、无磁性铜和铝线；

（2）由电磁线的外形状态，有扁线、带、箔等；

（3）按照电磁线绝缘层材料的特点和用途，可分为漆包线、绕包线、无机绝缘线和特种电磁线。

一、电磁线的型号

电磁线型号的组成一般包括下面三个部分：

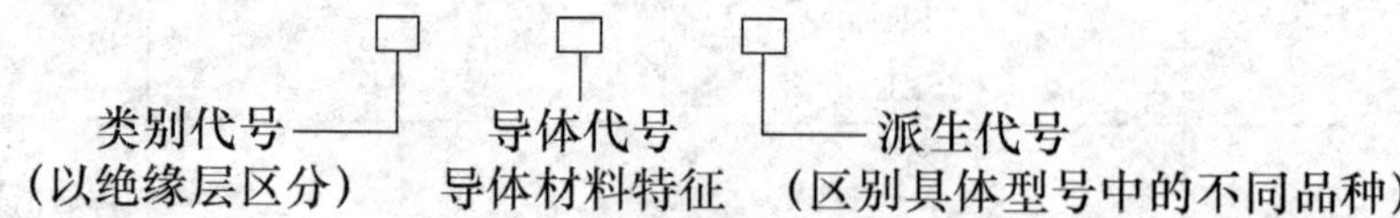

电磁线型号中各部分的汉语拼音字母排列顺序及表示的含义，见表1-7。

表1-7中T和Y均加有括号，表示电磁线的导电材料是圆铜线时，它们一般作为默认的规定，在型号中可以不标示。

例如：QZ－2/130型电磁线的名称为聚酯漆包圆铜线，并且是厚漆膜、耐温130℃。双玻璃丝包扁铝线表示为SBELB：

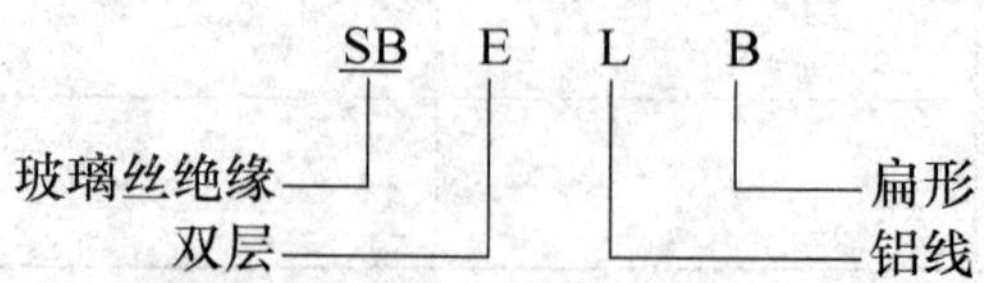

表 1-7 电磁线型号中各部分的汉语拼音字母排列顺序及表示的含义

类 别 (以绝缘层区分)				导 体		派 生
绝缘漆	绝缘纤维	其他绝缘层	绝缘特征	导体材料	导体特征	
Q—油性漆 QA—聚氨酯漆 QG—硅有机胶 QH—环氧漆 QQ—缩醛漆 QXY—聚酰胺酰亚胺漆 QY—聚酰亚胺漆 QZ—聚酯漆 QZY—聚酯亚胺漆	M—棉纱 SB—玻璃丝 SR—人造丝 ST—天然丝 Z—绝缘纸	V—聚氯乙烯 YM—氧化膜 BM—玻璃膜	B—编织 C—醇酸胶黏漆浸渍 E—双层 G—硅有机胶黏漆浸渍 J—加厚 N—自黏性 NF—耐冷冻 S—三层；彩色	(T) —铜线 TK—康铜 TM—锰铜 TY—镀银铜线 TN—镀镍铜线 TL—铜包铝线 NG—镍铬线 L—铝线 TWC—无磁性铜	(Y) —圆 B—扁线 D—带 (箔) J—绞制 R—柔软	1—薄漆膜 2—厚漆膜 3—特厚漆膜

二、电磁线的选用

电磁线的选择与使用，应根据电工产品和仪器仪表的性能要求，结合产品的使用条件、制造工艺，针对各种电磁线的性能特点及优缺点进行综合对比，在满足产品主要性能要求的前提下，以保证质量、降低成本为目的加以选用。具体选用要点如下：

1. 电磁线的电性能

电磁线的电性能主要是指导电线芯的电导率、绝缘层的耐电压强度和绝缘电阻。

对于电磁线的线芯材料选用，可将电导率的大小作为选择依据，只要取用合理即可。但对于电磁线绝缘层而言，由于它在绕组的匝与匝之间起着绝缘作用，因此选用电磁线应充分考虑绝缘层所需要的耐压强度和绝缘电阻。

通常，中、高频条件下使用的仪器仪表，一般选用介质损耗因数小、品质因数 Q 值大的电磁线；对于精密仪器仪表，可选用线芯电阻和漆膜的绝缘电阻受环境因素影响变化极小，能长期稳定的电磁线；在防止和降低磁场干扰的场合，则选用含铁量极低的无磁性电磁线。

2. 电磁线的机械性能

电磁线的机械性能主要是指线芯材料的机械性能和绝缘层的耐折、耐磨以及耐刮性等。

根据电工产品和仪器仪表的技术要求，线圈绕组所选用的电磁线一定要柔软性能恰当。电磁线太软，易被拉伸导致线芯变细、电阻增大；太硬，则绕组不易拉紧成型。另外在绕制过程中，电磁线的绝缘层也要能够承受弯曲、拉伸、扭绞、碰撞以及摩擦等因素的冲击。当然，为了避免绝缘层受到损伤，可以预先根据绕组在绕制时的卷绕速度、弯曲半径、操作力度、嵌线松紧等不同情况，选用具备耐折、耐磨、耐刮以及耐弯曲性能适当的电磁线。

3. 电磁线的空间因素

电工产品的绕组由多匝组成。由于电磁线本身的截面形状以及有绝缘层的存在，必然会使绕组的匝与匝之间存在空隙。如果选用的电磁线不合适，完全可能降低电磁线在产品中的空间使用率。因此，缩小电工产品的体积，提高空间因素（注：线圈中导体总面积与该线圈的横截面之比，称为空间因素）为不可忽视的指标。

4. 电磁线的相容性

电磁线的相容性是用来表明电磁线所制作的成品与有关组合的绝缘材料之间，如何紧密相容结合，才不会产生相互破坏作用的重要性能因素。因此，相容性是选用或使用电磁线时必须考虑的一个前提问题。

譬如，成型的绕组一般都要进行浸渍处理。浸渍处理后，电磁线的外层绝缘与浸渍漆会紧密地结合在一起。考虑到浸渍漆的溶剂会对电磁线的绝缘层产生一定的破坏作用，只有选用电磁线的化学组成及耐温等级与浸渍漆相同或相近，其相容性比较好，才不会产生破坏作用。由此可见，绝缘浸渍漆对电磁线的相容性影响非常大。选用电磁线时，必须考虑到其绝缘层耐浸渍漆的溶剂性能要好。

另外，缩短绕组的浸渍时间也可以减小溶剂对电磁线绝缘层的影响。

5. 电磁线的热性能及耐热等级

选用电磁线的关键点在于电磁线的热性能，因为它可以直接影响到电磁线的使用寿命。

在一般情况下，对于电工产品中取用的电磁线，必须是根据产品所允许的温升活动范围以及绕组中可能出现的最高热点温度，确定并使用相应耐热等级的电磁线。同时应留有一定的裕量；对于经常出现过载运行的电工产品，应注意选用耐热击穿能力较高的电磁线或将电磁线的耐热等级提高。

6. 环境因素及其他

绕组的工作环境，特别是在潮湿、油污、化学物品以及人为操作等其他因素的影响下，完全可能对其绝缘层产生一定的破坏作用而影响它的工作寿命。因此，在制作绕组时应充分考虑采用与环境以及其他因素相适应的电磁线；在制作过程和运输中，注意不要使成品受到损伤。

三、漆包线

漆包线由导电线芯和绝缘层组成。漆包线绝缘层是由缩醛、聚酯、聚氨酯、聚酯亚胺树脂等有机合成高分子化合物所构成的绝缘漆，均匀涂覆在导电线芯上，经过烘干后形成一层绝缘漆膜。由于漆包线具有漆膜较薄、均匀、光滑、便于线圈绕制，有利于提高空间因素等特点。因此，漆包线被广泛应用于仪器、仪表的各种线圈、绕组，中小型电机或微型电工产品。

1. 漆包线的分类

漆包线按漆膜及使用特点可分为普通漆包线、耐高温漆包线和特种漆包线等。其中，普通漆包线是指长期使用温度在155℃及以下的漆包线；耐高温漆包线是指长期使用温度在180℃及以上的漆包线；特种漆包线是指自黏性直焊漆包线、自黏性漆包线、耐冷冻剂漆包线等。

2. 漆包线的性能

漆包线的性能一般由导电线芯材料和绝缘层的性质所确定。

(1) 漆包线的电性能。

1) 漆膜击穿电压。漆膜击穿电压是反映涂覆漆膜所能承受的过电压。击穿电压的高低，不仅取决于漆膜的品种、厚度以及涂覆的质量而且与导体表面的光洁度有关。

2) 漆膜介质损耗因数。用于中、高频仪器、仪表绕组的漆包线，要求涂覆漆膜的介质损耗因数小，避免其绕制的线圈产生过热现象。介质损耗因数的大小主要是取决于涂覆漆膜的性质。譬如，油性漆膜的损耗因数较小，缩醛、聚酯类漆膜损耗因数则较大。此外，还应注意温度和频率对于损耗因数的影响。

(2) 漆包线的机械性能。

1) 漆膜的耐刮性。耐刮性是漆膜的重要性能指标。它反映了漆包线在绕制、嵌线和整形等过程中，漆膜所能承受摩擦、弯曲、拉伸和压缩等作用的能力。耐刮性可以用耐刮次数表示。耐刮次数愈多，耐刮性能愈好。

耐刮性与漆膜的品种、厚度、烘焙程度、涂覆漆膜和导体的黏结力、导线直径等因素均有直接关系。

2) 漆膜的弹性。漆膜弹性表示涂覆漆膜的延伸能力。它反映了漆包线圈在绕制过程中，涂覆漆膜经过反复拉伸或压缩而不出现破裂的能力体现。

漆膜的弹性以卷绕不裂倍径表示。卷绕不裂倍径是指漆包线试样依次绕在直径为试样直径 d 不同倍数的圆棒上（由大到小）直至用放大镜观察到试样漆膜破裂的前一个倍数。倍径愈小，弹性愈好。

漆膜弹性同样与漆膜的品种、厚度、烘焙程度、涂覆漆膜和导体的黏结力、导线直径等因素有关。

3) 漆包线的柔软性。漆包线的柔软性表示漆包线导体的柔软性能。柔软性较好的漆包线，可使得绕制的线圈更加紧密，减小线圈的体积。柔软性用漆包线回弹角的大小表示。

漆包线加一定负荷进行卷绕后，去掉负荷缓慢放松漆包线将会产生回弹现象，其回弹的角度称为回弹角。回弹角的大小可以通过仪器测出，回弹角越小表示柔软性越好。

4) 漆包线的伸长率。伸长率是漆包线的另一重要参数，在线圈绕制中具有实际意义。伸长率过大，卷绕时易使线径拉细，电阻增加；伸长率过小，加工时卷绕性能较差。另外，伸长率与导体所含的杂质、冷加工和热处理等工艺过程有关。

(3) 漆包线的化学性能。漆包线的涂覆漆膜承受酸、碱、盐雾、有机溶剂或制冷剂等化学物品侵蚀的能力，称为漆包线的化学性能。它取决于漆膜的性质、烘焙程度等因素的影响。

漆包线在实际应用中，必然会接触到各种不同的化学物品，因此必须具备耐有机溶剂、耐制冷剂、耐酸、耐碱、耐盐雾侵蚀等能力。

(4) 漆包线的热性能。漆包线的热性能与涂覆漆膜的厚度、烘焙程度、导电线芯的直径、受热时间长短以及温度的高低等因素有关。

1）漆膜的软化击穿。涂覆漆膜在一定负荷条件下，因受热而变形产生的击穿，称为漆膜的软化击穿。产生击穿时的温度为漆膜的软化击穿温度。

漆膜的软化击穿反映了涂覆漆膜的耐热变形能力，常用软化击穿温度的高低表示。

2）漆膜热老化。漆膜热老化是指漆膜经受短时间的热作用以后，仍保留漆膜弹性的能力。漆膜热老化是用卷绕不裂倍径表示，不裂倍径小，热冲击性能好。

漆膜热老化反映了漆膜长期工作的允许温度。从某种意义上看，它与判断漆包线热寿命的长期热老化是有区别的。热寿命的长期热老化属于破坏温度，在这样温度的长期作用下，会使漆膜老化变硬、变脆，产生裂缝并与导电线芯脱离。

3）漆膜热冲击。热冲击是指漆包线在烘焙、浸渍的过程中或过载运行时，漆膜承受温度（急冷或急热）冲击后不破裂的能力，亦用卷绕不裂倍径表示。它是确定漆包线耐热等级必须考虑的因素。

（5）漆包线的针孔数。漆包线的针孔数是衡量线径为 0.35mm 及以下漆包线的漆膜表面是否有毛刺、刻痕或漆膜不连续等缺陷的重要性能指标，常用针孔试验进行检查。

漆包线针孔的数量与导体表面状况、绝缘漆的净洁度及涂覆工艺有关。针孔过多，会降低漆包线的绝缘强度；若漆膜太薄且针孔分布过密，易产生绕组线圈短路。

（6）特殊性能。

1）自黏性。漆包线经加热后，具有自行黏合成型的性能，称为漆包线的自黏性。自黏性的黏合强度主要取决于漆膜表面涂上的热塑性胶黏层或漆膜本身具有的自黏性能，并与线径的大小、加热温度和时间有关。

自黏性漆包线在一般情况下可省去浸渍处理工序，用以制作无骨架线圈。对于特殊形状的线圈（如电子偏转线圈）尤为适用。

2）直焊性。漆包线放入锡铅合金的焊接溶液内一定时间，漆膜自行挥发，并能直接焊接的性能，称为漆膜的直焊性。

直焊性漆包线可以省去机械或化学等其他方法除去漆膜的工序，并能保证焊接质量，特别是对焊接点较多的线路及微型线圈尤为适用。

（7）漆包线的热寿命及耐热等级。漆包线的热寿命主要取决于漆膜的长期耐热特性。由于漆包线绕制的线圈或绕组均为多匝组成，并且匝与匝之间的漆膜绝缘亦即漆包线本身的绝缘非常薄弱，因此漆包线在使用过程中对温度的要求控制严格。只有在规定的温度下使用漆包线，才能保证其工作的正常寿命。一般漆包线超过额定温度约 10℃运行，其使用寿命会缩短一半。可见，热寿命又决定了漆包线的耐热等级，是漆包线允许长期工作温度的依据。

耐热等级的确定，同时还应考虑热冲击性能等因素影响。具有同样热寿命的漆包线，热冲击性能愈差，其耐热等级也就愈低。

3. 常用漆包线

常用漆包线的类别、型号、主要用途及优缺点，见表 1-8。

表1-8　常用漆包线的类别、型号、主要用途及优缺点

类别	型号	规格 (mm)	耐温等级 (℃)	优点	缺点	主要用途
油性漆包线	Q	0.020～2.500	A (105)	1. 漆膜均匀 2. 介质损耗角小	1. 耐刮性差 2. 耐溶剂性差	用于绕制中、高频线圈及仪表电器的线圈
缩醛漆包线	QQ-1 QQ-2 QQ-3 QQL-1 QQL-2 QQS-1 QQS-2 QQB-1 QQB-1 QQLB	0.018～2.500 0.800～2.500 0.020～2.500 a边0.800～5.600 b边2.000～16.000 a边0.900～3.750 b边2.500～10.000	E (120)	1. 耐冲击性好 2. 耐刮性好 3. 水解性能良好	卷绕时漆膜易产生裂纹	用于绕制普通中小电机、微电机绕组和油浸变压器的线圈、电器仪表用线圈
聚氨酯漆包线	QA-1 QA-2 QA-3	0.018～2.500 0.040～0.450	E (120)	1. 在高频条件下介质损耗角小 2. 可以直接焊接 3. 着色性好，可制不同颜色线	1. 过载性能差 2. 热冲击及耐刮性能较差	用于绕制要求Q值稳定的高频线圈、电视线圈和仪表用的微细线圈
聚酯漆包线	QZ-1 QZ (G) -1 QZ-2 QZ (G) -2 QZL-1 QZL-2 QZB QZLB	0.018～3.150 0.018～5.000 0.800～2.500 a边0.80～5.60 b边2.00～16.00 a边0.80～5.60 b边2.00～18.00	B (130) 其中QZ (G)、QZB型为F (155)	1. 在干燥和潮湿条件下，耐电压击穿性能好 2. 软化击穿性能好 3. 热冲击性较好	1. 耐水解性差 2. 与聚氯乙烯氯丁橡胶等含氯高分子化合物不相溶	用于绕制通用中小电机的绕组、干式变压器和电器仪表的线圈
聚酰亚胺漆包线	QY-1 QY-2 QYB-1 QYB-2	0.018～2.500 a边0.80～5.60 b边2.00～16.00	220	1. 漆膜耐热性最好 2. 软化击穿和热击穿性好，能承受短期过载负荷 3. 耐低温、耐辐射性好 4. 耐溶剂及化学药品腐蚀性好	1. 耐刮性差 2. 耐碱性差 3. 在含水密封系统中容易水解 4. 漆膜受卷绕时，应力容易产生裂纹	用于耐高温电机、干式变压器、密封式继电器及电子元件

4. 漆包线的选用

漆包线的选用必须根据产品的特点、特性以及漆包线的材料类别，按照漆包线的使用性能要求，经理论计算得出它的线径范围及规格，然后综合考虑其他因素和使用的特殊性，查阅电工手册，根据经济实用的原则，确定漆包线的型号。

考虑的漆包线指标一般有：

（1）确定线径或截面积。根据电流及散热条件确定线径或截面积。

（2）确定耐热等级。根据环境温度和导体温升性质确定耐热等级。

（3）确定抗击穿强度值。根据耐压等级确定抗击穿强度值。

（4）确定 $\tan\delta$ 值。根据工作的频率确定 $\tan\delta$ 值，频率愈高，$\tan\delta$ 值愈小愈好。

（5）确定耐化学性要求。主要根据工作环境是否潮湿，是否有腐蚀性物质确定其化学性要求。

（6）其他。要求其电阻率越小越好、耐刮性要优、柔软性要好、伸长率适度等。

（7）特殊要求。

1）在氟里昂制冷剂中工作，应选耐冷冻剂漆包线或自黏耐冷冻剂漆包线；

2）对于耐辐射、能直焊、自黏等有特殊要求，应选用具备这些特殊性能的漆包线。

漆包线的维修选线，往往是通过查找原设计用线的型号与线径来解决。若无资料可查，也可采用经验方法进行处理。譬如，将一段拆下的漆包线细心除去漆膜用千分尺测量，或不去漆膜直接测量。然后，减去二倍漆膜厚度就是漆包线的标称尺寸。

应当注意，同种漆包线的漆膜有薄、厚和加厚之分。一般线径越大，漆层越厚；同时注意漆包线与浸渍漆相关垫衬材料的相容性，以免其性能变差；另外，还应注意导电线芯的选用材料。

常用漆包线的一般用途参照表 1-9，供学习参考。

表 1-9　　漆包线用途参照表

名称	型号	耐温等级（℃）	交流发电机		交流电动机								变压器及电抗器等				高频	仪表电信用线圈
			大型	中小型	一般用途	通用大型	通用中小型	通用微型	起重机类型	防爆型	耐制冷型	电动工具	高温干式	一般干式	油浸大型	油浸中小型		
油性漆包线	Q	A（105）															√	
缩醛漆包线	QQ	E（120）			√		√	√				√		√		√	√	√
聚氨酯漆包线	QA	E（120）						√									√	√
环氧漆包线	QH	E（120）					√				√		√	√	√	√	√	√
聚酯漆包线	QZ QZ（G）	B（130） F（155）			√		√	√					√	√			√	

续表

名　称	型　号	耐温等级（℃）	交流发电机			交流电动机							变压器及电抗器等					仪表电信用线圈
			大型	中小型	一般用途	通用大型	通用中小型	通用微型	起重机类型	防爆型	耐制冷型	电动工具	高温干式	一般干式	油浸大型	油浸中小型	高频	
聚酯亚氨漆包线	QZY	F（155）			√		√	√	√	√	√	√	√	√				
聚酰胺酰亚胺漆包线	QXY	200		√			√	√	√		√	√	√					
聚酰亚胺漆包线	QY	220										√	√					
耐制冷剂漆包线	QF	A（105）									√					√		

四、绕包线

绕包线是指在导电线芯或漆包线上紧密绕包不同的绝缘材料，构成不同绝缘层的电磁线。部分的绕包线，经绕包后还要通过浸渍（或胶）的处理而形成组合绝缘。

绕包线根据其绝缘层的材料不同，可以分为纸包线、玻璃丝包线、天然丝和人造丝包线等。绕包线主要的几项性能指标如下。

1. 耐弯曲性能

绕包线的耐弯曲性能表示绕包层经弯曲或卷绕后，绕包物不开裂、不露缝和不破损的能力。耐弯曲性能用弯曲直径或弯曲、卷绕倍径表示。

2. 耐拖磨性

绕包线的耐拖磨性表示玻璃丝绕包层在绕制、嵌线和整形等过程中耐机械磨损的能力。耐拖磨性可以在一定外力作用下，用耐磨次数表示。

3. 热老化性

绕包线的热老化性，反映了玻璃丝绕包层经受热作用后保留耐弯曲性能的能力。

4. 耐潮性

绕包线的耐潮性能反映了受潮后耐受击穿电压的性能。玻璃丝包线的耐潮性取决于胶黏绝缘漆的性质，与绝缘漆的烘焙程度有关。在绕包线中，硅有机玻璃丝包线的耐潮性比醇酸玻璃丝包线好，在100%的相对湿度下放置较长时间击穿电压仍保持稳定。

绕包线的主要品种、特点和主要用途，见表1-10。

绕包线与漆包线比较，有绝缘层厚、电性能更优、过载能力强等特点。因此，常用于大、中型电工设备。绕包线的选用方法与漆包线相同。

五、无机绝缘电磁线

无机绝缘电磁线主要有氧化铝带（箔）级陶瓷绝缘线、玻璃膜绝缘微细线和氧化膜线等产品。无机绝缘电磁线的突出优点是耐高温、耐辐射。

无机绝缘电磁线的主要品种、特点和用途，见表1-11。

表1-10 常用绕包线的主要品种、特点及主要用途

类别	产品名称	型号	特点			主要用途
			耐热等级（℃）	优点	局限性	
玻璃丝包线及玻璃丝包漆包线	双玻璃丝包圆铜线 双玻璃丝包圆铝线 双玻璃丝包扁铜线 双玻璃丝包扁铝线 单玻璃丝包聚酯漆包扁铜（铝）线 单玻璃丝包聚酯漆包圆铜线 双玻璃丝包聚酯漆包扁铜（铝）线	SBEC SBELC SBECB SBELCB QZSBCB （QZSBLCB） QZSBC QZSBECB （QZSBELCB）	B（130）	1. 过负载性优 2. 耐电晕性优 3. 玻璃丝包漆包线的耐潮性好	1. 弯曲性较差 2. 耐潮性较差	用于绕制发电机，大、中型电动机，牵引电机，干式变压器中的绕组
	单玻璃丝包缩醛漆包圆铜线	QQSBC	E（120）	1. 过负载性优 2. 耐电晕性优 3. 耐潮性优	弯曲性较差	
	双玻璃丝包聚酯亚胺漆包扁铜线 单玻璃丝包聚酯亚胺漆包扁铜线	QZYSBEFB QZYSBFB	F（155）	1. 过负载性优 2. 耐电晕性优 3. 耐潮性优	弯曲性较差	
	硅有机漆双玻璃丝包圆铜线 硅有机漆双玻璃丝包扁铜线	SBEG SBEGB	H（180）	1. 过负载性优 2. 耐电晕性优 3. 用硅有机漆浸渍改进了耐水耐潮性能	1. 弯曲性较差 2. 硅有机漆浸渍黏合能力较差，绝缘层的机械强度较差	
	双玻璃丝包聚酰亚胺漆包扁铜线 单玻璃丝包聚酰亚胺漆包扁铜线	QYSBEGB QYSBGB	H（180）	1. 过负载性优 2. 耐电晕性优 3. 耐潮性优	弯曲性较差	
纸包线	纸包圆铜（铝）线 纸包扁铜（铝）线	Z（ZL） ZB（ZLB）	A（105）指在油中或浸渍处理后	1. 在油浸变压器中作线圈耐电压击穿性优 2. 价格便宜	绝缘纸容易被破坏	用于绕制油浸电力变压器中的线圈
丝包线及丝包漆包线	双丝包圆铜线 单丝包油性漆包圆铜线 单丝包聚酯漆包圆铜线 双丝包油性漆包圆铜线 双丝包聚酯漆包圆铜线	SE SQ SQZ SEQ SEQZ	A（105）指在油中或浸渍处理后	1. 绝缘层的机械强度较好 2. 油性漆包线的介质损耗角正切值小 3. 丝包漆包线的电性能优	如果不浸渍，丝包线的耐潮性差	用于绕制仪表、电信设备的线圈和用作探矿电缆线芯

表1-11 无机绝缘电磁线的主要品种、特点和用途

产品名称	型号	特点		主要用途
		优点	局限性	
陶瓷绝缘线	TC	1. 耐高温性能优，长期工作温度可达500℃ 2. 耐化学腐蚀性优 3. 耐辐射性优	1. 弯曲性差 2. 击穿电压低 3. 耐潮性差，如果没有封闭层，不推荐在高温度环境中使用	用于高温以及有辐射的场合
玻璃膜绝缘微细锰铜线 玻璃膜绝缘微细镍铬线	BMTM－1 BMTM－2 BMTM－3 BMNG	1. 导体电阻的热稳定性好 2. 玻璃膜绝缘能适应高、低温度的变化	弯曲性能差	用于高精度、高灵敏度、高稳定性的电子仪器和电工仪表中
氧化膜圆铝线 氧化膜扁铝线 氧化膜铝带（箔）	YML YMLC YMLB YMLBC YMLD	1. 不用绝缘漆封闭的氧化膜耐温可达250℃，用绝缘漆封闭的氧化膜耐热性取决于绝缘漆 2. 槽满率高 3. 质量轻 4. 耐辐射性好	1. 弯曲性能差 2. 击穿电压低 3. 氧化膜刮性差 4. 耐酸、碱性能差 5. 不用绝缘漆封闭的氧化膜耐潮性差	用于绕制起重电磁铁、高温制动器、干式变压器线圈，并用于需耐辐射场合

六、特种电磁线

特种电磁线是用于特殊场合绝缘结构和性能的一种电磁线，譬如高温、高湿、深低温等环境。特种电磁线包括换位导线，薄膜绕包线，中、高频绕包线和潜水电机绕包线等。

换位导线是由多根漆包扁线不断改变其所在位置的一种导体组合，外面用绝缘纸总包而成。换位导线的外形及截面如图1-8所示，主要用于绕制大容量变压器的线圈。

潜水电机绕包线由于长期在浸水加压条件下工作，因此要求绝缘性能稳定、耐化学腐蚀及机械性能良好。潜水电机绕包线中常见的两种结构，如图1-9所示。这种潜水电机绕包线的生产工艺要求比较高，结构复杂。其中，绝缘采用耐水性好的低密度聚乙烯，最外面用尼龙套作为护层，保护绝缘层免受各种机械损伤。

对于要求较高的潜水线，国内现基本采用PVC（聚氯乙烯）绝缘电缆。它的内导电层由含有较高炭黑比例的PVC混合物组成并和绝缘层一起，经过同一工序挤压、包覆，致使两层之间牢固、无间隙或无气隙的相互结合，其结构简单并且一次挤出。

薄膜绕包线用聚酸亚胺薄膜绕包铜线，具有耐高温性能，耐辐射、耐电强度性能，可以在特殊场合或严酷条件下使用。

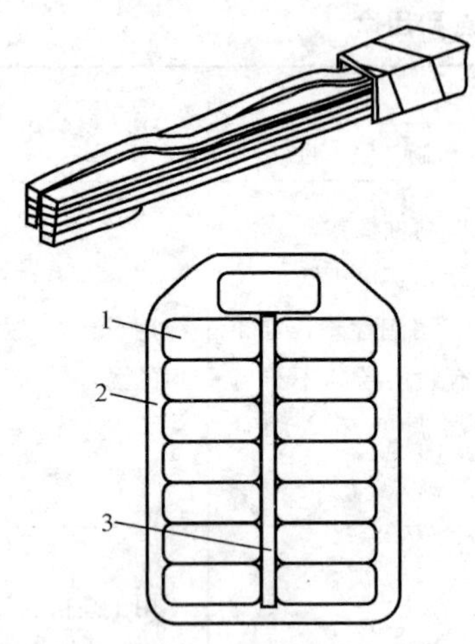

图 1-8 换位导线的外形及截面图

1—漆包扁线；2—纸包绝缘线；3—绝缘纸

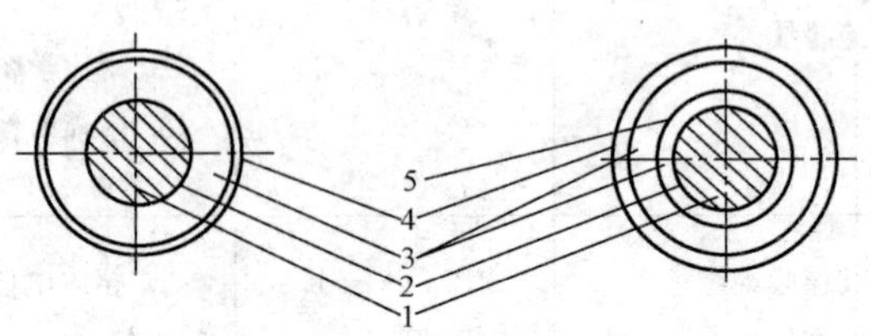

图 1-9 潜水电机绕包线的两种结构图

1—导体；2—导体封闭层；3—聚乙烯绝缘层；4—尼龙套；5—阻止层

特种电磁线的常用品种、特点和用途，见表 1-12。

表 1-12 特种电磁线的常用品种、特点及用途

产品名称	型 号	特 点			主要用途
		耐热等级（℃）	优 点	局限性	
换位导线	QQLBH	105	1. 简化绕制线圈工艺 2. 无循环电流，线圈内的电流损失小 3. 比纸包线槽满率高	弯曲性能差	大型变压器线圈
聚酰亚胺薄膜绕包铜线 聚酰亚胺薄膜绕包扁铜线	Y YB	220	1. 耐热性和耐低温性优 2. 耐辐射性优 3. 耐化学性能和耐油性能好 4. 耐击穿电压性能好 5. 耐水性能好 6. 不燃烧 7. 同玻璃丝包线相比，槽满率高	1. 同玻璃丝包线相比，绕包层易损伤 2. 在含水密封系统中，易水解	可用于绕制交、直流高压电机，牵引电机，采油钻机等有较高要求的电机及高压电器绕组，干式变压器线圈
单丝包高频绕组线 双丝包高频绕组线	SQJ SEQJ	Y（90）	1. Q 值大 2. 系由多根漆包线组成，柔软性好，可降低集肤效应 3. 如用聚酯漆包线制成，则介质损耗低，并有直焊性	耐潮性差	用于绕制要求 Q 值稳定和介质损耗角正切小的仪表仪器线圈

续表

产品名称	型　号	特　点			主要用途
		耐热等级（℃）	优　点	局 限 性	
玻璃丝包中频绕组线	QZJBSB	B（130） H（180）	1. 嵌线工艺简单 2. 系由多根漆包线组成，柔软性好，可降低集肤效应	弯曲性能差	用于绕制1000～8000Hz的中频变频机绕组
缩醛漆包线聚氯乙烯绝缘潜水电机绕组线	QQV	V（90）	1. 绝缘层的耐水性能较好 2. 绝缘层的机械性能较好	绝缘层厚、槽满率低	用于绕制潜水电机绕组
聚乙烯绝缘尼龙护套湿式潜水电机绕组线	QYN SYN	70	1. 耐水性能良好 2. 护套机械强度高	槽满率低	用于绕制潜水电机绕组

§1-4　电气设备用电线电缆

工矿企业中，用于低压电力系统的绝缘电线（包括各种电气设备与电源间连接的电线电缆、电气设备内部安装线、控制信号系统所用的电线电缆），称为电气设备用电线电缆。

一、电气设备用电线电缆的分类

工程应用中，根据电气设备用电线电缆的使用特性，可分为下面六种。

1. 通用电线电缆

通用电线电缆包括：塑料绝缘电线（电缆）、橡皮绝缘电线电缆、通用橡套软电缆、电焊机电缆、电梯电缆等。

2. 电工设备和仪器仪表用电线电缆

电工设备和仪器仪表用电线电缆包括：电机、电器引接线，电器、仪表安装线，电光源用电线电缆，潜水电机用防水橡套电缆，无机绝缘高温电缆，电工、电子仪器仪表用电线（电缆），医疗仪器用电线等。

3. 交通工具用电线电缆

交通工具用电线电缆包括：汽车、拖拉机用电线，机电车辆用电线电缆，航空电线，船用电缆等。

4. 地质勘探和采掘工业用电线电缆

地质勘探和采掘工业用电线电缆包括：检测电缆，钻探电缆，油田生产用电线电缆，采掘工业电线电缆等。

5. 信号、控制电缆

信号、控制电缆包括：信号电缆，橡皮和塑料绝缘控制电缆，聚氯乙烯绝缘聚氯乙烯护套控制电缆，船用控制电缆，计算机用控制电缆，其他控制电缆等。

6. 直流高压电缆

直流高压电缆包括：X射线机用直流高压电缆，电子轰击炉用电缆，电子束焊机用高压电缆，静电喷漆用电缆等。

二、电气设备用电线电缆的型号

电线电缆的型号是电缆名称的代号。它可以反映出电线电缆的类别、用途、主要材料结构与结构特点，以及敷设场合等。

电气设备用电线电缆的型号由汉语拼音和数字编码组成。电气设备用电线电缆的型号组成及代号含义，见表1-13。

表1-13　　电气设备用电线电缆的型号组成及代号含义

类别、用途	导　体	绝　缘　层	（内）护　套	特　征	外护套	派　生
A—安装线 B—绝缘线（固定敷设） BC—补偿线 C—船用电缆 D—机车车辆用电线 F—飞机用线 J—电机、电器引接线 K—飞机用线 P—信号电缆 Q—汽车、拖拉机用线 R—软线 U—采掘用电线电缆 UC—采掘机组电缆 G—高压电线 N—农用电缆 UZ—矿山电站用电缆 W—地球物理工作用电缆 WB—油泵电缆 WC—海上探测电缆 WE—野外探测电缆 WT—轻便探测电缆 X—X射线机用电缆 Y—移动电缆 YD—探照灯用电缆	G—钢线 T—铜线芯（一般省略） L—铝线芯	B—棉纱、玻璃丝编织 F—氟塑料 K—卡普龙 V—聚氯乙烯塑料 X—橡皮 （X）D—丁基橡胶 XF—氯丁橡皮 XG—硅橡皮 Y—聚乙烯塑料 （V）F—丁腈聚氯乙烯复合物 S—丝 E—乙柄橡皮 YJ—交联聚乙烯 S—硅橡胶	BL—玻璃丝编织涂蜡克 F—复合物 H—橡套 HD—耐寒橡套 HF—非燃性橡套 HQ—丁腈橡套 HS—防水橡套 H（Y）—耐油橡套 F—棉纱编织涂蜡克 N—尼龙护套 Q—铅套 V—聚氯乙烯护套	B—扁平型 C—重型 D—带形、不滴流 G—高压 Z—中型 W—户外用 Q—轻型 R—柔软 S—双绞型 T—耐热 P—屏蔽型 H—H级（引出线） Y—Y级 Z—直流 J—交流	见表1-14	1—第一种（户外用） 2—第二种 0.3—拉断力0.3t 1—拉断力1t 105—耐温105℃

由表1-13可见，型号中的汉语拼音字母的确定，一般是采用能够说明某含义的词组中第一个汉语拼音的第一个字母大写体表示。譬如：用Z表示纸（Zhi）绝缘；用Q表示铅（Qian）护套。同时，对于常用的高分子材料规定为：V表示聚氯乙烯；Y表示聚乙烯；YJ表示交联聚乙烯。另外，为了减少电线电缆型号的字母个数，可采取在同一类特征的几项中，将最常见项略去的方式表示。例如，铜导体电缆中的T字略去，仅在用铝作导体的电缆型号中加上字母L。

电气设备用电线电缆若有外护层时，型号的汉语拼音字母后面将会出现两个阿拉伯数字编码。其中，前一个数字编码表示铠装结构，后一个数字编码表示外层结构。电线电缆外护层代号中，数字编码的具体含义，可以用表1-14说明。

表1-14　　电线电缆外护层代号的含义

第一个数字编码		第二个数字编码	
代　号	铠装层类型	代　号	外护层类型
0	无	0	无
1	—	1	纤维绕包
2	双钢带	2	聚氯乙烯护套
3	细圆钢丝	3	聚乙烯护套
4	粗圆钢丝	4	—

表1-15反映了电线电缆外护层代号的新旧对照。

表1-15　　电线电缆外护层代号的新旧对照表

新 代 号	旧 代 号	新 代 号	旧 代 号
02，03	1，11	(31)	3，13
20	20，120	32，33	23，39
(21)	2，12	(40)	50，150
22，23	22，29	41	5，25
30	30，130	(42，43)	59，15

注　表中括号内数字反映的外护层结构不推荐使用。

表1-13表明，电线电缆的型号一般由7个部分组合而成，排列顺序为：

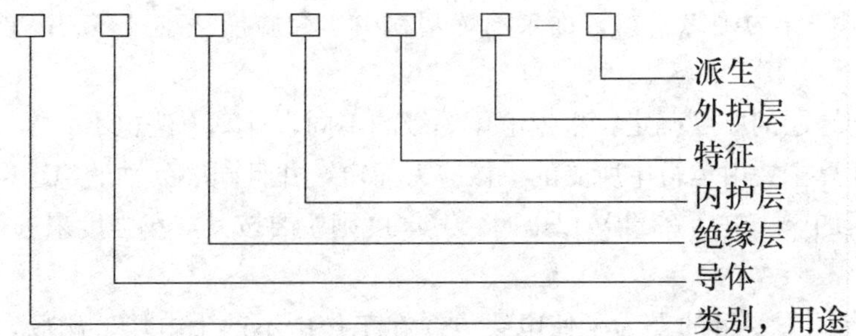

应当注意，产品的型号不一定包含上述中的所有内容，它可以由其中一个或几个部分组成。例如，耐热105℃聚氯乙烯绝缘屏蔽软线（金属线）的型号组成如下：

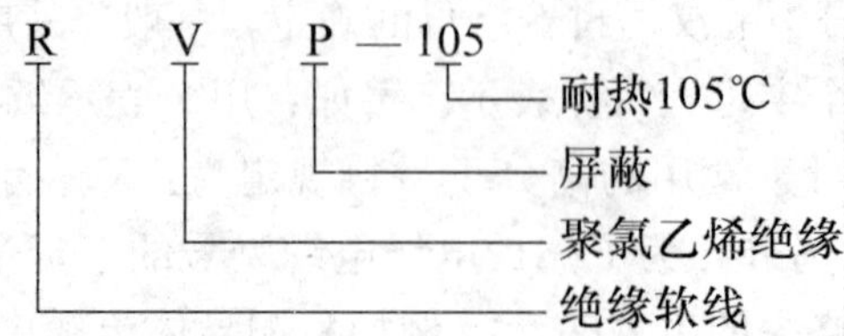

三、电气设备用电线电缆结构

电气设备用电线电缆的基本结构是由导电线芯、绝缘层、屏蔽层以及护层（护套）组成。

1. 导电线芯

电气设备用电线电缆的导电线芯主要是铜和铝。考虑到经济情况，对于固定敷设的电线电缆，若没有特殊要求，一般采用铝材料作为导电线芯。对于移动使用的电线电缆和具有一定温度要求的场合，导电线芯则主要采用铜材料；对于一些温度较高的场合，根据线芯的耐温要求，可以采用铜线表面镀锡、镀银、镀镍的导电线芯。甚至可采用镍包铜线、铬铜、铬锆铜等耐高温的导电合金作为电气设备用电线电缆的导电线芯。

由于电气设备用电线电缆的导电线芯要求比较柔软，所以大截面总是采用多根单线绞合而成；对于可移动式电线电缆，线芯要求更为柔软，其绞合方式可采用复绞合或束绞合。

绞合层单根线根数的计算公式见表 1 - 16。

表 1 - 16　　绞合层单根线根数的计算公式

中心根数 n_0	第 m 层单根根数 n_m	包括 m 层在内的单根总根数 N
1	$n_m=6m$	$N=1+3m(m+1)$
2～5	$n=n_0+6m$	$N=(n_0+3m)(m+1)$

注　1. 表中 m 为绞合层数；
　　2. 中心不作为层数计入。

2. 绝缘层

电线电缆的绝缘层是根据其用途和不同的绝缘要求，大多采用各种绝缘性能不同的橡皮和塑料材料组成。绝缘层材料的选取，主要考虑电线电缆的用途与绝缘材料在电性能、力学性能、耐热性能、防护性能等诸方面中的配合。譬如：普通低频、低压电线电缆的绝缘层和防护层，一般可以选用介质损耗相对较大、绝缘电阻小，但防护性能较好、价格低廉的聚氯乙烯塑料作为绝缘材料；而聚乙烯塑料由于介质损耗小，多为高频、高压电线电缆所采用。

电线电缆绝缘层的厚度确定，根据电压等级的不同，计算方法也不一样。当电压在 1kV 以下时，厚度计算主要由运行中所受的机械应力而定，并且同一品种的绝缘层厚度是随线芯的截面积增大而加厚；电压在 6kV 以上时，其厚度则主要按其电场强度来进行计算。

3. 屏蔽层

设置屏蔽层的主要目的是为了使电线电缆在工作中不产生电场、磁场，同时也可防止周围强电场对电线、电缆内所传输电流的影响。一般对于电压大于 6kV 的电线电缆而言，必须采用屏蔽层。

屏蔽层所用材料主要是铜、铝、铅等高导电材料的金属化纸或金属化薄膜，也采用半导电橡皮、半导电塑料或半导电涂层。例如，10kV聚氯乙烯塑料电缆的屏蔽层可采用石墨电涂料，也可用半导电纸、半导电布带等。

4. 护层（护套）

电线电缆的护层（护套）主要是起到保护绝缘、延长使用年限的作用，以防止电线、电缆在敷设及使用中，受外界因素作用而伤及绝缘层造成事故。护层主要有纤维编织层、橡皮、塑料护套和铠装层等三种类型。

四、常用的电气设备用电线电缆

在电气工程、仪器仪表制造、信号控制等过程中，习惯把常用的电气设备用电线电缆按其结构特征归为绝缘电线和软线、橡套电线电缆和信号、控制电线电缆三种。现将它们的型号、名称、特点、用途以及使用要求，分别加以介绍。

1. 绝缘电线和软线

绝缘电线和软线都是在裸导线的表面裹以不同种类的绝缘材料而构成，主要有橡皮、聚氯乙烯绝缘电线和橡皮、聚氯乙烯绝缘软线。它们结构简单、质量轻、外径小、价格便宜，在电气和机械性能上有较高的裕度。绝缘电线广泛用于交流电压为500V及以下，直流电压为1000V及以下的各种动力、配电和照明线路，也可作为大中型电气装备的安装线。绝缘软线则大量用作日用电器、仪器仪表的电源线，还可用于小型电气设备和仪器仪表内部的安装线以及照明灯头线。

(1) 橡皮绝缘电线。橡皮绝缘电线适用于交流电压500V及以下的电气设备和照明装置，固定敷设，长期允许工作温度不应超过65℃。橡皮绝缘电线的导电线芯有铜芯、铝芯两种。

橡皮绝缘电线的型号、名称及用途，见表1-17。

表1-17 橡皮绝缘电线的型号、名称及用途

型号	名称	主要用途
BX	铜芯橡皮绝缘棉纱或其他相当纤维编织电线	固定敷设，可明敷、暗敷
BLX	铝芯橡皮绝缘棉纱或其他相当纤维编织电线	
BXF	铜芯橡皮绝缘氯丁胶或其他相当的合成胶混合物护套电线	适用于户外和户内明敷，特别是寒冷地区
BLXF	铝芯橡皮绝缘氯丁胶或其他相当的合成胶混合物护套电线	
BXW	铜芯橡胶绝缘氯丁护套电线	适用于户外和户内明敷，特别是寒冷地区
BLXW	铝芯橡胶绝缘氯丁护套电线	
BXY	铜芯橡胶绝缘黑色聚乙烯护套电线	适用于户外和户内穿管，特别是寒冷地区
BLXY	铝芯橡胶绝缘黑色聚乙烯护套电线	

(2) 聚氯乙烯绝缘电线。聚氯乙烯绝缘电线适用于交流电压450V/750V及以下的动力装置的固定敷设，电线敷设温度不低于0℃。聚氯乙烯绝缘电线的导电线芯也有铜芯、

铝芯两种。

聚氯乙烯绝缘电线的型号、名称及用途，见表 1-18。

(3) 绝缘软线。绝缘软线是一类被广泛使用的产品，分为聚氯乙烯绝缘软电线、橡胶绝缘编织软电线和橡皮绝缘平形软电线等。绝缘软线的导电线芯目前均为铜芯，导线结构为多根单线束绞、复绞而成。其特点是外径小、质量轻、柔软并可多次弯曲，适用于各种交直流的移动电器、电工仪表、电信设备及自动化装置等。根据发展趋势，绝缘软线还会出现铝合金的产品。

表 1-18　　聚氯乙烯绝缘电线的型号、名称及用途

型　号	名　称	长期允许的工作温度（℃）	主 要 用 途
BV BLV	铜芯聚氯乙烯绝缘电线 铝芯聚氯乙烯绝缘电线	≤70	固定敷设于室内（明敷、暗敷或穿管）、户外或作设备内的安装用线，耐湿性、耐气候性能较好
BV—150 BLV—150	铜芯耐热 150℃ 聚氯乙烯绝缘电线 铝芯耐热 150℃ 聚氯乙烯绝缘电线	≤150	固定敷设于室内（明敷、暗敷或穿管）、户外或作设备内的安装用线，常用于45℃及以上的高温环境
BVR	铜芯聚氯乙烯软线	≤70	固定敷设于室内（明敷、暗敷或穿管）、户外或作设备内的安装用线，安装时常用在要求电线具有柔软特性的地方
BVV BLVV	铜芯聚氯乙烯绝缘聚氯乙烯护套圆形电线 铝芯聚氯乙烯绝缘聚氯乙烯护套圆形电线		固定敷设于室内（明敷、暗敷或穿管）、户外或作设备内的安装用线，常用于潮湿和机械防护要求较高的场合，也可直埋土壤中
BVVB BLVVB	铜芯聚氯乙烯绝缘聚氯乙烯护套平形电线 铝芯聚氯乙烯绝缘聚氯乙烯护套平形电线		同 BVV，BLW 的主要用途
NLYV	铝芯聚乙烯绝缘聚氯乙烯护套电线	≤70	农用直埋，一般地区
NLYV—H	铝芯聚乙烯绝缘耐寒聚氯乙烯护套电线		农用直埋，一般及寒冷地区
NLYY	铝芯聚乙烯绝缘黑色聚乙烯护套电线		农用直埋，一般及寒冷地区
NLVV	铝芯聚乙烯绝缘聚氯乙烯护套电线		农用直埋，一般地区

绝缘软线的型号、名称及用途，见表 1-19。

(4) 绝缘电线和软线的使用要求。绝缘电线可在室内或沟道、隧道内沿墙或架空敷设，室外架空敷设，穿铁管或塑料管敷设以及在电工设备、仪表、无线电装置内安装。塑料绝缘塑料护套的电线可直埋土壤中敷设。绝缘软线可供固定敷设，但主要用于移动式装置。不同使用场合对绝缘电线和软线的要求，见表1-20。

表1-19　绝缘软线的型号、名称及用途

型号	名称	长期允许的工作温度（℃）	主要用途
RV RVB RVS	铜芯聚氯乙烯绝缘连接软接线 铜芯聚氯乙烯绝缘平形连接软接线 铜芯聚氯乙烯绝缘绞形连接软接线	≤65	供各种移动电器、仪表、电信设备、自动化装置接线用，也可作为内部安装线，安装时环境温度不低于－15℃
RV－105	铜芯耐热105℃聚氯乙烯绝缘连接软接线	≤105	同RV，用于45℃及以上的高温环境中
RVV RVVB	铜芯聚氯乙烯绝缘聚氯乙烯护套圆形连接软接线 铜芯聚氯乙烯绝缘聚氯乙烯护套平形连接软接线	≤65	同RV，用于潮湿和机械防护要求较高，经常移动、弯曲的场合
RFB RFS	铜芯丁腈聚氯乙烯复合物绝缘平形软接线 铜芯丁腈聚氯乙烯复合物绝缘双绞软接线	≤70	同RV，但在低温时柔软性好
RXB RXS RXH RX	铜芯橡胶绝缘编织平形软接线 铜芯橡胶绝缘编织双绞软接线 铜芯橡胶绝缘、橡胶护套编织圆形软接线 铜芯橡胶绝缘编织圆形软接线	≤60	室内日用电器、照明用电源线

表1-20　不同使用场合对绝缘电线和软线的要求

使用场合		使用要求
固定安装敷设	室内	电性能优良、稳定，使用寿命长，有一定的机械和热老化性能，能够穿管或穿墙敷设
	室外	除符合室内要求外，还应适应日光、雨淋、风吹（张力与振动）和冰冻等环境条件，有较好的耐大气老化性能 进户线的机械强度应比一般室外架空用线略高
	土壤中直埋	长期浸水（地下水）的情况下，绝缘电阻稳定，并能经受轻度酸、碱及土壤中其他腐蚀物质的侵蚀，在有虫、鼠害的场合应采用特殊的绝缘护套配方材料 直埋一般不允许承受机械外力
移动式使用		应有优良的柔软性，能经受多次弯曲，使用中不易打结。有一定的机械强度。一般不允许承受机械外力和拉力。常用于室内，可短期用于室外

续表

使用场合		使用要求
特殊环境	高温	环境温度在45℃及以上，绝缘、护套材料应有良好的热老化性能
	高湿	绝缘、护套材料应有较小的透潮和吸湿性，绝缘电阻稳定
	严寒	在低温（一般高于－30℃）条件下安装时和长期运行中，要求电线用材料不开裂，移动使用的电线应保持柔软性和可弯曲性
	接触油类	绝缘、护套材料应有较好的耐油性
	易燃	绝缘、护套材料应具有耐燃性或不延燃性
	易受外力破坏、易燃	对易受外力破坏的部位和易爆场合的电线宜采用塑料管、蛇皮管、铁管等作机械保护

2. 橡套电缆

橡套电缆是广泛应用于各种电气装配、电动工具、仪器、动力和日用电器的移动式电源线。根据电缆所承受的机械外力，可以分为轻、中、重三种形式，每一种形式的产品又分为一般型和耐气候型。橡套电缆的导电线芯采用铜软线复绞方式，有单芯、二芯、三芯、四芯及五芯结构，属于柔软型。导电线芯若不镀锡，则在每一导体的外面包一层由合适材料制成的隔离层，镀锡导电线芯可不包隔离层。橡套电缆的绝缘层一般采用橡皮绝缘。绝缘线芯采用易于辨认的颜色进行分色。其中，地线均采用黄绿双色线。

橡套电缆的型号、名称及用途，见表1-21。

表1-21　　橡套电缆的型号、名称及用途

型号	名称	额定电压（V）	长期允许的工作温度（℃）	芯数	标称截面面积（mm^2）	主要用途
YQ YQW	轻型橡套软电缆 户外型轻型橡套软电缆	300/300	65	2.3	0.3～0.5	应用于轻型移动电器设备和工具
YZ YZW	中型橡套软电缆 户外型中型橡套软电缆	300/500		2，3，4，5	0.75～6	应用于各种移动电器设备和工具
YC YCW	重型橡套软电缆 户外型重型橡套软电缆	450/750		1	1.5～400	应用于各种移动电器设备，能承受较大的机械外力作用
				2	1.5～95	
				3，4	1.5～150	
				5	1.5～25	

注　“W”型派生电缆具有耐气候性和一定的耐油性能，适用于在户外或接触油污的场合。

橡套电缆的适用范围很广。凡要求移动式连接的各种电气设备，在一般场合均可采用。橡套电缆的使用要求如下：

(1) 电缆使用中，因经常移动、弯曲，所以要求其柔软性好。

(2) 由于经常与人体接触，要求电缆绝缘性能优良，运行可靠，并能承受不同的机械外力。户外型电缆还应具有良好的耐气候性和一定的耐油性。

(3) 轻型橡套电缆作为日用电器、仪器仪表的电源线，一般不直接承受机械外力，要求有极好的柔软性可以进行多次不定向弯曲。同时，要求电缆本身不打扭、轻巧、外径小。

(4) 中型橡套电缆作为移动式动力线、电动工具等移动电气设备的电源线，要求能承受一般的机械外力，应有足够的柔软性，以便移动、弯曲。

(5) 重型橡套电缆能承受较大的机械外力和自身拖拽力，护套有高的弹性和强度。为保证移动、弯曲，应有一定的柔软性，可以用作港口机械、林业机械等能承受较大机械外力的移动电气设备的电源线。

橡套电缆的选用和使用注意事项：

(1) 长期用于室外或接触油类的场合，应选用户外型橡套电缆，但也不能将它长期浸于油中使用；其他场合可用一般型橡套电缆。

(2) 使用时电缆线路不宜太长，应保证电压降不超过5%。导线截面根据载流量进行选择，并随时校核其压降。

(3) 作农用移动式动力线时，应注意保护橡套电缆，防止外伤。

(4) 宜采用接插式中间连接头，使橡套电缆连接方便、可靠。

3. 信号、控制电缆

在信号控制系统中，用以传输各种启动、操作、信号显示、测量等电信号的电缆，称为信号、控制电缆。随着自动控制技术的发展，信号、控制电缆的品种与数量也日益增加，并且广泛应用于各种工矿、企业、交通、运输、通信等重要部门。

在一般场合中，大量采用的是通用信号、控制电缆。因为它们结构简单，系列齐全。在某些特殊场合情况下，常采用信号、控制电缆的专用品种，譬如电梯电线、野外控制电缆等。

通用控制电缆用于交、直流额定电压为0.6/1kV及以下的控制、监测回路，保护线路等场合。控制电缆的线芯导体，目前主要采用的铜芯有三种形式：A型——单根实芯；B型——采用7根单线绞合；R型——软结构。线芯的标称截面积最大为10mm^2，芯数最多可达61芯。控制电缆的绝缘层分为聚乙烯、聚氯乙烯、天然——丁苯橡胶三类。其中：交联聚乙烯绝缘控制电缆的额定电压U_0/U为0.6/1kV，导体长期允许的工作温度为90℃；聚氯乙烯绝缘控制电缆的额定电压U_0/U为450/750V，导体长期允许的工作温度为70℃。

通用控制电缆的保护层采用聚氯乙烯、氯丁橡皮护套，有耐寒要求须采用耐寒配方；在需要承受机械外力的场合，可采用内钢带铠装结构。

随着铝和铝合金材料的性能和连接技术不断提高，控制电缆中采用铝芯的比重会逐渐增加。

信号电缆采用由聚氯乙烯或聚乙烯绝缘的软铜线线芯组成，按同芯式绞合成缆。其中每根线芯截面积较小，有 0.5、0.75、0.8、1.0mm² 等不同品种，芯数最多可达 61 芯。综合扭绞电缆的绝缘线芯若是采用对绞方式，绝缘颜色一般为红白、绿白、蓝白、黄白；采用四线组绞合时，绝缘颜色为红绿蓝白。绞合后的缆芯外，挤包一层聚氯乙烯护套。信号电缆的外护层由垫层、钢带和外被层组成。

信号电缆的主要性能要求如下：

（1）导电线芯 20℃时，直流电阻不大于 0.0235Ω/km。

（2）成品电缆线芯间及线芯对钢带间的绝缘电阻换算到 20℃时，应不小于 40MΩ/km；综合扭绞型电缆 20℃时，绝缘电阻不小于 3000MΩ/km。

（3）成品电缆每根线芯对接地的所有其余线芯间的电容换算到长度为 1km 时，应不大于 0.3μF。

（4）综合护套铠装电缆其护套上的感应电压为 35～200V/km 时，电缆的理想屏蔽系数 γ 不大于 3。信号电缆用于铁路信号联锁、火花报警信号、电报以及各种自动装置中，要求导线不易折断并且应具有良好的屏蔽性能。为了提高信号回路的可靠性，信号电缆有时可采用环路连接。

常见信号、控制电缆的型号、名称及用途，见表 1-22。

表 1-22　常见信号、控制电缆的型号、名称及用途

型　号		产 品 名 称	主 要 用 途
铜　芯	铜　芯		
PVV		聚氯乙烯绝缘和护套信号电缆	用于信号联络、火警及各种自动装置线路。固定敷设于室内、电缆沟、管道和地下直埋 内铠装电缆能承受较大的机械外力，不允许承受拉力 聚乙烯绝缘的耐潮性比聚氯乙烯绝缘的好
PVV_{22}		聚氯乙烯绝缘和护套内钢带铠装信号电缆	
PYV		聚乙烯绝缘聚氯乙烯护套信号电缆	
PYV_{22}		聚乙烯绝缘聚氯乙烯护套内钢带铠装信号电缆	
$PZYAV_{22}$		聚乙烯绝缘综合扭绞综合护套双钢带铠装耐寒聚氯乙烯外护套信号电缆	
PZYAY		聚乙烯绝缘综合扭绞综合护套聚乙烯外护套信号电缆	
$PZYAH_{22}$		聚乙烯绝缘综合扭绞综合护套双钢带铠装耐寒聚乙烯外护套信号电缆	
PZYLV		聚乙烯绝缘综合扭绞铝护套聚氯乙烯外护套信号电缆	
$PZYLV_{22}$		聚乙烯绝缘综合扭绞铝护套双钢带铠装聚氯乙烯外护套信号电缆	
PZYLVH		聚乙烯绝缘综合扭绞铝护套耐寒聚氯乙烯外护套信号电缆	
$PZYLYH_{22}$		聚乙烯绝缘综合扭绞铝护套双钢带铠装耐寒聚氯乙烯外护套信号电缆	

续表

型号		产品名称	主要用途
铜芯	铜芯		
KVV		聚氯乙烯绝缘聚氯乙烯护套控制电缆	
KYV		聚乙烯绝缘聚氯乙烯护套控制电缆	
KXV		橡皮绝缘聚氯乙烯护套控制电缆	
KXF		橡皮绝缘氯丁橡套控制电缆	
KVV_{22}		聚氯乙烯绝缘和护套内钢带铠装控制电缆	
KYV_{22}		聚乙烯绝缘聚氯乙烯护套内钢带铠装控制电缆	
KXV_{22}		橡皮绝缘聚氯乙烯护套内钢带铠装控制电缆	
KYVD		聚乙烯绝缘耐寒塑料护套控制电缆	
KXVD		橡皮绝缘耐寒塑料护套控制电缆	
KYJV		交联聚乙烯绝缘聚氯乙烯护套控制电缆	
KYJVP	KLVV KLYV KLXV $KLVV_{22}$ $KLYV_{22}$ $KLXV_{22}$ KLYVD KLXVD	交联聚乙烯绝缘聚氯乙烯护套编织屏蔽控制电缆	作各种电器、仪表、自动装置设备控制线路用。固定敷设于室内、电缆沟、管道及地下 内铠装电缆能承受较大的机械外力，不允许承受拉力 聚乙烯绝缘的绝缘电阻和耐寒性比聚氯乙烯绝缘电缆的好 氯丁护套电缆的耐寒性及允许敷设最低温度比一般电缆低
KVVP		聚氯乙烯绝缘聚氯乙烯护套编织屏蔽控制电缆	
$KYJVP_1$		交联聚乙烯绝缘聚氯乙烯护套铜丝环绕屏蔽控制电缆	
$KVVP_1$		聚氯乙烯绝缘聚氯乙烯护套铜丝环绕屏蔽控制电缆	
$KYJVP_2$		交联聚乙烯绝缘聚氯乙烯护套铜带屏蔽控制电缆	
$KVVP_2$		聚氯乙烯绝缘聚氯乙烯护套铜带屏蔽控制电缆	
$KYJV_{22}$		交联聚乙烯绝缘聚氯乙烯护套钢带铠装控制电缆	
KVV_{22}		聚氯乙烯绝缘聚氯乙烯护套钢带铠装控制电缆	
$KYJV_{32}$		交联聚乙烯绝缘聚氯乙烯护套细钢丝铠装控制电缆	
KVV_{32}		聚氯乙烯绝缘聚氯乙烯护套细钢丝铠装控制电缆	
KVVR		聚氯乙烯绝缘聚氯乙烯护套控制软电缆	
KVVRP		聚氯乙烯绝缘聚氯乙烯护套编织屏蔽控制软电缆	

信号、控制电缆的使用要求及注意事项：

1）由于信号、控制电缆均用于自动控制、测量系统中，当导线折断或绝缘损坏时，会造成极为严重的后果。所以要求导线不易折断、绝缘不损坏、绝缘电阻高、护层能起到机械保护的作用。

2）信号、控制电缆多为固定敷设，但对于电缆线芯与设备、仪表的连接点需经常拆装。因此，要求线芯导线要有一定的柔软性和机械强度，可经受多次弯曲而不会折断。

3）对于低电压系统的控制电缆和信号电缆，大多数可以通用。

4）信号电缆的工作电流一般控制在 4A 以下。控制电缆则需按线路压降和机械强度选用其导线截面。但对于信号、控制电缆必须根据使用系统的需要确定其线芯数，并考虑足够的裕量。

5）信号、控制电缆在敷设时，环境温度应符合下列规定：

塑料绝缘塑料护套电缆的环境敷设温度不低于－10℃；

橡皮绝缘塑料护套电缆的环境敷设温度不低于－15℃；

橡皮护套和耐寒塑料护套电缆的环境敷设温度不低于－20℃。

五、关于导线与电缆的选择和一般计算

1. 导线与电缆截面选择的一般性原则

（1）导线与电缆的耐压等级必须符合要求，并注意考虑电压损失的影响。

（2）导线与电缆载流量的确定。载流量的确定主要是依据设备的工作状况，按照经济电流密度的选择方式。要求导线与电缆在持续工作电流的作用下，不会因过热而引起导线绝缘损坏；防止导线与电缆因短路而造成的设备损坏。

（3）环境因素的影响。导线与电缆在高温环境中使用应考虑降低载流量或选用耐高温电缆；固定敷设时，需要随时校正载流量，注意将强电线缆和信号线缆分开敷设。

（4）机械强度选择。为了防止断线，应考虑导线与电缆的机械强度选择；同时注意线缆在敷设或使用时，最小弯曲半径必须符合要求。

上述原则要求，可以通过《电工材料手册》直接查取，还可以经过计算得到导线与电缆的耐压等级、标称截面、载流量等数据参数。

2. 导线截面的计算

在日常供应工作中，一般在提出电线规格时，有两种表示方法：一种按线芯的标称截面，如 0.4mm²；另一种按导线芯结构，如 23/0.15mm²。这二者的对应值，一般都可以在《电工材料手册》的“导电线芯结构”系列中查到。如果遇到特殊情况，需要计算截面时，也可按下列公式计算

$$S = d^2\left(\frac{\pi}{4}\right)n \tag{1-13}$$

式中 S——导线截面，mm²；

d——导线直径，mm；

n——根数。

例1-1 求42根直径为0.15mm的导电线芯的截面应为多少?

解 先将导线直径自乘，然后乘以$\frac{\pi}{4}$，即得0.15mm直径的截面，最后再乘上根数，即

$$0.15\times0.15=0.0225\ (\mathrm{mm}^2)$$

$$0.0225\times\frac{\pi}{4}=0.01767\ (\mathrm{mm}^2)$$

$$截面=0.01767\times42=0.7421\ (\mathrm{mm}^2)$$

这样计算所得的截面数据，叫做“计算截面”。但因小数点后的数字愈长愈趋于零，并且难于记忆，所以规定电线的截面数据一般采用“标称截面”，就是将部分尾数略去，采用一个近似的整数，如上式数值的标称截面为0.75mm²。

3. 导线电阻率的计算

电阻率是衡量导线的电性能是否优劣的一个重要指标。根据电工知识，导线的电阻与长度成正比，与截面积成反比，且与导线材料有关，同时还随温度的变化而变化。依照这样一个变化规律，便能比较容易地分析出导线电阻过大或过小的各种原因。

当导线电阻过大，超过规定值时，大致有以下几种情况：

(1) 导线材料本身质量不良或工艺有问题。

(2) 导线截面积小于标称值。

(3) 导线长度超过规定值范围。

(4) 绞合节距比较小。

反之，如果导线电阻过小，可能是由于长度短于规定值范围或绞合节距比较大等原因所造成。

如果用电桥（双臂或单臂）测得整圈导线的电阻值后，导线的电阻率的计算式为

$$\rho_{20}=\frac{R\times S}{[1+\alpha(t-20)]L} \tag{1-14}$$

式中 ρ_{20}——20℃是的电阻率，Ω·mm²/m；

R——测得的导线电阻值，Ω；

S——导线计算截面积，mm²；

α——电阻温度系数；

t——测试时环境温度，℃；

L——长度，m。

不同导线材料的电阻温度系数，请参见表1-23。

表1-23 **不同导线材料的电阻温度系数**

导线材料	硬铜	软铜	硬圆铝	半硬及软圆铝	铁	青铜
	单线	单线	单线	铝单线	—	（铜芯青铜绞线）
电阻温度系数	0.00385	0.00395	0.00403	0.00410	0.00460	0.0040

例1-2 已知一铜芯电线的长度为100m，导线计算截面为0.28mm²，在温度+25℃

时，测得的电阻为6.699Ω，求温度为+20℃时的电阻率。

解 根据式（1-14），该电线的电阻率为

$$\rho_{20}=\frac{R\times S}{[1+\alpha(t-20)]L}$$

$$=\frac{6.699\times 0.28}{[1+0.00385\times(25-20)]\times 100}$$

$$=0.0184(\Omega\cdot mm^2/m)$$

据此，电线在温度为+20℃时的电阻率为0.0184Ω·mm²/m。

各种主要电线产品的电阻率，见表1-24。

表1-24 **各种主要电线产品的电阻率**

类 别	20℃电阻率≤（Ω·mm²/m）
铜芯电线和软线	0.0184
铝芯电线	0.0310
镀锡铜芯电线和软线	0.0190
纱、丝、漆、纸包电磁线	0.01754

例1-3 已知一软铜芯电线的长度为100m，导线计算截面为0.28mm²，求该电线在温度为+25℃时的电阻。

解 根据式（1-14）得

$$R=\frac{\rho_{20}[1+\alpha(t-20)]L}{S}$$

$$=0.0184\times[1+0.00395\times(25-20)]\times 100/0.28$$

$$\approx 6.699(\Omega)$$

据此，电线在温度+25℃时的电阻为6.699Ω。

例1-4 一条电压为35kV的输电线路，输送最大负荷为6300kW，$\cos\varphi=0.8$，最大负荷使用时间为4000h，线路长度为20km。当采用钢芯铝导线时，试按经济电流密度选择导线截面。

解 线路最大输送电流为

$$I_{max}=\frac{P}{\sqrt{3}U_N\cos\varphi}=\frac{6300}{\sqrt{3}\times 35\times 0.8}=130(A)$$

按最大负荷使用时间4000h，通过《电工材料手册》查表可知，钢芯铝绞线的经济电流密度为

$$j=1.15(A/mm^2)$$

所以

$$S=\frac{I_{max}}{j}=\frac{130}{1.15}=113(mm^2)$$

据此，可选用LGJ—95型导线。

例1-5 某住户家原来装有3A电能表，现因添了空调（800W）、电冰箱（120W）、彩电（80W）等电器，需安装10A电能表和全部导线（以进户穿管线到整个用电器及插座）。试分析应如何选线？

解 一看用途：全部用普通固定敷设方式。

二看环境：普通室内干燥环境，无腐蚀无振动。为考虑美观，采用暗敷，散热条件稍差，进户管线应选耐气候性优的导线。

三看电压、电流：民用住户，单相220V。按电能表容量10A计，用户允许总功率为$P=UI=220\times10=2200$（W）。

四看经济指标：综合上述三点用铝芯线可满足使用要求，价格较低。

选用材料：

(1) 进户线。采用BLXF型铝芯氯丁橡皮线，取（单芯）截面规格为215mm²（产品的最小规格）。从《电工材料手册》中查出，它的长期连续负荷允许载流值为27A，长期工作温度为65℃，可满足要求。

(2) 户内干线。采用2.5mm²BLVV型二芯平形护套线。它的长期连续负荷允许载流量为20A，长期工作温度为65℃，足以满足使用要求。

(3) 各用电器支线。从理论上讲，各用电器支线截面积应按用电器功率$P=UI$计算，求出I值，再选。由于住户内的干线、支线实际差别不大，为方便起见，所确定的支线也可取与干线相同的线。故仍选用2.5mm²的铝芯线。

例1-6 试为一台移动式机械的电动机（3kW）选配电缆。

解 根据经验公式可知，380/220V异步电动机的工作电流为$I=2\times3$(千瓦数)$=6$(A)。适当放宽点裕量，查《电工材料手册》选用0.5mm²YQW型通用橡套电缆（电压等级为交流500V及以下，芯数为三芯，长期连续载流量为9（A）即可。

注意电压等级、长期连续载流量、长期工作允许温度，是选用电线电缆时的三个重要参数。

§1-5 电力电缆与通信电缆

电力电缆是在电气工程中，用于输送和分配大功率电能的一种常用导线。它在结构上与绝缘电线有些类似，由导电线芯、绝缘层、护套、屏蔽层组成。换言之，将一根或数根导电线芯分别裹以相应的绝缘材料，外面包上密闭的铅（或铝、塑料、橡皮等）皮所制成的导线，称为电力电缆。与绝缘电线的不同之处在于，电力电缆工作运行时电压等级高、电流大、线路长，要求高。

由于电缆的种类繁多，并且广泛用于工业生产的各行各业。限于篇幅，这里仅介绍部分电力电缆和通信电缆。

一、电力电缆

电力电缆在电力系统中的主要作用是传输和分配电能，一般用于发电厂、变电站、工矿企业的动力引入和引出线路；也可用于跨越江河、铁路、城市地区的输配电线路和工矿企业内部主干电力电路中。

1. 电力电缆在使用中的特点及要求

(1) 承受的工作电压较高，因而要求电缆具有良好的电气绝缘性能；

(2) 传输容量较大，因此对电缆的热性能也有较多的考虑；

(3) 由于电缆大部分是固定敷设在各种不同的环境条件下，并且要求能可靠运行数十年，因此电缆应具有足够的机械强度和可弯曲度，而且对于护套的材料与结构的要求也较高；

(4) 由于电力系统容量、电压、相数等因素的变化以及敷设的条件不同，要求电缆在品种、规格上应有一定的规模产品。

2. 电力电缆的分类

(1) 按绝缘材料可分为油浸纸绝缘、塑料绝缘、橡胶绝缘及气体绝缘等。

(2) 按结构特征分类。

1) 统包型：是指在电力电缆各缆芯外包有统包绝缘，并置于同一护套中。图 1-10 所示为三芯统包型电力电缆结构示意图。

2) 分相型：是指分相屏蔽，一般为用在 10～35kV 油浸纸绝缘或塑料绝缘的电力电缆。图 1-11 为分相铅包电力电缆结构示意图。

3) 钢管型：是指电缆绝缘外有钢管护套，分钢管充油、充气电缆和钢管油压式、气压式电缆。

4) 自容型：是指护套内部有压力的电缆，分自容式充油电缆和充气电缆。

5) 扁平型：是指三芯电缆的外形成扁平状，一般用于大跨度海底电缆。

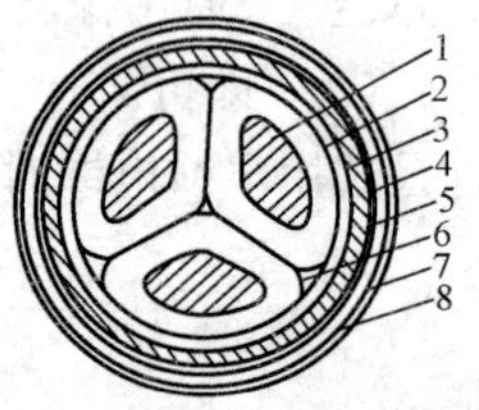

图 1-10 三芯统包型电力电缆结构

1—导线；2—相绝缘；3—带绝缘；4—金属护套；5—内衬垫；6—填料；7—铠装层；8—外护层

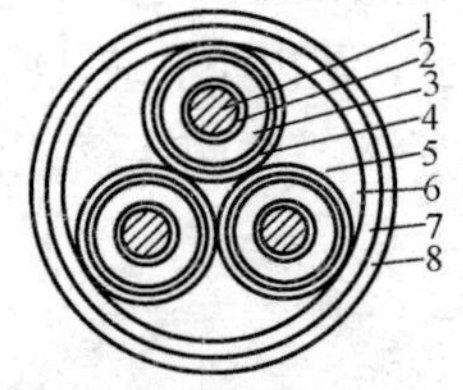

图 1-11 分相铅包电力电缆结构

1—导线；2—导线屏蔽；3—绝缘层；4—绝缘屏蔽；5—铅护套；6—内衬垫及填料；7—铠装层；8—外护层

(3) 按敷设环境条件分类。根据敷设的环境条件可将电力电缆分为地下直埋、地下管道、空气中、水底、矿井、高海拔、高落差、多移动、盐雾、潮热地区等类型。环境因素一般对护套结构有一些特殊的要求，如机械保护、防腐蚀能力、柔软度等都在考虑的范围内。

(4) 其他分类方式。

1) 按照电压等级将电力电缆分为高电压电缆和低电压电缆。通常将电压等级在 35kV 及以下运行的电缆，称为中低压电缆。它是电力工程中用量较大的电缆品种之一。

2) 按照电缆的芯数将电力电缆分为单芯、双芯、三芯和四芯四种。

3）按照导体的形状将电力电缆分为圆形、扇形和椭圆形三种。

4）按照电缆导体的填充系数大小还可将电力电缆分为紧压、非紧压两种。

3. 电力电缆型号的命名方式

电力电缆型号的命名方式与电气设备用电线电缆相似，也是由汉语拼音和数字编码组成，共有七个部分。电力电缆的型号组成及代号含义，见表1-25。

表1-25　电力电缆的型号组成及代号含义

类别、用途	导　体	绝缘层	（内）护套	特征	外护套	派生
N—农用电缆 V—聚氯乙烯塑料电缆 X—橡皮电缆 YJ—交联聚乙烯电缆 Z—纸绝缘电缆	T—铜线芯（一般省略） L—铝线芯	V—聚氯乙烯塑料 X—橡皮 （X）D—丁基橡胶 Y—聚乙烯塑料	H—橡套 HF—非燃性橡套 L—铝套 LW—皱纹铝套 Q—铅套 V—聚氯乙烯护套 Y—聚乙烯护套 S—加钢丝屏蔽	CY—充油 D—不滴流 F—分相金属护套 P—屏蔽型 Z—直流	0—无外护层 1—麻被护层 2—钢带铠装 3—单层细钢丝铠装 4—双层细钢丝铠装 5—单层粗钢丝铠装 6—双层粗钢丝铠装 11—一级防腐麻被护层 12—一级防腐钢带铠装 13—一级防腐单层细钢丝铠装 …… 22—二级防腐钢带铠装 …… 29—内钢带铠装 32—内细钢丝铠装 42—内粗钢丝铠装	1—第一种 2—第二种

例如，交联聚乙烯绝缘聚氯乙烯护套内细钢丝铠装电力电缆的型号组成如下：

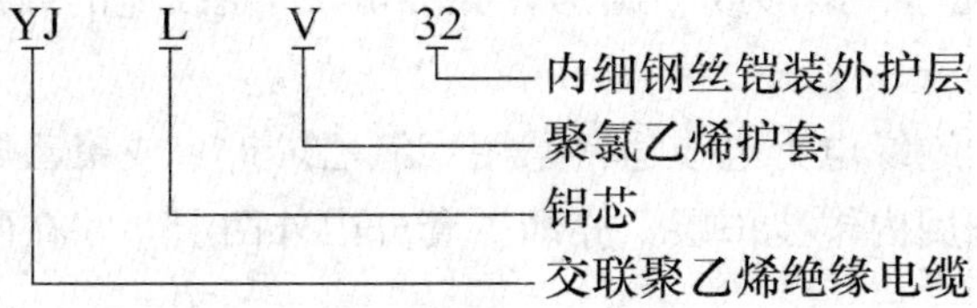

4. 常用电力电缆的结构及特点

电缆的基本结构主要包括导体线芯、绝缘层和保护层三个部分。采用导电性能良好的铜、铝做导体线芯，以减少输电线路上的电能损耗和压降损失；绝缘层用以将导体和相邻的导体以及保护层隔离，要求绝缘性能良好、经久耐用、有一定的耐热性能，一般采用油浸纸、塑料和橡胶绝缘等。保护层又可分为内保护层和外保护层两部分，它用来保护绝缘层使电缆在运输、储能、敷设和运行中，不受外力的损伤并防止水分浸入，并且具有一定的机械强度。电力电缆采用的护套有聚氯乙烯护套、氯丁橡胶护套和铝护套。铝作为电缆护套的优点有：密闭性好，熔点低，柔韧性好，而且不影响电缆的可弯曲性，耐腐蚀性比一般金属好。所以，铝护套应用最为广泛。电力电缆的外护层要求具有“三耐”和“五防”，即耐寒、耐热、耐油和防潮、防雷、防蚁、防鼠、防腐蚀的功能。

常用电力电缆的品种及主要特点如下：

（1）黏性油浸纸绝缘电力电缆。黏性油浸纸绝缘电力电缆主要用于35kV及以下的电力线路。电缆有单芯、双芯、三芯和四芯结构，导电线芯有铜芯和铝芯两种。电缆的绝缘采用电缆纸绕包和黏性浸渍剂的组合绝缘。黏性浸渍剂主要由电缆油和松香混合而成。

多芯电缆一般制成分相屏蔽或分相铅包形式，并且线芯表面和绝缘层外有半导电纸屏蔽层，其目的并非是电磁场屏蔽，而是使此两处的电场分布均匀、减少畸变。多芯电缆的线芯和绝缘层一般共用一个金属护套。

黏性油浸纸绝缘电力电缆具有的优点是：耐压强度高，介电性能可靠稳定，热稳定性能好，工作寿命长，价格便宜，结构简单，制造方便，绝缘材料资源丰富等。其缺点在于：浸渍剂在工作温度下黏性小，油易流淌，不宜作高落差敷设，并且制造工艺比较复杂。

（2）不滴流油浸纸绝缘电力电缆。不滴流油浸纸绝缘电力电缆也是用于35kV及以下的输电线路，与黏性油浸纸绝缘电力电缆相比，除浸渍剂不同外，结构完全相同。

不滴流油浸纸绝缘电力电缆的不滴流浸渍剂，采用的是电缆油和某些混合物（如聚乙烯粉料、聚异丁胶料及合成的蜡）混合而成。这种浸渍剂在浸渍温度下黏度相当低，能保证充分浸渍，但在电缆的工作温度下，呈塑料蜡体状不易流动，特别宜于高落差敷设或垂直敷设。

不滴流油浸纸绝缘电力电缆具有较高的绝缘稳定性，允许长期工作，温度高，不易老化；工作寿命比黏性油浸纸电缆更长，适用于热带地区。但其制造成本高于黏性油浸纸电缆。

（3）聚氯乙烯绝缘电力电缆。聚氯乙烯绝缘电力电缆有单芯、双芯、三芯及四芯等结构，导电线芯同样为铜芯和铝芯。单芯电缆的导电线芯为圆形；多芯电缆线芯截面在35mm^{2}及以下的可为圆形、扇形或半圆形，在50mm^{2}及以上的线芯应为扇形或半圆形。线芯最大截面为1200mm^2。

中、低压聚氯乙烯绝缘电力电缆通常采用聚氯乙烯护套或聚乙烯护套。当电缆的机械性能需要加强时，则采用内铠装护层，亦即护套分内外两层，并在两层之间用钢带或钢丝铠装。

10kV及以上的聚氯乙烯绝缘电力电缆导线表面须有屏蔽层，屏蔽材料为半导电材料。6kV及以上的电缆有绝缘屏蔽层，绝缘屏蔽层由半导电材料同金属带或金属丝组成。金属带或金属丝的作用是保持零电位，并在短路时承载短路电流，以免因短路电流引起电缆温升过高而损坏绝缘层。聚氯乙烯绝缘电力电缆的结构，如图1-12所示。

聚氯乙烯绝缘电力电缆加工简单、质量轻，没有敷设落差的限制，又有较好的耐油、耐酸、耐碱、耐腐蚀等化学性能，并具有非延燃性、维护方便、价格低廉等特点而基本取代油浸纸绝缘电力电缆。聚氯乙烯绝缘电力电缆的不足之处在于：机械性能易受温度影响，同时聚氯乙烯的电气性能低于聚乙烯。

目前，我国生产的聚氯乙烯绝缘电力电缆的额定电压为1kV和6kV，长期工作温度不超过+70℃，敷设时环境温度应不低于0℃。它适于固定敷设在交流50Hz、额定电压为6kV及以下的输配电线路中。

(4) 交联聚乙烯绝缘电力电缆。交联聚乙烯绝缘电力电缆可分为中、低压交联电缆(电压等级范围为1～35kV)和高压及超高压交联电缆(电压等级在110kV及以上)。

交联聚乙烯绝缘电力电缆的导电线芯有铜芯和铝芯两种，主要是单芯和三芯结构。其中，对于电压等级在6～10kV的三芯电缆，线芯形状有圆形、扇形两种。对于电压等级在20～30kV及以上的三芯电缆，线芯形状只有圆形。

凡是额定电压在1.8kV以上的交联电缆都应有导体屏蔽和绝缘屏蔽。导电线芯的屏蔽(内屏蔽层)是通过半导电交联聚乙烯挤包的方式，形成热固性的交联聚乙烯绝缘线芯。交联的方法主要有两种：一种是经过很长的加热加压管(即硫化管)进行化学交联；另一种是经过高能电子照射进行交联(即辐照交联)。电缆的绝缘屏蔽(外屏蔽层)是采用绕包双面涂胶的半导电丁基橡胶布带或挤包半导电聚乙烯、半导电聚氯乙烯之类的高分子复合物的方法形成。同时，在绝缘屏蔽外再绕包铜带或编织的镀锡铜丝进行金属屏蔽。

交联聚乙烯绝缘电力电缆的外护层一般采用聚乙烯护套或聚氯乙烯护套，而不采用金属护套。当电缆的机械性能需要加强时，可在外护层内用钢带或钢丝铠装，并在铠装层内加装内衬层。由于高压交联聚乙烯绝缘电力电缆一般为单芯电缆，当机械性能或其他特殊性能加强时，可用铠装铅包的方式进行处理。为了避免涡流损耗，应注意考虑铠装层设计为隔磁结构或非磁性结构。交联聚乙烯绝缘电力电缆的结构，如图1-13所示。

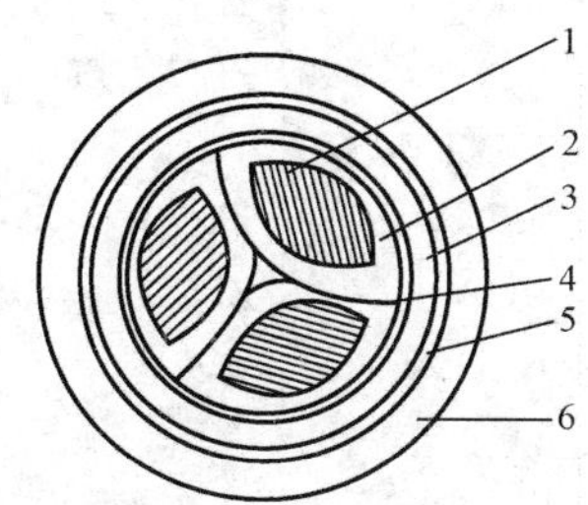

图1-12 聚氯乙烯电力电缆结构

1—导线；2—聚氯乙烯绝缘；3—聚氯乙烯内护套；4—铠装层；5—填料；6—聚氯乙烯外护套

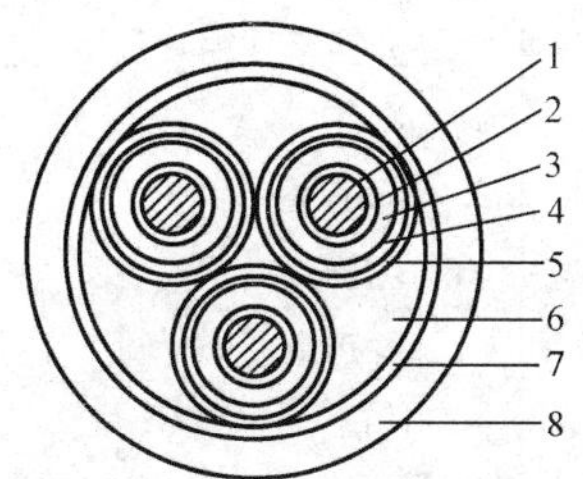

图1-13 交联聚乙烯绝缘电力电缆结构

1—导线；2—导线屏蔽层；3—交联聚乙烯绝缘层；4—半导体层；5—铜带；6—填料；7—扎紧布带；8—聚氯乙烯外护套

交联聚乙烯绝缘电力电缆具有较好的电绝缘性能，耐击穿强度高，绝缘电阻大，介电常数小。特别是具有较高的热稳定性，允许工作温度较高，长期允许的工作温度可达90℃；由于其载流量大，传输容量可以大大提高，尤其对于电压等级高的电缆，经济效果更为显著。另外，质量轻，宜用于高落差敷设和垂直敷设；耐化学性能好。其缺点在于：抗电晕、游离放电性能差；接头制作工艺较严格，但对于工艺技术水平要求并不高，便于推广使用。因此在中、低压系统中，交联聚乙烯绝缘电力电缆完全可以取代油浸纸绝缘电力电缆。

(5) 橡皮绝缘电力电缆。橡皮绝缘电力电缆适用于固定敷设在额定电压 6kV 及以下的输配电线路中。电缆有单芯、双芯、三芯及四芯等结构，导电线芯为铜芯和铝芯两种，形状只有圆形，最大截面为 630mm²。

橡皮绝缘电力电缆绝缘层的常用材料为天然丁苯橡皮、丁基橡皮和乙丙橡皮等。目前我国主要采用天然丁苯橡皮作为绝缘层的产品居多。

橡皮绝缘电力电缆的护套主要是聚氯乙烯护套、氯丁橡皮护套和铅护套三种。当电缆的机械性能需要加强时，可采用内钢带铠装护层。

6kV 及以上的橡皮绝缘电力电缆，导线表面均有屏蔽层，屏蔽材料为半导电材料；电缆有绝缘屏蔽层，绝缘屏蔽层由半导电材料和金属材料组合而成。

橡皮绝缘电力电缆柔软性好，可弯曲度大；在很大温度范围内具有弹性，适宜作多次拆装的线路；适用于高落差或弯曲半径小的场合；敷设安装简单，特别适合于移动性的用电和供电装置；有较好的耐寒性和电气性能，但耐电晕、耐臭氧、耐热和耐油性较差。

5. 常用电力电缆的名称及型号

常用电力电缆的名称及型号，见表 1-26。

表 1-26 常用电力电缆的名称及型号

绝缘类型	电缆名称	电压等级 (kV)	最高长期工作温度 (℃)	代表产品型号
油浸纸绝缘电缆	1. 普通黏性浸渍电缆统包型	1～35	1～3kV 80	
			6kV 65	ZLL、ZL、ZLQ、ZQ
	分相铅（铝）包型		10kV 60	ZLLF、ZLQF、ZQF
			20～35kV 50	
	2. 不滴流电缆	1～35	1～6kV 80	ZLQD、ZQD
	统包型		10kV 70	ZLLDF、ZQDF
	分相铅（铝）包型	110～750	20～35kV 65	ZQCY
	3. 自容式充油电缆	110～750	80～85	
	4. 钢管充油电缆	110～220	80～85	
	5. 钢管压气电缆	35～110	80	
	6. 充气电缆		75	
塑料绝缘电缆	7. 聚氯乙烯电缆	1～10	70	VLV、VV
	8. 聚乙烯电缆	6～220	70	YLV、YV
	9. 交联聚乙烯电缆	6～220	90	YJLV、YJV
橡皮绝缘电缆	10. 天然丁苯橡皮电缆	0.5～6	65	XLQ、XQ、XLV、XV
	11. 乙丙橡皮电缆	1～138	80～85	XLHF、XLF
	12. 丁基橡皮电缆	1～35	80	
气体绝缘电缆	13. 压缩气体绝缘电缆	220～500	90	—
新型电缆	14. 低温电缆	—	—	—
	15. 高温电缆			

二、关于电力电缆的选择

电力电缆型号的选择应根据环境条件、敷设方式、用电设备的要求以及产品的技术数据等相关因素确定。一般考虑的基本原则如下：

（1）在一般的环境和场所，可以采用铝芯电缆；对于规模较大的公共建筑、重要设备、振动剧烈和有特殊要求的场合，应采用铜芯电缆。

（2）埋地敷设的电缆，适宜采用有外护层的铠装电缆。一般在没有机械损伤可能性的场合，可以采用塑料护套电缆、带外护套的铅（铝）包电缆。在有化学腐蚀的土壤中，不宜采用埋地敷设电缆；必须埋地时，应采用防腐型电缆。在电缆沟或电缆隧道内敷设的电缆，适宜采用裸铠装电缆、裸铅（铝）包电缆或阻燃塑料护套电缆。敷设在管内或排管内的电缆，适宜采用塑料护套电缆，也可采用裸铠装电缆或采用特殊加厚的裸铅（铝）包电缆。

（3）在可能发生位移的土壤中（如沼泽、流沙、大型建筑附近）埋地敷设电缆，应采用钢丝铠装电缆。

（4）对于三相四线制的系统应采用四芯电力电缆。在三相系统中，不能将三芯电缆中的一芯接地。

（5）架空电缆适宜采用有外护层的电缆或全塑电缆。

电力电缆截面积的选择应根据电缆在使用中所承受的传输容量以及短路电流确定。对于标准系列的电缆应按它的载流量选择标称截面，并按短路电流校核截面范围。

通常铜芯电缆的载流量选择为1～4A/mm^2，铝芯电缆的载流量选择为0.8～3A/mm^2；电缆标称截面大时取小值，标称截面小时取大值，并根据电缆使用时的环境温度以及散热的好坏进行校正，一般乘以0.6～1的系数即可。对于长距离电缆，为了使供电电压的质量符合要求，还必须进行线路压降的校核。

三、通信电缆

在电信工程中，人们把用来传输电话、电报、广播、电视、传真、数据信息和其他电信息的绝缘电缆，统称为通信电缆。在信息社会的今天，随着通信事业的迅速发展，通信电缆作为现代有线通信的主要材料，应用非常广泛。

通信电缆与长途通信的架空明线相比，具有保密性好、性能稳定、传输质量好、复用路数多、使用寿命长等诸多特点。另外，通信电缆多数是地下敷设，不仅减少了地面立杆、建塔等建设，对于防止大气影响和外界干扰也比架空明线强，而且很少受到自然灾害的影响。其缺点是通信电缆的衰减（或衰耗）比架空明线要大。

通信电缆属于低电压、低功率（或称微电）和高频率传输电缆。因此，要求通信电缆本身衰减要小、防止干扰性能要强（即串音衰减要大），保证信息长距离传输时仍然清晰并不至于失密。通信电缆根据其元件结构类型的特点，可分为对称电缆和同轴电缆两大类。

对称电缆由芯线两两成对而得名，其线对中的两根绝缘芯线与地是对称的。对称电缆在工作状态下，芯线由于电磁感应所产生的电磁场影响范围较大，不但能引起回路间的相互干扰，而且还会在相邻回路中与电缆的其他金属部分（如铅包、铠装）产生涡流，增大能量损耗而影响到信息的传输距离。传输电流的频率愈高，能量损耗愈大，因此对称电缆的传输频率通常要求在几百千赫兹以下。对称电缆的结构简图，如图1-14（a）所示。

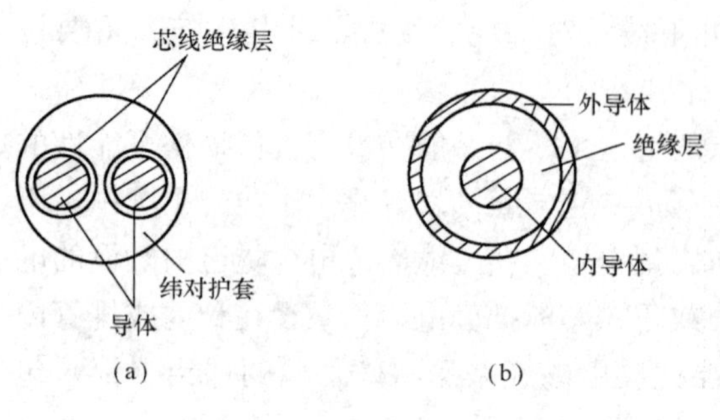

图1-14　通信电缆的结构简图
（a）对称电缆；（b）同轴电缆

同轴电缆则由内外芯线同轴而得名。它的主要元件是同轴对，两根导线与地不对称。其中，一根导线位于另一根导线（金属外套）的中心，并与低损耗的绝缘系统保持着严格的同轴心关系。正因如此，同轴电缆的感应电场只能存在于内外导体之间，按辐射方向封闭在外导体之内，并且同轴对的外部没有电场存在。所以，同轴电缆一般工作在高频范围，衰减很小、防护性能很强的场合。

由于理想同轴电缆的同轴对不散发电磁场，电缆的其他金属部分则不会吸收能量，全部信息均在同轴对的内部传播。因而，回路间的相互干扰几乎为零，并且传输损耗极小，所以它的传输效率高。对于同轴电缆而言，频率愈高，干扰愈小。因此，同轴电缆特别适宜于长距离和高频率（几十千赫兹至几十兆赫兹）的传输。

为了防止生产工艺上，由于不可避免的偏差缺陷而引起的电磁场畸变，产生少量外磁场影响，可以采用同轴对外加金属屏蔽层的方法来提高它的防护能力。同轴电缆的结构简图，如图1-14（b）所示。

同轴电缆可以包括一个同轴对、几个同轴对以及若干同轴对、星绞组、对绞组、信号线等。其护层的结构与电力电缆大致相同。这里着重介绍同轴对的结构。

同轴对的内导体通常由圆柱形实芯铜线制造，我国小同轴对的内导体采用标称直径为1.19mm的软铜线；中同轴对的内导体采用标称直径为2.6mm的半硬铜线。

同轴对的外导体从电气性能上看，最理想的形式是在全部长度上都是均匀的空心圆管，但由于工艺原因不能达到。因此在实际生产中，都是用纵包金属带来构成同轴对的外导体。金属带主要采用铜带，对于铝带的应用还很有限。

同轴对的绝缘结构，要求具有较高的绝缘性能和耐电压性能，较低的介电常数和介质损耗，较高的结构稳定性和均匀性，并且要求制造工艺简单，保护质量好。因此，对于小同轴对的绝缘结构，可采用高频塑料管及空气组成；对于中同轴对的绝缘结构，则采用聚乙烯垫片或是空气—聚乙烯垫片的综合绝缘结构。

同轴对通信电缆常见的有：1.2/4.4mm小同轴综合通信电缆和2.6/9.5mm同轴综合通信电缆。

1.2/4.4mm小同轴综合通信电缆用作高频长途通信干线。同轴对复用频率达22MHz及以下，用于开通300、960、2700路载波电话和数据传输、图像传真、电视等数字或模拟传输系统。高频对绞组和高频四线组分别用于123kHz及以下的载波干线通信系统。低频四线组用于音频业务通信。屏蔽四线组可供开通8Mb/s的数字传输。

2.6/9.5mm 同轴综合通信电缆主要用于传输电报、像片、新闻等传真，播送黑白及彩色电视，并可进行城市间长途电话自动拨号等通信。同轴对用于 24MHz 及以下模拟干线通信系统或高速数据、图像传真、电视等数字或模拟宽带信息传输通信系统。高频四线组和高频对绞组分别用于 123MHz 及以下的模拟通信系统。低频四线组用于高频通信系统。

同轴电缆类中还有海底通信电缆、小同轴尾巴综合通信电缆、射频电缆等多种电缆形式，本节不再作以介绍，可以参考有关资料。

四、通信光缆简介

1. 光纤通信

在通信领域中，人们利用光波作为信息的载体，以光纤电缆作为通道所进行的各种通信方式，统称为光纤通信。传输通信光波的光缆，称其为通信光缆。

光纤通信的系统一般是由光发送机、光接收机、通信光缆以及光处理器和其他连接部分组成。它的系统框图，如图 1-15 所示。

譬如，以使用光纤和半导体光源的通信方式为例，简单介绍一下光纤通信系统。光纤通信系统简明电路，如图 1-16 所示。

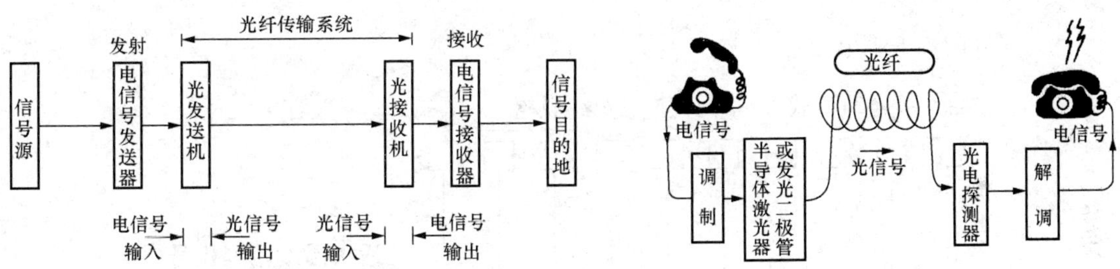

图 1-15 光纤通信的系统框图　　图 1-16 光纤通信系统简明电路

这种光纤通信的发信端，首先将用户想传输的信号（声音）变为电信号，然后利用半导体激光器或发光二极管等通信光源所发出的光强，随着电信号大小的变化而变化（称为调制），并通过光纤把此光信号传向远方。而收信端利用光电探测器接收光信号，再还原为电信号（称为解调），变成用户能够理解的信号（声音），完成通信过程。为此，形成一个完整的光纤通信系统。

光纤通信的优点是：频带宽、通信容量大；线径小、损耗低、质量轻、抗化学腐蚀；不受电磁干扰，保密性能极好；成本低、资源丰富、节约有色金属。光纤通信的迅速发展，将世界的通信事业推向了一个新的高峰。

2. 光缆的分类方法

随着光纤通信的发展，光缆的使用范围不断拓宽，它的品种也随之增多，其制造技术亦日趋成熟。根据光缆的使用要求，可按照网络层次、光纤状态、光纤形态、敷设方式、缆芯结构、使用环境等不同的形式对其进行分类。在表 1-27 中，列出了光缆的分类方法及类型，供读者参考。

表 1-27　　光缆的分类方法及类型

<table>
<tr><th>分类方法</th><th>类　型</th><th colspan="3">分类方法</th><th>类　型</th></tr>
<tr><td rowspan="3">网络层次</td><td>核心网光缆</td><td colspan="3" rowspan="3">缆芯结构</td><td>中心管式光缆</td></tr>
<tr><td>中继网光缆</td><td>层绞式光缆</td></tr>
<tr><td>接入网光缆</td><td>骨架式光缆</td></tr>
<tr><td rowspan="3">光纤状态</td><td>松套光缆</td><td rowspan="11">使用环境</td><td colspan="2" rowspan="3">室内光缆</td><td>多用途光缆</td></tr>
<tr><td>半松半紧光缆</td><td>分支光缆</td></tr>
<tr><td>紧套光缆</td><td>互联光缆</td></tr>
<tr><td rowspan="3">光纤形态</td><td>分离光纤光缆</td><td colspan="2" rowspan="2">室外光缆</td><td>金属加强件室外光缆</td></tr>
<tr><td>光纤束光缆</td><td>非金属加强件室外光缆</td></tr>
<tr><td>光纤带光缆</td><td rowspan="6">特种光缆</td><td rowspan="3">电力光缆</td><td>缠绕式光缆</td></tr>
<tr><td rowspan="5">敷设方式</td><td>架空光缆</td><td>光纤复合式光缆</td></tr>
<tr><td>管道光缆</td><td>全介质自承式架空光缆</td></tr>
<tr><td>直埋光缆</td><td rowspan="3">阻燃光缆</td><td rowspan="2">室内阻燃光缆</td></tr>
<tr><td>隧道光缆</td></tr>
<tr><td>水底光缆</td><td>室外阻燃光缆</td></tr>
</table>

3. 光缆的型号组成

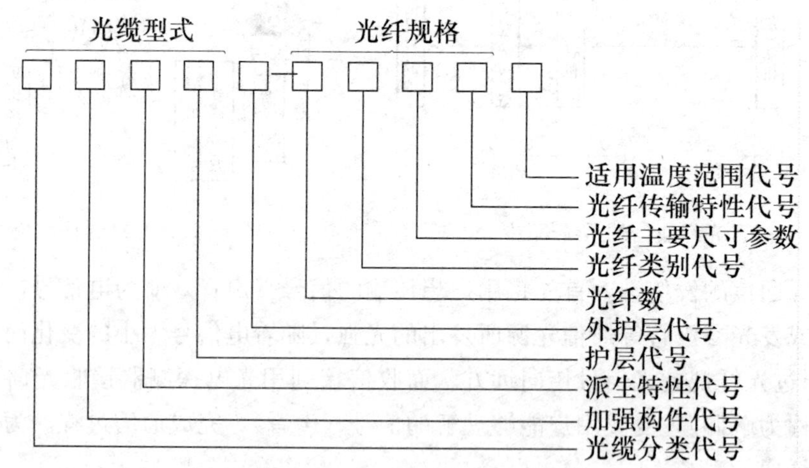

表 1-28 列出了光缆型号组成的意义及代号说明。

表 1-28　　光缆型号组成的意义及代号说明

<table>
<tr><th colspan="2">光 缆 型 式</th><th colspan="2">光 纤 规 格</th></tr>
<tr><td>光缆分类代号</td><td>GY—通信用室外光缆
GM—通信用移动式光纤
GI—通信用室内光纤
GS—通信用设备内光纤
GH—通信用海底光纤
GT—通信用特殊光纤</td><td>光纤数</td><td>1，2，4，6，8，10，12，…，72</td></tr>
</table>

续表

<table>
<tr><th colspan="4">光缆型式</th><th colspan="2">光纤规格</th></tr>
<tr><td>加强构件代号</td><td colspan="3">无符号—金属加强构件
F—非金属加强构件</td><td>光纤类别代号</td><td>A—多模光纤
B—单模光纤</td></tr>
<tr><td>派生特征代号</td><td colspan="3">T—填充式结构
Z—自承式结构</td><td>光纤主要尺寸参数</td><td>多模以芯径/包层直径的数表示
单模以模场直径/包层直径的数表示</td></tr>
<tr><td>护层代号</td><td colspan="3">Y—聚乙烯
V—聚氯乙烯
F—氟塑料
U—聚氨酯
E—聚醋弹性体
A—铝/PE 黏接
S—钢/铝/PE 黏接
W—夹带钢丝钢/PE 黏接
L—铝
G—钢
Q—铅</td><td>光纤传输特性代号</td><td>波长代号：1—850μm 区域
2—1300μm 区域
3—1550μm 区域</td></tr>
<tr><td rowspan="11">外护层代号</td><td rowspan="6">铠装层</td><td>0</td><td>无铠装</td><td rowspan="11">适用温度范围代号</td><td rowspan="11">A—−40～+40℃
B—−5～+60℃</td></tr>
<tr><td>2</td><td>双钢带</td></tr>
<tr><td>3</td><td>细圆钢丝</td></tr>
<tr><td>4</td><td>粗圆钢丝</td></tr>
<tr><td>5</td><td>皱纹钢带</td></tr>
<tr><td>6</td><td>双层圆网丝</td></tr>
<tr><td rowspan="5">外被层或外套</td><td>1</td><td>纤维外护套</td></tr>
<tr><td>2</td><td>聚氯乙烯护套</td></tr>
<tr><td>3</td><td>聚乙烯护套</td></tr>
<tr><td>4</td><td>聚乙烯护套加覆尼龙护套</td></tr>
<tr><td>5</td><td>聚乙烯管</td></tr>
</table>

4. 光缆的基本结构及特点

(1) 光缆的基本结构。光纤是由石英玻璃（SiO_2）、塑料之类的材料拉制而成。光纤传输介质的结构，如图 1-17 所示。显然，折射率为 n_1 的纤芯部分被折射率为 n_2（$n_2 < n_1$）的包层所包裹，使得光在与包层的界面全反射而限定于纤芯层进行传输。同时，为防止水分的吸附，再经过被覆层的处理，涂上塑料一次涂层或尼龙层形成被覆光纤，增强光纤的耐化学性能。其中，被覆光纤是决定光缆传输特性的核心部件。

由于光纤非常细，直径只有几十微米至几百微米，为了保证其传输性能的稳定和可靠，并在各种环境条件下能正常使用，还可以将数根光纤扎起来与张力构件（即加强件）结合制成缆芯，外加对缆芯起着机械保护和环境保护作用的护套组成光缆。其中：

1）张力构件起着承受光缆拉力的作用，一般处在缆芯中心，有时也配置在护套中。张力构件通常是采用杨氏模量大的钢丝或非金属材料（如纺纶纤维）制作。

2）护套要求具有良好的抗侧压特性及密封防潮和耐腐蚀的能力，一般是由聚乙烯（PE）或聚氯乙烯（PVC）和铝带或钢带等材料构成。应注意，不同的使用环境和敷设方式对护套的材料和结构有不同的要求。

3）为使光缆具有一定的机械强度，除了由传输光波的导光纤维、张力构件和护套组成外，有时在护套外部再加以铠装，用以承受敷设时所施加的张力。

光纤光缆的实例，如图 1-18 所示。

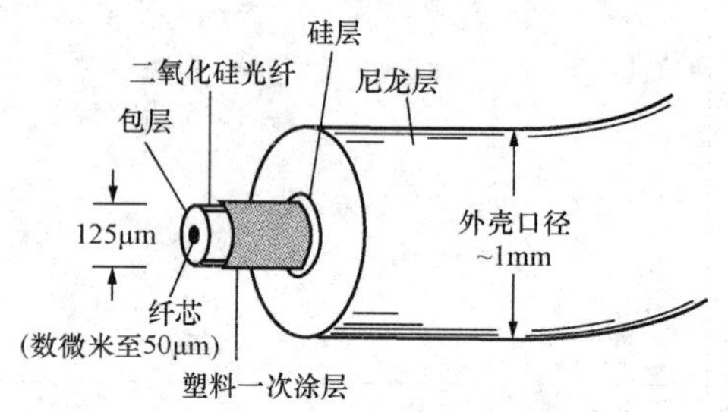

图 1-17 光纤传输介质的结构

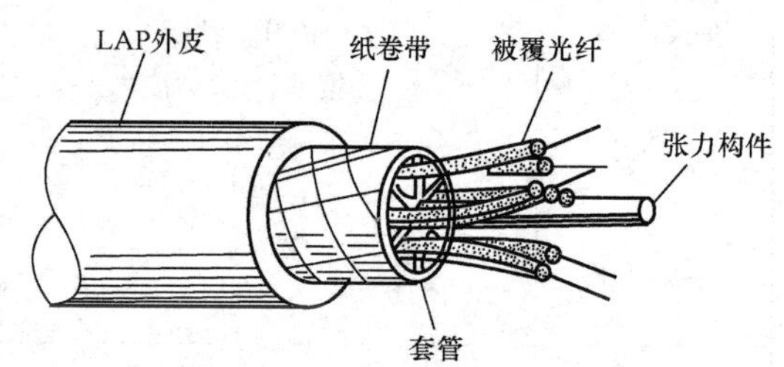

图 1-18 光纤光缆的实例

由于每千米的光纤仅有几十克，本身又是绝缘体，不受自然和人为干扰的影响，且传输信号的衰耗小、距离长。因此，光纤光缆可以看成是目前非常理想的通信材料。

（2）光缆的结构特点。根据光缆的结构特点，可将其分为中心管式光缆、层绞式光缆和骨架式光缆。

1）中心管式光缆：是由 1 根二次光纤松套管或螺旋形光纤松套管，无绞合直接放在中心位置，纵包阻水带和双面覆塑钢（铝）带，两根平行加强圆磷化碳钢丝或玻璃钢圆棒位于聚乙烯护层中组成。

按松套管中放入的芯线的特点，中心管式光缆又可分为分离光纤中心管式光缆、光纤束中心管式光缆和光纤带中心管式光缆。

三种中心管式光缆的结构，如图 1-19 所示。

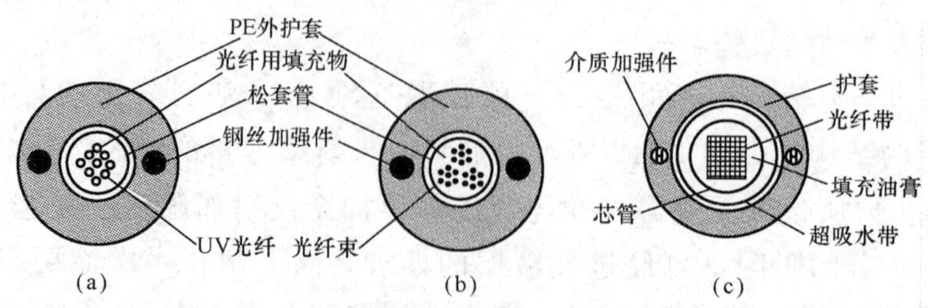

图 1-19 三种中心管式光缆的结构

（a）分离光纤；（b）光纤束；（c）光纤带

2）层绞式光缆：是由4根或更多根二次被覆光纤松套管（或部分填充绳）绕中心金属加强件绞合成圆缆芯，缆芯外先纵包复合铝带并挤上聚乙烯内护套，纵包阻水带和双面覆膜皱纹钢（铝）带加上一层聚乙烯外护层构成。

按松套管中放入的芯线的特点，层绞式光缆可进一步分为分离光纤层绞式光缆、光纤束层绞式光缆和光纤带层绞式光缆。分离光纤和光纤带层绞式光缆的结构，如图1-20所示。

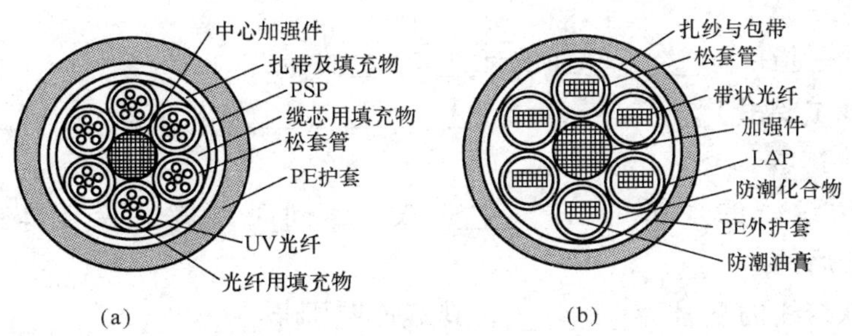

图1-20 层绞式光缆结构

(a) 分离光纤；(b) 光纤带

骨架式光缆是将单根或多根光纤放入骨架的螺旋槽内，骨架的中心是张力构件，如图1-21所示。

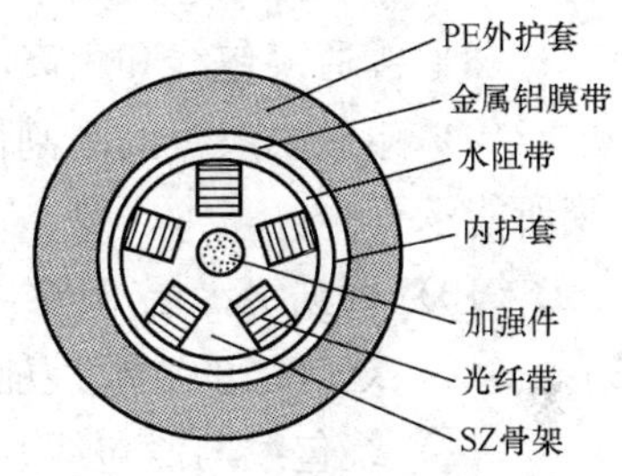

图1-21 骨架式光缆结构

由于光纤在骨架沟槽内具有较大的空间，因此当光纤受到张力时，可在槽内作一定的位移，从而减小光纤芯线的应力应变和微变，故具有耐侧压、抗弯曲和抗拉的特点。

（3）光缆特性参数。成品光缆出厂前，必须对特性指标的主要项目（如拉力、压力、扭转、弯曲、冲击、振动和温度等）按国家标准规定做例行实验，并按要求给出有关特性参数。一般要求给出的特性参数有：

1）拉力特性。光缆能承受的最大拉力取决于张力构件的材料和光缆的横截面积，要求大于1km光缆的质量，一般为100～400kg。

2）压力特性。光缆能承受的最大侧压力取决于护套的材料与结构。多数光缆能承受的最大侧压力在10～40kg/cm。

3）弯曲特性。弯曲特性主要取决于纤芯和包层的相对折射率差δ以及光缆的材料。光缆最小弯曲半径等于或大于光纤的最小弯曲半径，一般为200～500mm。

4）温度特性。光缆的温度特性是指因温度变化而导致光纤损耗的增加。

光纤本身具有良好的温度特性，但光缆的温度特性却取决于光缆材料的选择和结构的设计。由于光缆材料的热膨胀系数比光纤材料大2～3个数量级，因而温度变化导致光纤损耗增加表现在热胀冷缩的过程中，由光纤所受到应力的作用而产生。

我国对光缆使用温度的要求为：在低温地区为－40～＋40℃，在高温地区为－5～＋60℃。

习 题

一、填空题

(1) 衡量导电材料电性能的主要参数有________、________和________；机械性能的主要参数有________、________、________、________、________、________和________。

(2) 裸导线是指仅有________而没有________的导线。

(3) 裸导线主要用于________、________、________以及________、________和各种电气设备中。

(4) 架空用绞线的规格是以________表示，同时又提供绞合单线的________、________和绞合后的________。

(5) 铜特软绞线的型号为________，其截面范围是________～________ mm^2，主要用作________或________。

(6) 电磁线适用于制作电机、变压器等设备的________。

(7) 自黏性漆包线属于________漆包线。

(8) 普通漆包线和耐高温漆包线能长期使用的温度分别是________℃和________℃。

(9) 漆包线漆膜的耐刮性反映漆包线在________、________和________的过程中，漆膜所能承受________、________、________和________等作用的能力。

(10) 根据绝缘层不同绕包线可分为________、________、________和________等。

(11) 绕包线的主要性能指标包括：________、________、________、________。

(12) 绕包线与漆包线相比较，具有________、________、________。

(13) 无机绝缘电磁线的突出优点是________和________。

(14) 对潜水电机的要求是________稳定、耐________及________良好。

(15) 电气设备用电力电缆的结构主要由________、________、________和________四部分组成。

(16) 橡皮、塑料绝缘软线适用于各种交直流的________、________、________及________装置等。

(17) 控制电缆的导电线芯截面________、只有________、________、________和________ mm^2 的品种，并均为________构成，线芯最多达________芯。

(18) YQ型电缆的名称为________，其主要用作交流电压为________V及以下的________和________。

(19) 交联聚乙烯绝缘电力电缆主要适用于作工频交流，额定电压为________～________kV的电力电缆。

(20) 通信电缆按结构可分为________电缆和________。

(21) 控制电缆的工作电压一般在交流________V及以下，信号电缆的工作电压一般在交流________V及以下。

(22) 聚氯乙烯绝缘电力电缆具有较好的________、________、________、________的化学性能，并有________性、________方便、________等特点。但________性能易受________影响。

(23) 交联聚乙烯绝缘电力电缆主要有____________和____________等结构，导电线芯有________和________两种。

(24) 6kV及以上的橡皮绝缘电力电缆，________表面和________表面均有________。

(25) 通信电缆采用塑料和空气—塑料绝缘可以提高电缆的________和________性能，特别是提高电缆的________性。

(26) 常见的通信光缆有________电缆和________光缆两种类型。

二、问答题

(1) 主要导电金属有哪些？它们有什么特点？

(2) 在电力工业中，对导电金属有哪些要求？

(3) 什么叫正温度系数和负温度系数？

(4) 简述型线、型材的种类。

(5) 简述架空用绞线的命名方法。

(6) 如何选择架空用绞线？

(7) 电磁线的型号由哪几部分组成？

(8) 漆包线具有什么特点？

(9) 什么叫绕包线？

(10) 交联聚乙烯绝缘电力电缆有哪些特点？

(11) 6kV以上的电力电缆为什么都要采用屏蔽层？

(12) 电力设备用电线电缆按用途可分为哪几类？

(13) 什么叫电缆、电力电缆？

(14) 光纤通信的优点是什么？

(15) 试区别下列漆包线的类别并写出这些型号的具体名称：QZL－1、QQ－1、QQS－1、QQLB、QA－1、QZS－1、QZYB、QAN、QATWC、QH－1、QYB。

(16) 橡套电缆的使用原则是什么？

(17) 电力电缆的型号由几部分组成？各部分的代号含义是什么？

(18) 通信电缆与长途通信的架空明线比较，具有哪些优点？

(19) 通信电缆与其他电缆的根本区别反映在哪些方面？

三、简答题

(1) 简述聚酯亚胺漆包线的用途。

(2) 简述漆包线的选用原则。

(3) 简述橡皮绝缘电线和软线用于移动场合时的使用要求。

(4) 简述架空用绞线的选用原则。

(5) 简述电力电缆的用途。

(6) 简述对同轴对绝缘结构的要求。

(7) 简述控制、信号电缆的使用要求和注意事项。

(8) 简述橡皮绝缘电力电缆的特性。

(9) 简述 HL 型线的名称、特性及用途。

(10) 简述交联聚乙烯绝缘电力电缆的特点。

(11) 简述光纤通信的优点。

四、名词解释

1. 抗拉强度
2. 自黏性
3. 直焊性
4. 漆包线
5. 绕包线
6. 电缆
7. 通信电缆

第2章

特 殊 导 电 材 料

电气工程中，常会由于某些特殊要求而采用一些导电材料。譬如，用于过电流保护的熔体材料，电机制造用的电碳制品，用以限制、控制电路电流的电阻线以及各种发热元件用的电热材料等。这些具有特殊功能的导电材料，称为特殊导电材料。

由于特殊导电材料种类繁多、规格要求也较复杂，本章仅对常用的特殊导电材料进行简要的介绍。

§2-1 熔 体 材 料

一、熔体材料

熔断器的主要部件是熔体。熔体的作用是当通过熔断器的电流大于规定值时，因熔断器本身所产生的热量而熔断，使电路自动（或通过灭弧填料和熔管等配合）断开，从而起到保护电力线路和电气设备的目的。

熔体材料按使用场合和性能要求的不同，可分为一般熔体、快速熔体和特殊熔体三种；若按材料本身的特性，又可分为低熔点合金熔体材料、高熔点纯金属熔体材料两种。

一般熔体的特点是具有长期负载电流的能力，而在线路故障时，它能在规定的时间内分断故障电流。一般熔体所采用的材料，应根据它所保护的对象和功能要求确定。

快速熔体在正常工作条件下，功率损耗较低；在过载或短路的情况下，能有效、准确、迅速地切断故障电流。开断电流能力一般大于50kA（指有效值），并且出现在熔断器两端的电弧电压不大于电路中硅元件的击穿电压。

因此，用作快速熔体的材料应具有优良的导电性和导热性能，从室温到熔点以及从熔点到沸点的热容量、熔化潜热和汽化潜热要小，抗氧化稳定性能、机械加工性能好，并能与石英砂具有良好相容性。譬如，银、铝等纯金属等。

特殊熔体具有温度大于100℃时，其电阻率呈现非线性突变的特点，如金属钠、钾等。利用它们的这种特点，可以将金属钠、钾作为自复式熔断器的特殊熔体材料。

自复式熔断器是一种当线路一旦出现故障时，可切断电路起到保护作用；而故障消除后，又可自动恢复使用的熔断器（或称永久熔断器）。

以金属钠为例，利用自复式熔断器的工作原理，简单介绍一下特殊熔体的变化过程。当线路短路或过载而电流过大时，熔断器产生高温促使金属钠汽化，形成高电阻的等离子体起到限制电流上升的作用；当短路或过载电流消除后，随着温度降低而使金属钠重新恢复到低电阻状态，熔断器可以自动恢复继续使用。

二、低熔点合金熔体材料

低熔点合金熔体材料的熔点温度一般为60～200℃。熔体是采用一定比例的铋、镉、锡、铅、镝、铟等元素作为主要成分，组成不同的共晶型低熔点合金。它们的成分及熔点，见表 2-1。

表 2-1　　低熔点合金熔体材料的成分及熔点

化学成分（%）					熔点（℃）	化学成分（%）					熔点（℃）
Bi	Pb	Sn	Cd	其他		Bi	Pb	Sn	Cd	其他	
20	20	—	—	Hg60	20	29	43	28	—	—	132
45	23	8	5	In19	47	57	—	43	—	—	138
49	18	12	—	In21	57	—	32	50	18	—	145
50	27	13	10	—	70	50	50	—	—	—	160
52	40	—	8	—	92	15	41	44	—	—	164
53	32	15	—	—	96	33	—	67	—	—	166
54	26	—	20	—	103	—	—	67	33	—	177
55.5	44.5	—	—	—	124	—	38	62	—	—	183
56	—	40	—	Zn4	130	20	—	80	—	—	200

低熔点合金熔体材料对温度的变化反应非常敏感，因而适应于作为保护电热设备过热用的温度型熔断器的熔体。用它们制作的熔断器，其动作的灵敏度应注意借助附加弹簧等所产生的机械力来进行提高；同时熔体本身还应考虑具有相应的机械强度。

三、高熔点纯金属熔体材料

高熔点纯金属熔体材料的熔点温度应高于 200℃。根据纯金属材料的导电性和导热性，通常采用纯金属材料中的银、铜、铝、锡、铅、锌等作为高熔点的熔体材料。

1. 高熔点纯金属熔体材料的性能

常用高熔点纯金属熔体材料的性能，见表 2-2。

表 2-2　　常用高熔点纯金属熔体材料的性能

特性 \ 金属	银	铜	铝	锌	锡	铅
密度（g/cm²）	10.50	8.93	2.70	7.14	7.30	11.34
熔点（℃）	960.8	1083	660.1	419.5	231.9	327.4
沸点（℃）	2210	2590	2330	907	2450	1740
比热容（0～100℃）[J/（kg·K）]	226	386	916	393	226	130
热导率（0～100℃）[W/（m·K）]	417.8	393.6	238.6	111	48.1	34.3
电阻率（20℃）（μΩ·cm）	1.60	1.67	2.69	5.92	12.8	20.6
高温电阻率[（μΩ·cm）/℃]	4.7/500 7.6/900	4.6/500 8.1/1000	4.78/200 7.30/400	11.0/200 16.5/400	16.8/100 23.0/200	36.0/200 50.0/300
熔化潜热（kJ/mol）	11.4	13.0	10.5	7.2	7.1	5.0
汽化潜热（kJ/mol）	251.2	304.8	291.4	115.1	293.0	178.8
线胀系数（$\times 10^{-6}$℃$^{-1}$）	19.1	17.0	23.5	31	23.5	29
热电常数 c（$\times 10^{8}A^{2}\cdot s/cm^{4}$）	8.00	11.72	4.42	1.3	0.46	0.15

2. 高熔点纯金属熔体材料的特点及用途

银具有优良的导电性和导热性能，容易制成各种精确尺寸和外形复杂的熔体，是最合适的熔体材料。银质熔体无论是在空气或是在石英砂中，都能起到承受长期通电和连续过载的作用，而且在接近氧化的高温情况下，导电性能也不会显著降低，高于 180℃的温度能够分解为纯银。银还具有良好的耐腐蚀性和与填料的相容性；焊接性能好并且具有足够的机械强度，在受热过程中能与其他金属形成共晶而不损害其稳定性。

银属于贵重金属，由于资源少、价格贵，因而广泛使用受到限制。即便如此，在电力及通信设备中仍常用它来作为熔体，制作高质量、高性能的熔断器。

铜具有良好的导电、导热性能，并且机械强度高、可加工性能好。铜质熔体的熔断时间短、金属蒸气少，有利于设备的灭弧。但铜质熔体在温度较高时易氧化，而且其熔断特性不够稳定，对周期性变化的负载非常敏感，在负载电流的反复作用下，铜质熔体全部熔化的时间要比其通过连续相同电流所需要的时间短。因此，铜只适宜于制作精度要求较低，并且是保护一般电力线路用的熔断器熔体。

铝的导电性能仅次于银和铜，并且资源丰富、价格低廉。虽然热电常数较银和铜低，但铝的耐氧化性能比较好。铝在氧化过程中，所生成的氧化层同时又起到保护作用，防止其自身的进一步氧化。铝质熔体的熔断特性稳定，特别适用于快速熔断器的熔体，在某些场合还可以部分代替纯银作为熔断器的熔体。

锌、锡和铅的导电性、导热性均不如银、铜、铝等熔体材料。但它们的熔化时间长，机械强度低，热导率小，容易老化。采用它们作为熔体材料，可以大大降低对其他结构元件的热稳定要求，使熔断器的成本降低。因此，它们适用于作为保护小型电动机的慢速熔体，也可焊接在银或铜线上组成二元熔体用于延时熔断器。

四、熔体材料的选用及注意事项

熔体设计在很大程度上取决于熔断器的保护特性与分断能力；熔断器所选用熔体材料则要根据线路的特点，由熔断器的特性决定。表现熔断器的主要特性有安秒特性曲线、熔化系数、分断能力、额定电压和额定电流。

安秒特性曲线又称为保护特性曲线，它表示流过熔体的电流与熔体的熔断时间的关系。即熔断时间与电流平方成正比，电流越大熔断时间就越短。

熔化系数是在安秒特性曲线上，熔断时间理论上无限大时的最小熔断电流与熔体的额定电流之比。

分断能力是指熔断器在额定电压及一定功率因数下，所能切断最大短路电流的能力，一般常用极限断开时的电流值表示。

额定电压表示熔断器长期工作所承受的电压。

额定电流表示熔断器长期工作时，允许通过熔体的电流。

熔体的形状和尺寸的选择，应根据使用类别和额定电流的大小来确定。在熔体的形状中，最常用的是圆孔型和 V 形变截面两种结构形式。对于一般的熔体，大都采用圆孔型结构或圆孔与 V 形变截面的组合形式，熔体厚度一般小于 0.3mm。目前，快速熔断器的熔体也由 V 形变截面逐步趋向采用圆孔型的结构形式。另外，一般额定电流在 10A 以下的熔体应采用丝状或等截面矩形狭带状熔体结构；额定电流大于10A的熔体则采用变截面片状结构。常见熔体结构形状和使用寿命，见表2-3。

表2-3　常见熔体结构形状和使用寿命

熔体形状		熔体结构	使用寿命	特　点
线　状	均匀圆线 均匀扁线 带缺口变截面线	空心螺旋形	长	因应力集中、带缺口、变截面熔体，无论哪种结构形式，寿命均比均匀截面熔体短。熔体结构细小的变形，就可吸收较大的伸长，是直线形熔体最好的结构形式
		绕在实心管上	中	
		直线形	短	熔体结构需要很大的变形才能吸收伸长
带　状		波浪形 锯齿形	中	结构能部分吸收伸长
		绕在实心管上	短	
		直线形	最短	熔体最易出现热疲劳

选择熔体电流可通过对熔体电流密度的大小进行估算来获得。估算公式为

$$j^2 t = c \tag{2-1}$$

式中　j——熔体最小截面处的电流密度，A/mm^2；

t——设定的熔化时间（一般设定的熔化时间越小，计算的j值越符合实际），s；

c——熔体材料的热电常数，$A^2 s/mm^2$。

对于有填料的铜质熔体，最小变截面处的电流密度应当控制在$100\sim160A/mm^2$的范围以内；快速熔断器中银质熔体的电流密度一般可以达到$500\sim800A/mm^2$，铝质熔体可达到$350\sim500A/mm^2$；熔体的厚度建议在0.25mm以下，熔体与熔管的间距要大于3mm。

对于无填料的熔断器，用户可自行更换熔体。若用铅锡丝作为熔体，其电流密度为$5\sim10A/mm^2$；如果用变截面锌片作为熔体，其狭径处的电流密度为$10\sim30A/mm^2$。

当熔体为圆形截面时，其最小熔化电流为

$$I_{min} = 1.57\tau\sqrt{d^3}\times\sqrt{\frac{\mu}{\rho}} = K_2\sqrt{d^3} \tag{2-2}$$

式中 I_{min}——最小熔化电流，A；

d——圆截面熔体的直径，mm；

K_2——与熔体有关的常数，可由《电工材料手册》查得。

当熔体裸露在空气中，熔体的线径为0.02～0.2mm时

$$I_{min} = \frac{d - 0.005}{K_1} \tag{2-3}$$

熔体的线径为0.2mm时

$$I_{min} = K_2\sqrt{d^3} \tag{2-4}$$

式中 d——熔体的直径，mm；

K_1，K_2——与熔体材料有关的常数。

当铜熔体埋在石英砂中，线径为0.1～1.5mm时

$$I_{min} = 7.8d^{1.2}\text{（熔体上无锡球时）}$$

$$I_{min} = 5.2d^{1.2}\text{（熔体上有锡球时）}$$

对处在空气中的截面为矩形的铜熔体，则有

$$I_{min} = 150B\sqrt{\delta} \tag{2-5}$$

式中 B——熔体的宽度，mm；

δ——熔体的厚度，mm。

熔体长度及变截面的狭径数取决于熔断器的额定电压和结构形式。额定电压越高，断口数越多，熄弧后平分在各断口上的恢复电压则越小，电弧重燃现象的可能性越小。但是断口数的增加同时也增大了电弧总能量，并且在熄弧瞬间过电压相应也要增大，因此应合理选择狭径数。

无填料熔断器的熔体长度为

$$l = 1.5 + (0.01 \sim 0.035)U \tag{2-6}$$

式中 U——熔断器的额定电压，kV。

用石英砂作为填料，截面为圆形的均匀丝状熔体的长度为

$$l = 1.5 + 0.05U \tag{2-7}$$

若用石英砂为填料，变截面状熔体的长度为

$$l = 20 + (12 \sim 15)n \tag{2-8}$$

式中 n——熔体的狭径数。

应当注意，对于熔体的长度而言，只要能够满足安装线路最大工频恢复电压的要求，可以尽可能缩短。这样既能降低熔断器在开断过程中的过电压，又能改善传热、散热状况，同时还可减小熔断器的外形尺寸。

此外，熔体沿轴线方向至少应有一处制成波浪形，便于熔体产生的热应力减小，以提高熔体承受过电流的能力。

综上所述，选用熔体主要参数的依据是额定电压、额定电流、熔化电流、材质以及截面直径等。在工程中，选用熔体材料也常采用一些经验方法进行处理。

（1）阻性负载（如照明、电热设备等）。熔断器作短路与过载保护，选熔体的额定电

流值为负载额定电流的1.3～2倍。

（2）感性负载（如电动机等）。由于电动机启动电流约为电动机额定电流的4～7倍，对于单台电动机的短路保护，选熔体的额定电流值为电动机额定电流的1.5～2.5倍；当还不能满足启动要求时，可取到不大于3。

保护多台电动机的熔体选用：熔体额定电流≥1.5～2.5倍容量最大一台电动机的额定电流加其余电动机的计算负载电流之总和。

（3）交流电弧焊机电路中的熔体选用，要考虑到焊接引弧时的短路冲击电流较大。熔体的额定电流值应为电焊机功率（kW）的4～6倍（以单机计）。

例如有一台10kW交流弧焊机，则熔体的额定电流值＝（4～6）×10＝40～60（A），取下限值，选额定电流为40A的熔体即可。

选用熔体时，还应特别注意：

（1）熔体的额定电流不可大于熔管的额定电流。

（2）极限分断能力应当高于被保护线路上的最大短路电流。

（3）安装时应保证熔体和触刀以及触刀和刀座接触良好，以免因熔体温度升高发生误动作。

（4）安装熔体时必须注意不要使它受到机械损伤，特别是较柔软的铅锡合金，以免发生误动作。

（5）当熔体已熔断或已严重氧化，需要更换熔体时，还应注意新熔体的规格与更换熔体一致，以保证动作的可靠性。

（6）更换熔体或熔管，必须在不带电的情况下进行。

（7）封闭管式熔断器的熔管，不允许随意用其他绝缘管代替，更不允许随意在熔管上钻孔。

§2-2　常　用　电　刷

电刷作为常用的电工材料，常用于直流电机的换向器或交流电机的集电环上传导电流的滑动接触件，以及其他需要滑动受电的电器设备。

电刷（亦称碳刷）属于电碳制品，主要成分是碳。由于结构不同，碳有结晶碳和无定形碳两种。结晶碳主要是石墨，无定形碳主要有焦碳、木炭和碳黑等。

石墨为六方晶系的晶体结构，它由无数平行的层面叠合而成。每一层面的碳原子分布在正六角平面的顶角上，从而构成三维空间的有序排列。由于石墨晶体层面之间的距离（0.335nm）比层面上碳原子间的距离（0.142nm）大很多，所以具有明显的各向异性。当有外力作用时，石墨的层面容易发生滑移，表现了它的自润滑性。在高纯石墨晶体中，由于价带与导带重叠，因而有类似金属的高导电能力。石墨所具有的特性如下：

（1）根据其成分和结构形式，它具有良好的导电、导热能力；

（2）在无氧条件下，它能工作到3000℃，具有优良的耐高温特性。并且高温下的石墨仍有良好的机械强度和耐热冲击特性；

(3) 化学稳定性好。无论高温如何，它仅与强烈氧化剂有作用而不会与液态金属黏黏；

(4) 具有很好的自润滑特性。

一、电机用电刷的分类、主要特点及用途

电机用的电刷按照原材料和制造工艺可以分为石墨电刷（S系列）、树脂石墨电刷（S系列）、电化石墨类电刷（D系列）、金属石墨类电刷（J系列）四种类型。

石墨电刷是用天然石墨制成。电刷质地较软，润滑性能好，电阻率低，阻力系数小，可承受较大的电流密度，适用于运行平稳、负载变化不大的直流电机和汽轮发电机集电环。

树脂石墨电刷的原材料和石墨电刷相同，通过采用沥青或树脂等黏结剂，经过烘焙或者约1000℃的高温烧结而成。这类电刷具有良好的润滑性能和集流性能，适用于运行平稳的中小型直流电机和高速汽轮发电机集电环。

电化石墨类电刷则是由炭黑、焦炭和石墨等各种碳素粉末等为原料，经过约2500℃的高温处理，使得各种碳素材料转化为微晶形人造石墨制成。它具有优异的换向性能和自润滑性能，阻力系数小，耐磨，易加工。这类电刷适用于负载变化较大的各种交、直流电机。

金属石墨类电刷主要是由电解铜和石墨组成。有时为了使用的需要，也可采用银粉、铅粉等其他金属粉末渗入石墨（或加入黏合剂）中，混合后采用粉末冶金的方法制成。这类电刷导电性能优良，润滑性能好，可承受较大的电流密度，电阻系数和接触电压降很小，适用于低电压、大电流、圆周速度低（35m/s以下）的直流电机和感应电机。

部分电机用电刷的主要类别、型号、特点和用途，见表2-4。

表2-4　部分电机电刷的主要类别、型号、特点及用途

类别	型号	基本特征	主要应用范围
石墨电刷	S3	硬度较好，润滑性较好	换向正常、负荷均匀、电压为80～120V的直流电机
	S—4	以天然石墨为基体，树脂为黏结剂的高阻石墨电刷，硬度和摩擦系数较低	换向困难的电机，如交流整子电动机，高速微型直流电动机
	S—6	多孔、软质石墨电刷，硬度低	汽轮发电机的集电环，80～230V的直流电机
电化石墨电刷	D104	硬度低，润滑性好，换向性能好	一般用于0.4～200kW直流电机，充电用直流发动机，气轮发电机、绕线转子异步电动机集电环，电焊直流发电机等
	D172	润滑性好，摩擦系数低，换向性能好	大型汽轮发电机的集电环，励磁机，水轮发电机的集电环，换向正常的直流电机
	D202	硬度和机械强度较高，润滑性好、耐冲击振动	电力机车用牵引电动机，电压为120～400V的直流发电机
	D207	硬度和机械强度较好，润滑性好，换向性能好	大型轧钢直流电机，矿用直流电机

续表

类别	型号	基本特征	主要应用范围
电化石墨电刷	D213	硬度和机械强度较D214高	汽车、拖拉机的发电机，具有机械振动的牵引电动机
	D214 D215	硬度和机械强度较高，润滑、换向性能好	汽轮发电机的励磁机，换向困难、电压在200V以上的带有冲击负荷的直流电机，如牵引电动机、轧钢电动机
	D252	硬度较高，换向性能好	换向困难、电压为120～440V的直流电机、牵引电动机，汽轮发电机的励磁机
	D308 D309	质地硬，电阻系数高，换向性能好	换向困难的直流牵引电动机，角速度较高的小型直流电机，以及电机扩大机
	D373	多孔、电阻系数高，换向性能好	电力机车用直流牵引机
	D374		换向困难的高速直流电机，牵引电机、汽轮发电机的励磁机，轧钢电动机
	D479		换向困难的直流电机
金属石墨电刷	J101 J102 J164	高含铜量，电阻系数小，允许电流密度大	低电压、大电流直流发电机。如电解、电镀、充电用直流发电机，绕线转子异步电动机的集电环
	J104 J104A		低电压、大电流直流发电机，汽车、拖拉机机用发电机
	J201	中含铜量，电阻系数较高，允许电流密度较大	电压在60V以下的低电压、大电流直发电机，直流电焊机，如汽车发电机、绕线转子异步电动机的集电环
	J204		电压在40V以下的低电压、大电流直流电机，汽车辅助电动机、绕线转子异步电动机集电环
	J105		电压在60V以下的直流发电机，汽车、拖拉机用直流启动电动机，绕线转子异步电动机的集电环
	J206		电压为25～80V的小型直流电机
	J203 J220	低含铜量，与高、中含铜量电刷相比，电阻系数较大，允许电流密度较小	电压在80V以下的直流充电发电机，小型牵引电动机，绕线转子异步电动机的集电环

在表2-5中，列出了部分电刷的主要性能，供学习时参考。

表 2-5 **部分电刷的主要性能**

类别	型号对照		电阻率（Ω·m）	硬度		工作条件			一对电刷的接触电压降②（V）	摩擦系数≤
	新型号	旧型号		洛氏×9.81①（N/mm^2）	肖氏	额定电流密度（A/cm^2）	最大圆周速度（m/s）	使用时允许单位压力（Pa）		
石墨电刷	S3	S—3	8～20	22.5		11	25	19600～49000	1.9	0.25
树脂石墨电刷	S—201		200		20	12	25		4.5	0.20
	S—4		115	6.25		12	40		4.25	0.20
	S—5		120	≥15		10	35		3.65	0.19
	S—9		250	≥15		8	35		4.75	0.19
电化石墨电刷	D104	DS—4	6～16	6		12	40	14700～19600	2.5	0.20
	D172	DS—72	1～16		25	12	70	14700～19600	2.9	0.25
	D202	DS—2a	24～35	31		10	45	19600～24500	2.6	0.23
	D213	DS—13	22～40	30		10	40	19600～39200	3.0	0.25
	D214	DS—14	22～36		45	10	40	19600～39200	2.5	0.25
	D252	DS—52	10～20	15.5		15	45	19600～24500	2.6	0.23
	D308	DS—8	31～50		48.5	10	40	19600～39200	2.4	0.25
	D374	DS—74D	35～60	26		12	50	19600～39200	3.0	0.25
金属石墨电刷	J101	TS	0.03～0.15		12③	20	20	17640～22540	0.2	0.20
	J102	TS—2	0.1～0.35		10③	20	20	17640～22540	0.5	0.20
	J103	TS—713	0.1～0.35		10③	20	20	17640～22540	0.5	0.20
	J151	TS—51	0.04～0.12		2.5③	25	25	17640～22540	0.28	0.20
	J164	TS—64	0.05～0.15		12③	20	20	17640～22540	0.28	0.20
	J201	T—1	1～6	23.5		15	25	14700～19600	1.25	0.25
	J203	T—3	5～12	18.5		12	20	14700～19600	1.9	0.25
	J204	TS—4	0.2～1.3	20		15	20	19600～24500	1.1	0.20
	J205	TSQ—5	1～12	18		15	35	14700～19600	<2.0	0.25
	J206	T—6	1～6	20		15	25	14700～19600	1.5	0.20
	J220	T—20	4～12	16.5		12	30	14700～19600	1.4	0.26

注 ① 洛氏硬度是直径为7.94mm的钢球压入测定，对中等硬度的试样，载荷58.8N，预压98.1N；对于较软的试样，载荷98.1N，表中数值为平均值。

② 额定电流密度下的值。

③ 布氏硬度。

二、电刷的接触特性

电刷的接触特性包括瞬间接触电压降和摩擦系数两个参数指标。它们的存在对于电刷的正常运行尤为重要。

电刷的接触电压降是指通过电刷、接触点薄膜、换向器或集电环的电压降。由于电刷的电功率损耗用 P_1 表示，即有

$$P_1 = I^2R = IU \tag{2-9}$$

式中 R——接触电阻与电刷自身电阻之和，Ω；

U——接触电压降，V；

I——流过电刷的电流，A。

式（2-9）说明，接触电压降与电功率损耗有着直接联系。在电机运行中每对电刷都有极限接触电压值，如果超过极限值，则电刷滑动接触点的电功率损耗将增大而引起过热，时间过长将损害电刷。同时接触电压值太低，对于换相器而言，则可能在电刷下出现火花。另外，电刷的电功率损耗与电刷自身电阻、接触电阻、流过电刷的电流之间密切相关。

在选择电刷时，摩擦是必须考虑的一个重要因素。摩擦的影响对于电刷能否运行正常，所反映出的机械磨损大小，起着至关重要的作用。

电刷的机械磨损主要决定于电刷与换向器或集电环之间的摩擦系数，可表示为

$$\mu = \frac{P_2}{pvS} \tag{2-10}$$

式中 P_2——摩擦损耗，W；

p——电刷上的单位压力，MPa；

v——电机运行的圆周速度，m/s；

S——电刷与换向器或集电环接触的总面积，m^2。

由式（2-10）可见，在换向器或集电环上，电刷的数量越多，μ 越大，则摩擦损耗 P_2 越大；电机的圆周速度愈高时，摩擦损耗 P_2 也愈大。同时，剧烈的摩擦还会使电刷在运行过程中，因引起振动而发出噪音、导致接触不稳定，严重时甚至使电机的电刷碎裂。为了减小机械损耗，特别是对于高速电机所使用的电刷，要求摩擦系数非常小。

三、影响电刷接触特性的主要因素

影响电刷接触特性的因素有很多，但主要是换向器（或集电环）的圆周速度、电流密度、施加于电刷上的单位压力以及周围介质的影响。

1. 圆周速度

电机运行过程中，如果圆周速度超过电刷的允许范围，则带入电刷与换向器或集电环之间的空气薄层能使接触电压降快速上升。此时的摩擦系数则会急剧降低，造成电机电刷运行不稳定，形成气垫现象而产生机械性火花，应引起足够重视。

2. 电流密度

电机运行时，随着电刷的电流密度增加，接触电压降会相应增加，但当电流密度达到一定值后，接触电压降则会趋向饱和。同时，由于电刷的电流密度增加，电刷电功率损耗也会增加，并会导致电刷产生过热而引起电火花，严重时会使电机不能正常运行。

几种型号电刷的伏安特性曲线，如图 2-1 所示。

3. 电刷上的单位压力

施加于电刷上的单位压力增大，电刷与换向器的接触电阻会减小，此时接触电压降随之减小，但摩擦系数却略有增加。根据计算结果显示，单位压力增大的情况下，摩擦损耗增大而电功率损耗减小，总损耗曲线呈马鞍形变化。这说明总损耗为最小的单位压力下，电刷的摩擦损耗率最低。

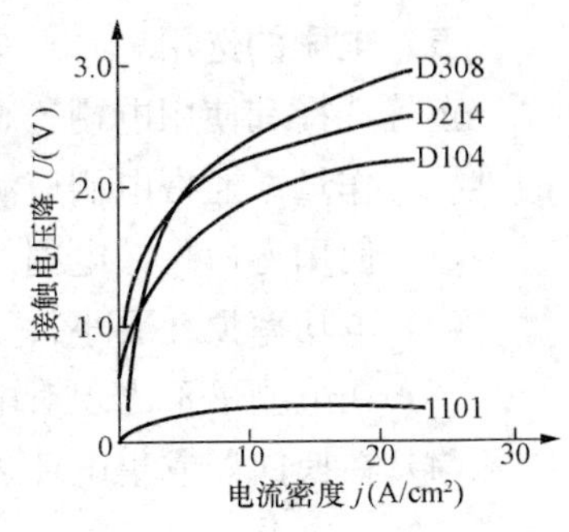

图 2-1　几种型号电刷的伏安特性曲线

如果单位压力减小达到某一极限值时，由于接触电阻增大，使得电功率损耗增大，并造成电刷与换向器之间的接触不稳定，容易出现机械性火花和电火花，这对电机的运行是不利的。因此，要求压力适度为好。对于转速高的小型电机和在振动条件下工作的电机，应适当提高其单位压力，以保证电刷的正常工作。

另外注意，施加于同一台电机上各个电刷的单位压力应当均匀，以免由于通过各个电刷的电流密度不均而导致个别电刷产生过热或火花。

4. 周围介质对电刷工作的影响

电刷与换向器或集电环的滑动接触点，对于周围介质的影响极为敏感。譬如空气中的腐蚀性（如酸性）气体及油污，都会导致换向不良或引起换向片烧灼。

四、电刷的理化特性

电刷的理化特性主要有电阻系数、硬度和灰分杂质。

（1）电刷的电阻系数及其适用范围，见表2-6。

表2-6　　电刷电阻系数及其适用范围

电阻系数（μΩ·m）	电刷基体类别	适用范围
50以上	树脂石墨电刷、碳黑基和木炭基电化石墨电刷	换向困难的电机
30～50	碳黑基和木炭基电化石墨电刷	换向困难的电机
20～30	焦炭基电化石墨电刷	一般直流电机
10～20	石墨电刷、焦炭基和石墨基电化石墨电刷	一般直流电机
10以下	含有25%～50%铜的金属石墨电刷	电压较低的电机
0.5～1	含有60%～75%铜的金属石墨电刷	低压电机
0.1～0.5	高含铜量金属石墨电刷	低压大电流电机

（2）电刷的硬度和它的电阻系数，可以综合反映电刷的质量和使用性能的一般情况。如果硬度或电阻系数中，有某一项偏离了允许的极限值，便可能会出现一些工作缺陷而影响到使用效果。

（3）电刷中含有少量极细微的灰分，能提高电刷的耐磨性能，对换向器或集电环还有磨光的效能。但灰分杂质中一旦混有少量的硬质磨料颗粒（如碳化铁、碳化硅等）时，则会使换向器或集电环严重磨损。

五、电刷的选用

正确选择和使用电刷，直接关系到电机的稳定运行以及对换向器、集电环等受电部件的维护工作量。通常电刷应满足以下要求：

(1) 使用寿命长，电刷的机械磨损小；

(2) 电功率损耗要小；

(3) 在电刷下不出现对电机有害的火花，并且噪声小；

(4) 在换向器或集电环表面要能形成适宜的、由氧化亚铜、石墨和水分等组成的表面薄膜。

选择电刷一般是在综合各类电刷技术特点的基础上，希望尽量满足电机对电刷的技术要求。譬如，在原材料和制造工艺不变的情况下，通过控制电刷的理化特性可使电刷具有某些相应的接触特性，同时还可判断其本身质量的均匀程度。但若从电机运行的角度来考虑，控制电刷的接触特性显得更为重要。因此，在选用电刷时应注意：

(1) 换向正常、负荷均匀、电压不高的直流电机，可选用润滑性好、硬度小、价格低的石墨电刷。

(2) 对于电压高、换向比较困难的电机，应选用接触电压降较高的电化石墨电刷。

(3) 对于电压比较低，但电流大的电机，则选用金属石墨电刷比较合适，可以大大降低能耗，防止过热。

(4) 对集电环而言，宜用接触电阻值较低的电刷。

(5) 对高速电机而言，应选用摩擦系数小的电刷；低速电机宜用金属石墨电刷；对于换向困难的特殊高速电机（70m/s 以上），则必须选用特殊的电化石墨电刷。

另外，电阻系数值高的电刷一般用于换向困难的电机；电阻系数值低的电刷适用于低电压电机；对于电阻系数值不高又不低的电刷，可用于一般电机。

§2-3 触头材料

触头材料又称电接触材料，是指在电工设备中各种电气元件所用的各种各样的电触头，如开闭触头、固定触头和滑动触头等。

开闭触头是指各种形式的开关、继电器的接触点，主要用于对负载的接通、载流及分断。因此要求接触性好，接触电阻低，操作可靠，使用寿命长，并且在接触头表面不应有高电阻氧化物或其他污染物出现或产生。

固定触头指的是在线路系统中母线和导线之间的固定连接或母线与母线的连接。要求接触处应不易氧化和腐蚀。

滑动触头指各种电刷、滑线电阻、电机车集电器和电位器等滑动连接处。要求所有的接触材料摩擦系数小，使用寿命长。

一、触头材料的常见物理现象

1. 接触电阻

在实际操作过程中，接触电阻由触头与触头之间的收缩电阻和表面膜电阻两部分构成。两个触头相接触时，由于触头的表面不可能非常平整光滑，总会有突出的部分，这些实际上的突出点才是两触头真正的接触点。因此触头中的电流流向将会收缩到这有限的几个点上，而形成触头与触头之间的收缩电阻。另一方面，由于各导体的接触表面有尘埃、气体和水分子的吸附，在金属表面出现的氧化或硫化现象也会形成一层表面薄膜。由于表面薄膜的导电性能很差，其所表现出的接触电阻称为表面膜电阻。

2. 电磨损（又称电弧腐蚀）

触头在开闭动作过程中，因为有电弧的作用而使触头表面金属熔融、蒸发、飞溅而散失，这种现象称为电磨损。电磨损的程度决定了触头的使用寿命。

3. 机械磨损

工作中的触头往往有着频繁的闭合或滑动过程，承受着机械闭合力的冲击或摩擦力，因此而造成的触头变形、裂开或剥落等现象，统称为机械磨损。机械磨损的程度也会影响到触头的使用寿命。

4. 触头的发热与熔焊

触头在闭合的状态下，往往会通过很大的短路电流或过载电流使触头发生过热而形成熔焊，称为静熔焊。触头在闭合过程中，发生弹跳而产生电弧所形成的触头熔焊叫动熔焊。如果触头熔焊后的强度大于开断的机械分断力，则触头将失去控制能力而不能正常断开，从而造成系统的严重事故。

5. 电击穿

如果触头间的开距较小而电场强度较大时，触头虽处在断开状态，但因触头表面层上较疏松的颗粒，可能在强电场的作用下被拉出并吸附至对面的触头，引起触头间的电击穿而失去隔离作用，从而造成事故的产生。

6. 剩余电流

若在大电流的情况下将触头强行断开，所产生的电弧虽然会在电流自然过零点时熄灭，但在触头间仍然还存在着一个暂态微小的剩余电流。剩余电流的大小与触头材料的灭弧能力有关。譬如，钨和石墨等在高温下会发射电子，所以剩余电流较大，则灭弧能力差；铜和银合金的剩余电流较小，则灭弧能力强。

7. 材料转移

工作在直流电的触头材料，可能出现触头材料从触头对的一方转移到另一方的现象，称为材料的转移。其原因在于触头间的电压、电流较小时，虽然不会产生电弧，但由于触头间分离使阳极上的接点温度增高，在阳极面上的熔融金属黏附在较冷的阴极上，造成材料从阳极向阴极的正向转移。结果会引起阳极出现凹坑，阴极出现凸起，破坏了触头表面的平整而影响正常工作。反之，若触头间电压、电流过大而产生电弧，则阴极受到正离子的轰击发热、蒸发，造成材料从阴极向阳极的负向转移。

二、触头材料的分类

触头材料种类很多，常用的有纯金属、合金、炭素等，见表2-7。

表 2-7 常见电触头材料分类表

类别		材料品种
强电用	复合触头材料	银一氧化镉、银一钨、铜一钨、银一铁、银一镍、铜一石墨、银一碳化钨
	真空开关触头材料	铜铋铈、铜铋银、碲硒、钨一铜铋锆、铜铁镍钴铋
弱电用	铂族合金	铂铱、钯银、钯铜、钯铱
	金基合金	金镍、金银、金锆
	银及其合金	银、银铜
	钨及其合金	钨、铜钼

1. 强电用触头材料

强电用触头材料主要用在电力系统的接触器、继电器中，所用的材料是以银、铜为主的合金材料，详见表 2-7。对强电用触头材料的要求：

(1) 低的接触电阻，即要求没有高电阻的表面膜，保证长期通过额定电流而不会过热。

(2) 电磨损和机械磨损要小，以便提高触头的使用寿命。

(3) 剩余电流小，灭弧能力强。

(4) 抗熔焊性能好，要求材料熔点高，在发生故障的情况下也能顺利切断电路。

例如，银一氧化镉触头材料性能优良，这主要是由于氧化镉粒子弥散在银中间起着以下几方面的作用：

(1) 在电弧作用下氧化镉分解，产生剧烈的蒸气，可以将电弧吹散，同时起着清扫触头表面的作用，因此接触电阻小，电磨损也小。

(2) 氧化镉分解时要吸收大量的热，对电弧起冷却、熄灭和减少基体金属损耗的作用。

(3) 弥散的氧化镉粒子能增加熔融材料的黏度，减少熔融材料的飞溅损耗。

(4) 蒸发镉的一部分又会氧化合成固体氧化镉，回落到触头表面，阻止触头的熔焊。

2. 常用强电触头材料及其用途

常用强电触头材料及其用途，见表 2-8。

表 2-8 常用强电触头材料及其用途

名称	符号	用途
银一氧化镉	Ag—CdO12 Ag—CdO15 Ag—CdO12① Ag—CdO15①	低压接触器、自动开关、继电器等
银一钨	Ag—W50 Ag—W40 Ag—W70	低压自动开关、高压断路器等

续表

名　　称	符　　号	用　　　　途
铜—钨	Cu—W50 Cu—W60 Cu—W70 Cu—W80	高压断路器等
银—铁	Ag—Fe7	低压中小电流等级接触器、自动开关等
银—镍	Ag—Ni10 Ag—Ni30	低压中小电流等级接触器、自动开关、精密仪表、继电器等，常与Ag—C5 配对使用
银—石墨	Ag—C5	与 Ag—Ni30 配对，用在自动开关、铁道信号继电器等
铜—石墨	Cu—C5	自动开关
银—碳化钨	Ag—WC20 Ag—WC40 Ag—WC60	低压自动开关、高压断路器等
铜铋铈	Cu—Bi—Ce	真空断路器
钨—铜铋锆	W—Cu—Bi—Zr	真空接触器
铜铁镍钴铋	Cu—Fe—Ni—Co—Bi	大容量真空接触器

注 ① 用内氧化法制造。

3. 弱电用触头材料

弱电触头材料主要用于仪器、仪表及自动控制的弱电线路中，其承受电流小，电压低。

对弱电触头材料的要求：

(1) 具有低的接触电阻，小的接触噪声和电磨损。

(2) 接触要求平稳可靠。

(3) 耐机械磨损，使用寿命长。

(4) 工作时要求起弧电压、起弧电流尽量小，使触头在无电弧情况下操作，避免产生电弧腐蚀。

(5) 在直流电压、电流的工作情况下，要求有尽量小的材料转移。

由表 2-7 可见，常用弱电触头材料可分为四类。

(1) 铂族合金。它具有熔点高，一般在 1200℃以上；化学稳定性好，各种酸碱等强腐蚀剂对它没有什么影响；高温下不易氧化，能保持稳定的电接触等特点。其缺点是表面易产生暗黑色粉末（有机污染）造成接触不良；在直流电情况下工作易产生材料转移；材料价格昂贵。所以铂族合金常用于强腐蚀条件下使用的小型精密电触头，如航空电器、高灵敏继电器、电话继电器等。

(2) 金基合金。它具有优良的导电和导热性、化学稳定性高、接触电阻低并且稳定、抗硫化和有机污染的能力强、价格比铂族合金低等特点。在弱电用触头材料中，金基合金有逐步取代铂族合金的趋势，常用于各种继电器、自动化仪表和波段开关等。

(3) 银及其合金。它具有电导率高、接触电阻低、加工性能好、价格明显低于上述两类合金等优点。其缺点是银触头易受硫化氢侵蚀，产生硫化氢薄膜，使得接触电阻增大，恶化其导电性。

（4）钨及其合金。它具有较强的硬度，耐机械磨损性好。其缺点是易受大气侵蚀，形成氧化及硫化膜，引起接触电阻增大，影响电流的正常流动。它适用于接触压力较大的振动器及信号继电器等。

三、触头材料的选用

触头材料的选用，可根据触头材料的主要性能要求，结合触头材料的工作条件进行合理的选择。下面列出了部分触头材料的选择方案供学习参考，见表2-9与表2-10。

表2-9　强电用触头材料的选择方案

工作条件	选用材料
额定电流100A以下中小型容量接触器弹跳现象较严重的接触，100A以上接触器	Ag—Fe Ag—CdO
磁吹式开关 磁场较弱时 磁场较强时 分断速度较快 分断速度较慢	 内氧化法 Ag—CdO 烧结、挤压法 Ag—CdO 烧结法 Ag—CdO 内氧化法 Ag—CdO
额定电流60A以上，分断电流30000A以下的空气开关	烧结、挤压法 Ag—CdO
额定电流400A以下，分断电流20000A以下的空气开关	Ag—C与Ag—Ni非对称性触头对
额定电流在600A以上，分断电流25000A以下的空气开关	Ag—W Ag—WC
额定电流在250A以上，分断电流在15000A以上空气开关	可采用主弧两档触头 主触头 Ag，Ag—Ni，Ag—CdO 弧触头浸溃法 Ag—W，Cu—W
线路保护开关，铁路信号继电器要求确保安全不能发生“熔焊”	Ag—C，Ag—WC，Ag—CdO

表2-10　弱电用触头材料的选择方案

工作条件	选用材料
直流条件下使用	可选用导热系数不同的两种材料分别制成阳极、阴极触头。导热系数高的材料作阳极，以防材料从阳极向阴极的正向转移
有电感的回路中，或触头运动速度快，分断时将出现高的电压峰值	应选用电磨损小的触头材料
条件不许可提高接触压力时	贵金属合金
触头最大间隙条件限制不能增大时	灭弧能力较好的材料
高湿度下使用	耐腐蚀性能好的铂基、钯基、金基、银基合金等
硫化气中	耐腐蚀能力较强的铂基或钯基合金
汽油及其他油料气氛中	钨触头

根据上述表格确定触头材料后，可适当地通过触头试验装置，掌握其触头特性的等效值。甚至可以将选定的触头材料组装在对应的设备上，通过安装实验最后作出决定。

触头特性要精确地满足所规定的各种电路条件、接触机构和周围气氛等因素比较困难。因此在选择触头材料时，还必须从下面几方面进行考虑。

1. 电源与负载的性质

所谓电源的性质，主要反映为直流电源还是交流电源，以及交流电源的频率大小；而负载则主要看它是电感负载还是电阻负载。譬如，对于灭弧的效果而言，直流电的难度大于交流电；感性负载的难度大于阻性负载。

2. 通断频率

通断频率高时，考虑到机械条件（如接触力、开断力、开闭频率、开闭速度或滑动速度、接触机构等）应选择硬度、强度高，耐磨性好的触头材料。

3. 大电流情况

工作在大电流的情况下，应选抗电磨损性能优良、灭弧能力强的触头材料。

4. 小电流情况

工作在小电流的情况下，应选择接触电阻小、耐腐蚀、抗氧化、使用寿命长的触头材料。

另外，维修往往会遇到更换触头材料的情况。建议更换的触头材料最好能与原材料相同，或利用上述参考表查找型号、规格均相近的材料。

§2-4 其他特殊导电材料

常见的其他特殊导电材料有电阻合金、电热材料、弹性合金、热电偶和热双金属片等。

一、电阻合金

电阻合金材料，与一般导电材料相比有较大的电阻率，是仪器仪表工业中制造电阻元件的重要材料之一。

电阻合金材料在形状上可制成粉、线、箔、片、带等，表面还可以按电阻合金使用的需要覆以各种绝缘材料。电阻合金的种类按其主要用途可分为调节元件用电阻合金、精密元件用电阻合金、电位器用电阻合金和传感元件用电阻合金。

1. 调节元件用电阻合金

这类电阻合金主要用于电流（电压）调节与控制元件的绕组，譬如，电动机的启动、调速、制动、降压及放电和其他传动装置。

调节元件用电阻合金的主要材料、性能和特点，见表2-11。

调节元件用电阻合金具有机械强度高，能承受一定的振动力；抗氧化和耐腐蚀性能较强，能长期承受500℃以内的高温；还具有电阻率高和电阻温度系数小等特点。

表 2-11 调节元件用电阻合金主要材料、性能和特点

品种	主要成分（%）	电阻率（20℃）（Ω·m）	电阻温度系数（10^{-6}/℃）	对铜热电势（V/℃）	密度（g/cm³）	抗拉强度（MPa）	伸长率（%）	最高工作温度（℃）	特点
康铜	Ni39～41 Mn1～2 Cu余量	0.48	−40～40	15	8.88	392～588	15～30	500	抗氧化性能良好
新康铜	Mn10.8～12.5 Al2.5～4.5 Fe1.0～1.6 Cu余量	0.48	−40～40 （20～200℃）	2 （0～100℃）	8	392～588	15～30	500	抗氧化性能略差于康铜，价格较廉
镍铬	Cr20～23 Ni余量	1.13	≈70	3.5～4	8.4	637～784	10～30	500	焊接性能较差
镍铬铁	Cr15～18 Ni55～61 Fe余量	1.15	≈150	<1	8.2	≥650	≥20	500	焊接性能较差
铁铬铝	Cr12～15 A14～6 Fe余量	1.25	≈120	3.5～4.5	7.4	≥600	≥16	500	焊接性能较差

2. 精密元件用电阻合金

精密元件用电阻合金，应具有尽可能大的电阻率和小的电阻温度系数。精密元件用电阻合金阻值稳定性好，不随温度和时间变化，对铜热电势小，焊接性能好；还具有良好的机械强度和韧性，易于机械加工；并在其工作温度内，有良好的抗腐蚀性。一般圆线表面涂覆聚酯高强度绝缘漆层，并按它所使用的对象分为三种类型。

（1）电工仪器用锰铜电阻合金。此类电阻合金的重要成分为铜、锰、镍。它具有较高的电阻率、电阻温度系数极小，与铜接触时热电动势低，以及电阻长期稳定性高等特点。

电工仪器用锰铜电阻合金品种、性能和特点，见表 2-12。

表 2-12 电工仪器用锰铜电阻合金品种、性能和特点

品种		合金牌号	主要成分（%）	电阻率（20℃）（Ω·m）	电阻温度系数 α（$\times10^{-6}$/℃）	电阻温度系数 β（$\times10^{-6}$/℃）	对铜热电势（V/℃）	密度 γ（g/cm³）	特点
锰铜线片	1级	6J12	Mn11～13 Ni2～3 Cu余量	0.47±0.03	−3～5	−0.7～0	1	8.44	电阻稳定性高，焊接性能好，抗氧化性能较好
	2级				−5～10				
	3级				−10～20				

电工仪器用锰铜电阻合金是一种应用广泛的优越的精密电阻材料，主要用于电工仪

表、仪器，譬如，电桥、电位差计和标准电阻中的电阻元件。此合金在20℃时其电阻随温度变化的误差非常微小，因此在恒温室内使用时，仪器的准确度和稳定性将更高。

（2）分流器用锰铜电阻合金。因为分流器用锰铜电阻合金的电阻随温度变化的曲线，其顶点平坦部分的温度值在30～50℃之间，所以该合金广泛用于温升较高、温度变化范围较宽的分流器。分流器用锰铜电阻合金的品种、性能和特点，见表2-13。

表2-13　分流器用锰铜电阻合金的品种、性能和特点

品种		合金牌号	主要成分（%）	电阻率（20℃）（Ω·m）	电阻温度系数		对铜热电势（V/℃）	密度 γ（g/cm³）	特点
					α（$\times10^{-6}$/℃）	β（$\times10^{-6}$/℃）			
锰铜线片	F_1	6J8	Mn8～10 Sil～2 Cu余量	0.35±0.05	−5～10	−0.25～0	2	8.7	电阻对温度曲线较平坦，在宽温度范围内的阻值误差比 F_2 级小
	F_2	6J13	Mnll～13 Nit～5 Cu余量	0.44±0.04	0～40	−0.7～0	2	8.4	电阻最高点温度比通用型锰铜高

分流器用锰铜电阻合金按其温度系数 α 值的不同，分为 F_1 和 F_2 两种等级。F_1 级分流器用锰铜以铜、锰、硅为主要成分；F_2 级分流器用锰铜以铜、锰、镍为主要成分。F_1 级分流器的电阻率低于 F_2 级，具有电阻温度系数小，对铜的热电势低，电阻对温度关系曲线较平坦，使用温度范围宽，焊接性能好等特点，可用作准确度较高的分流器。F_2 级分流器常用于精密电阻器、分流器和一般电阻器。

（3）高阻值、小型精密电阻元件用电阻合金。它主要有高电阻率合金、玻璃绝缘微细线、金属膜电阻元件、贴膜平面电阻元件四种类型。用于高阻值元件、高阻值标准电阻器、高阻值电阻箱、无线电技术设备、精密仪器及其他特殊用途的小型精密电阻元件等。

3. 电位器用电阻合金

电位器用电阻合金主要用于各种电位器、滑线电阻器、变阻器和分流器、限流器、衰减器、平衡电桥可变臂、调零及补偿器等。

电位器是一种可变电阻器，主要靠电刷在固定电阻体上的移动而获得与调节轴位移成一定关系的电压输出。根据它的工作特点，要求用于电位器的合金材料，首先应具备电阻合金共有的特点。同时，在与电刷接触时还应具有接触电阻小且稳定，接触电势、接触噪音要小，平滑性能好；耐磨、耐腐蚀腐蚀性好；抗拉强度高并有一定的柔软性；对铜热电势小、线径椭圆度小以及表面光洁等特点。

在一般情况下，制作电位器采用康铜、镍铬铝铁、镍铬铝铜、锰铜及滑线锰铜等材料。在要求比较高的情况下，制作电位器可用铂基、金基、钯基和银基等贵金属合金。

4. 传感元件用电阻合金

常用的传感元件用电阻合金有应变元件用电阻合金、温度补偿用电阻合金、测量用电阻材料三种类型。

传感元件用电阻合金具有传感灵敏度高，复现性和互换性好，反应快、稳定性能好等特点。主要用于制造应变、压力、温度和磁场等参数的传感元件，将这些参数的变化转换为相应的电阻值变化，用来对它们进行测量、控制或补偿。

二、电热材料

电热材料在高温下具有良好的抗氧化性能，特别在高温场合中，可作为发热源来长期使用。因而被广泛用于制作各种电热器具以及电阻加热设备中的发热元件。

电热材料按照不同的使用温度有合金、纯金属、非金属陶瓷和管状电加热元件等不同类型的产品，供各种电加热设备选择使用。

电热材料的类别、特点以及使用说明列入表 2-14 中，供学习参考。

表 2-14　电热材料的类别、特点及使用说明

类别	品种及型号		元件最高使用温度（℃）	特　点	使用说明
材料	铁铬铝合金	1Cr13Al4 0Cr13A16Mo2 0Cr25Al5 0Cr21Al6Nb 0Cr27Al7Mo	1000 1250 1250 1350 1400	高温抗氧化性及耐温高于镍铬；高温强度低于镍铬，电阻率高，铁素体组织，有磁性，高温长期使用时晶粒易长大而呈脆性	使用温度高，已能满足大部分工业加热设备需要，能设计加工成各种形状元件，适应加热设备结构需要，功率范围广，能适应高精度控温
	镍铬合金	Cr15Ni60 Cr20Ni80 Cr30Ni70	1150 1200 1250	高温强度高于铁铬铝；高温抗氧化性及耐温略低于铁铬铝；电阻率较高，奥氏体组织，基本无磁性，加工性能良好	使用条件基本与铁铬铝同，但耐温较低，适用于工作温度 1000℃ 以下的中温加热设备
	镍铁合金	Ni45Fe Ni55Fe	350 500	电阻率较低，电阻温度系数大，具有功率自控作用，有磁性，抗腐蚀性较差	涂覆绝缘层适用于电热编织物作低温发热元件，可用于快热式设备中
	高熔点金属	Pt 铂 Mo 钼 Ta 钽 W 钨	1600 1800 2200 2400	使用温度高。铂可在空气中使用，其氧化物在高温下挥发影响使用寿命；钨、钼须在惰性气体、真空或氢气中使用；钽须在惰性气体或真空中使用。电阻率低，电阻温度系数大	使用时需配调压装置，材料价高；适用于实验室及特殊高温要求的设备
硅碳棒、硅碳管（SiC）			1500	高温强度高，质硬而脆，电阻值一致性较差，易老化，电阻率随使用时间而增大	需配调压装置，对不同炉型适应性差，为使三相电网平衡，应一组三根同时调换

续表

类别	品种及型号	元件最高使用温度（℃）	特　　点	使 用 说 明
	硅钼棒（MoSi2）	1700	抗氧化性好，不易老化，正向电阻温度系数较大，室温下硬而脆，1350℃时开始变软，低温下不易形成保护性二氧化硅	需配调压装置，对不同炉型适应性差，耐急冷急热性能差
	管状电加热元件	被加热介质温度550℃以下	结构简单、热效率高，可直接在各种介质（空气、液体）中加热，机械强度高，可制成多种形状，拆装方便，使用温度不高	须按不同型号在规定的加热介质中使用，适用于液体，易熔金属加热、空气加热、干燥及日用电热电器等

三、弹性合金

弹性合金材料具有良好的弹性性能，应有一定的导电性且自身无磁性，有一定的导磁性能；还应具有耐腐蚀性、耐热性、耐磨性、高硬度等特定性能用以保证元件的正常工作。弹性合金主要用于制造仪器、仪表中的弹性元件，譬如，游丝、簧片、膜片、膜盒以及机械滤波器中的振子、频率谐振器中的音叉、谐振继电器中的簧片等各种频率元件。它们的质量好坏直接关系到各类仪器、仪表的精度，稳定性和使用寿命。

常用弹性合金材料的类别及品种，见表 2－15。

表 2－15　　常用弹性合金材料的类别及品种

类　别	品　　种
高弹性合金材料	3J1、3J2、3J3 NiBe2、NiBe2Ti、NiBe2Co3W6、NiBe2Co3W8 3J21、3J22，3J24、YC—11 Cr17Ni7Al、Cr15Ni7Mo2Al、0Cr14Ni8Mo2Al、Cr12Mn5Ni4Mo3Al
高温高弹性合金材料	NiCr19W10CobTiAl、NiCr15Nb9Mo3Al NiCr15Nb9Mo3W2Al NiCr15Ti3AlNb、Cr15Ni26Ti2Mo、NiCr10Co13Mo4W6Ti
恒弹性合金	3J53、Ni42CrTi、YC—12、3J58、Ni45CrTi、Ni39Mo8Ti Ni39Mo5、NbTi39Al5、NbMo3Zr2、5Cr2Ti2
耐腐蚀弹性合金材料	0Cr20Ni65Ti2AlNb、NiCr47Mo3、Ni40Cr17Mo5Cu3 Ti31Cr18Ni9Ti、2Cr19Ni9Mo、1Cr18Ni12Mo2Ti 00Cr26Ni35Mo3Cu4Ti、0Cr17Ni17Mo7Cu2 00Cr16Ni75Mo2Ti、00Cr16Ni60Mo17W4 0Ni65Mo28Fe5V、NiCu28—2.5—15
铜基弹性合金	QBe2、Qbe1.9、Qbe1.7、QTi3.5、QTi6—1 QSn6.5—0.1、QSn6.5—0.4、QSn4—3、QSi3—1、BZn15—20

1. 弹性合金的性能

弹性是指材料受到外力的作用而产生变形，取消外力能恢复到原来的形状和大小的一种特性。根据弹性的概念，围绕弹性合金的性能指标问题，简要介绍有关指标参数。

材料在保持弹性变形的前提下，所能承受的最大应力称为弹性极限；材料受到拉伸或压力作用时，在弹性变形范围内外力和变形成比例地增长，其比例系数为弹性模量；材料受到扭转作用时，在弹性变形范围内剪切应力与切应变的比例系数，称为切变模量。

弹性模量和切变模量均是衡量材料刚度的指标。弹性模量和切变模量越大，刚度越大；换句话说，弹性模量和切变模量越大，在一定应力作用下发生弹性变形越小。

可见，弹性合金性能的优劣主要与材料的弹性极限和弹性模量有关。提高材料的弹性极限、降低弹性模量，可以提高弹性性能。

在规定的温度范围内，弹性模量和切变模量随温度变化的相对变化率为弹性模量和切变模量温度系数。各类仪表中的弹性元件要求温度误差小时，都希望弹性模量或切变模量的温度系数越小越好。

弹性后效是弹性合金材料的非弹性效应之一。材料在低于弹性极限的恒定应力作用下，会产生符合虎克定律的弹性应变。随着时间的延长，弹性应变逐渐增大，但应变速度却逐渐减慢，直到达到平衡应变值。常把应力作用 10min 后缓慢增加的那一部分应变值称为残余应变值。残余应变值与弹性应变的比值，称为弹性后效值。

弹性后效的大小，直接影响仪表的精度。因此，在制造弹性敏感元件和精密小型弹簧时，要求材料的弹性后效越小越好。

疲劳极限是指材料在重复或者交变应力、拉力或压力的作用下，并在规定的周期基数（1～10）$\times 10^7$次内试验，材料不发生裂断所承受的最大应力。

因为疲劳极限的高低直接影响到材料性能的稳定和它的使用寿命，所以对于簧片等类型的弹性元件，常要求疲劳极限越高越好。

综上所述，可以用来反映弹性合金性能的指标参数有弹性极限、弹性模量、切变模量、弹性模量温度系数、弹性后效和疲劳极限等。

2. 常用弹性合金材料的特点和用途

铜基弹性合金具有很高的导电性，耐大气腐蚀性好。铜基弹性合金分为时效硬化型和加工硬化型两大类。时效硬化型的铜基弹性合金中，铍青铜合金使用最为广泛。铍青铜合金具有弹性模量低、时效硬化后弹性极限显著提高、淬火后塑性好，导电性、导热性、抗疲劳性及低温性能良好等特点。加工硬化型的铜基弹性合金中，锡磷青铜合金使用最为广泛。锡磷青铜合金的弹性虽不如铍青铜，但来源广并且价格低。铜基弹性合金主要用于制造弹性敏感元件和高导电性的弹性元件，如电器中的刷片、簧片，仪表中的张丝、游丝等。

高弹性合金的导电性能比铜基弹性合金差，但高弹性合金具有高的弹性极限、高的弹性模量，有一定的耐酸、碱等抗腐蚀性能，不锈性较好；并且大部分高弹性合金是弱磁性，具有较低的弹性后效等特点。高弹性合金常用于较高温度下的弹性元件。

恒弹性合金大部分是时效硬化型铁磁性铁镍基合金。恒弹性合金淬火后塑性良好，易于加工成型，时效处理后有较高的弹性。恒弹性合金的缺点是对磁场敏感，使用温度范围较窄，而且对化学成分以及热处理参数的变化也较敏感。所以在使用时，对时效温度的正确选择显得非常重要。如3J53、3J58称作频率元件恒弹性合金，在－40～＋80℃的范围内具有低的弹性模量温度系数和高的机械品质因数。恒弹性合金适用于制造各种频率元件和弹性敏感元件。

高温高弹性合金的导电性能比铜基弹性合金低，但最高温度可达500～600℃，并且无磁性、耐腐蚀性能好。高温高弹性合金主要有镍铬铌基、铁镍铬基等材料。它们都是时效硬化型合金，适用于耐热弹性元件，譬如，自动化仪表调压阀门弹簧、弹性敏感元件的膜片及弹簧等。

耐腐蚀弹性合金对强酸、强碱以及化工上的尿素、乙烯、氯离子和硫化氢等具有优良的耐腐蚀性能。耐腐蚀弹性合金主要有镍基、铁镍铬基等材料，分时效硬化型合金和加工硬化型合金两类，适用于有腐蚀环境的化学工业用仪器、仪表的弹性元件和结构材料。

3. 弹性合金的选用

工业设备仪表中，不同类别的元件对于弹性合金材料的性能有不同的具体要求，为了介绍方便，特列出表2-16供学习参考。

表2-16　　不同类型元件对弹性合金材料的性能要求参考表

弹性元件类别	弹性极限	弹性模量	弹性模量温度系数	弹性后效	强度	伸长率	疲劳强度	耐腐蚀性	导电性	磁性	表面状态	尺寸公差	成型性能	易焊性	耐热性	举例
敏感元件	√	√	*	√	—	√	√	*	*	*	√	√	√	√	*	膜片（盒）、波纹管、弹簧管、游丝、张丝、电磁感应器中的磁弹性元件等
弹力元件	√	√	*	—	√	√	√	*	*	—	√	*	*	*	*	发条、螺旋弹簧、簧片等
动态应用元件	—	√	√	—	—	—	—	*	*	*	*	*	—	*	*	机械滤波器振子、延迟线、音叉等
挠性结构元件	*	√	—	—	√	√	√	*	—	—	*	—	√	√	*	进行密封、介质隔离、软轴连接等用的波纹管

注　1. 符号说明："√"—有要求；"*"—根据具体情况有要求；"—"——般无要求。
2. 磁性栏一般指无磁性，有时指一定温度范围内，有一定的磁性，如电磁传感器中的磁弹元件等。
3. 此外，还有带材的方向性、性能均匀性等，未列入本表。

弹性合金的具体选用原则：

（1）针对元件的不同类别，必须考虑对材料的主要性能要求，详见表2-16。

（2）对于在腐蚀介质中工作的元件，应着重选用耐某些介质腐蚀的弹性合金。

（3）由于弹性合金的加工工艺不同，加上带材具有性能不均匀性，因此选用带材制造小尺寸元件时，应注意避开带材中性能低的部位。

（4）弹性合金带材，由于轧制时的择优取向作用而使其在性能上也有方向性。因此对有方向性的弹性元件（如簧片），在落料时要注意带材轧制方向，以发挥带材性能的作用。

（5）对材料状态的要求，应根据元件的具体情况而定。

四、热电偶

热电偶是目前温度测量领域中应用最为广泛、最普遍的一种热敏元件，常用于测量与控制系统，同显示仪表配套直接测量气体和液体介质以及固体表面的温度。热电偶可以测量的温度范围为－268.8～2800℃。热电偶突出的优点在于结构简单、使用方便、性能稳定、精确可靠。

1. 热电偶工作原理简介

热电偶测温原理示意图，如图 2-2 所示。图中，A 和 B 是由两根成分不同，但具有一定热电特性的材料导体（或半导体）作为热电极。热电极的一端 T_1 相互焊接形成热电偶的测量端或工作端（亦称热端），用以插入被测部位测量温度；另一端 T_0 称为参比端或自由端（亦称冷端），与显示仪表相连接。

当热电偶的两端有温差时，便可通过显示仪表显示出热电偶所产生的热电动势。热电动势与测量端的温度成正比，其大小与热电偶的材料以及热电偶两端的温度有关，而与热电极的长度、直径无关。

由图 2-2 可见，如果 T_0 端与热源非常靠近，则测量结果可能会出现误差。为消除误差可采用添加 C、D 补偿导线的方式，将热电偶 A、B 的 T_0 端从热源附近延伸到远离热源而温度较恒定的 T_2 点，这样测量的结果将不会受到影响。采用补偿导线的测温回路如图 2-3 所示。

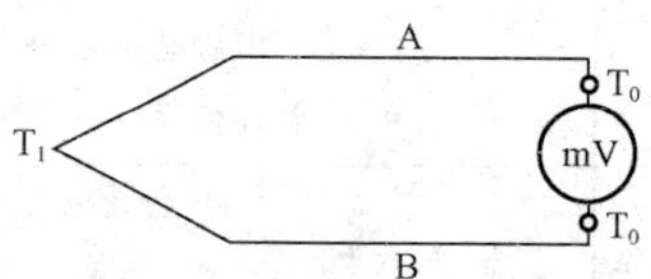

图 2-2 热电偶测温原理示意图

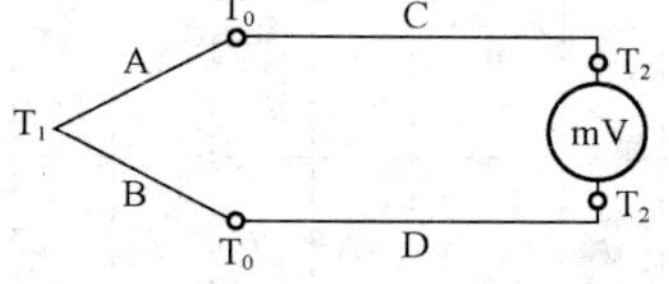

图 2-3 采用补偿导线的测温回路

2. 热电偶材料类别、品种和用途

热电偶材料一般分为常用热电偶材料、补偿导线和特殊热电偶材料，见表 2-17。

表 2-17 热电偶的类别和品种

类别		品种
常用热电偶	高温	钨铼一钨铼、钨一钨铼、铱铑一铱 铂铑一铂铑、铂铑一铂、铂钼一铂钼
	中温	镍铬一镍硅、镍铬一镍铬、镍铬一考铜 镍铬一康铜、铜一康铜、铁一康铜 镍铁一硅考铜、钯铂金一金钯
	低温	镍铬一考铜、镍铬一镍铝、铜一考铜 镍铬一康铜、镍铬一金铁、铜一金铁

续表

类别	品种
特殊热电偶	铠装热电偶 薄膜热电偶 非金属热电偶
补偿导线	镍铬一镍硅、镍铬一考铜 铜一康铜、铜一铜镍

部分常用低、中、高温热电偶材料的特点和用途，见表2-18。

表2-18 部分常用低、中、高温热电偶材料的特点和用途

类别	热电偶材料（成分%）		推荐工作温度℃	特点和用途
	正极	负极		
低温	镍铬 （N190.5Cr9.5）	镍铝 （Ni95Al2Mn2S11）	77～300	在77.3K（液氮温度）时的热电势率为28.6μV/K，用于70K以上低温测量
	铜 （Cu100）	康铜 （Cu55Ni45）	100～300	在77.3K时的热电势率为16.2μV/K，均匀和稳定性较好，用途同上
	镍铬 （Ni90.5Cr9.5）	康铜 （Cu55Ni45）	40～300	在77.3K时的热电势率为26.1μV/K。在50K以上时热电势率高于镍铬一金铁、铜一金铁，导热系数低，磁场效应小，在40K以上测温用
	铜 （Cu100）	康铜 （Cu55Ni45）	0～300	均匀性和稳定性都较好。在潮湿空气中有抗蚀性，用于石油、化工生产中的中温测量
中温	镍铬 （N190.5Cr9.5）	镍硅 （N197.5S12.5）	600～1250	在低廉金属热电偶中，具有最好的抗氧化性能。适应于真空惰性及氧化气氛，用于有色金属熔炉及航空、石油、化工等中温测量
	镍铬 （Ni90.5Cr9.5）	镍铝 （Ni95Al2Mn2Si1）	600～1000	有良好的抗氧化性能，能耐中子辐照，气氛同上，可用于核场中测温
高温	铱铑40 （lr60Rh4O）	铱 （MOO）	1800～2000	热电势对温度关系的线性好，高温下由于铱蒸发对热电势影响小，适用于惰性气氛，不能用于还原气氛，用于航空及空间技术的高温测量
	铂铑13 （Pt87Rh13）	铂（Pt100）	1000～1300	精度高、稳定性和复现性好，热电动势较高，用于金属熔炼、高温热处理炉等及其他高温测量
	铂铑20 （Pt80Rh20）	铂铑5 （Pt95Rh5）	1300～1600	50℃以下的热电动势与热电势率都很小，一般不必进行自由端修正，稳定性好，价格较低，用途同上

3. 热电偶的选用

热电偶的选用，应注意考虑下面六点。

(1) 依据被测温度的范围和精度，正确选用低、中、高温合适的材料。

(2) 低温下测量选用热电势率高的材料，可以提高测量灵敏度。

(3) 在较高温度下工作时，由于存在高温挥发、氧化等问题，需要考虑加大导线的线径；特别是对于价格低廉的金属热电偶，其工作在较高温度时，线径应选用得更大一些。

(4) 应尽可能地考虑选用价廉金属。譬如，在1300℃以下可采用镍铬—镍硅而不用铂铑，低温时采用镍铬—锰白铜而不用金铁。

(5) 注意环境气氛或介质的影响。有些环境气氛，如氧化性、还原性、中性、真空以及腐蚀性等，会改变热电偶的热电特性而产生测量误差，严重时会使其迅速损坏。因此在这样的情况下，必须选用合适的保护套管以保护其不受环境气氛的侵蚀与机械损伤，延长热电偶的使用寿命。

(6) 热电偶可以有单支、双支或多支感温元件，选用时也应注意。

五、热双金属片

热双金属片由两层膨胀系数差异较大的金属或合金材料牢固结合而组成。其中，膨胀系数大的一层材料称为主动层；膨胀系数低的一层材料称为被动层。有些特殊性能要求的双金属片可以制成三层（如电阻系列）、四层（如某些耐腐蚀系列）或多层，对于这些双金属片，仍统称为热双金属片。

热双金属片的工作原理可以简述为：当热双金属片受热后，因两种材料膨胀系数不同，则主动层材料在长度方向的自由膨胀大于被动层；由于两层材料又牢固结合在一起，造成主动层的自由膨胀受到被动层的牵制产生向外的张力，被动层受到主动层的拉伸而产生向内的拉力，使原来直形的双金属片形成圆弧形；冷却时，又因受相反的力而使圆弧形复原成直形。根据双金属片因受热而导致形状变化产生位移，一旦受到限制时便产生推力的原理，可以使热双金属片上的热能转换成机械能。

热双金属片由于结构简单、动作可靠而被广泛应用在电器设备、冶金、化工、电讯仪表、交通运输等各种领域中。

1. 热双金属片的类型

热双金属片按其使用特点分为普通型、低温型、高温型、电阻型、高灵敏型、耐腐蚀型等。热双金属片的类型和特点，见表2-19。

表2-19 热双金属片的类型和特点

类 型	特 点
普通型	有较高的灵敏度和强度，电阻率、弹性模量、允许应力较低，热导率较高，适用于多种用途和中等使用温度范围的品种
低温型	适用于0℃以下低温工作，性能要求与普通型相近
高温型	适用于300℃以上的高温下工作，有较高的强度、良好的抗氧化性能。为了避免过高的热应力，其比弯曲一般比较低，灵敏度较低

续表

类型	特点
高灵敏型	具有高灵敏度、高电阻等特性，但其耐腐蚀性能较差，弹性模量、允许应力较低
电阻型	其他性能基本不变的情况下，有高低不同的电阻率可供选用，适用于各种小型化、标准化的电器保护装置
耐腐蚀型	有良好的耐腐蚀性，适合于在腐蚀性介质中使用。性能要求与通用型相近
特殊型	具有各种特殊性能，热敏性和电阻率较低，在300℃以下停止弯曲，可避免在高温下产生过大的应变，适用于特殊环境下的电器和仪表

2. 热双金属片的选用

对于热双金属片的选用应从以下几个方面考虑，并可利用《电工材料手册》进行对照。

(1) 热双金属元件必须在双金属材料的线性温度范围内工作。当元件温度需要超出线性范围时，则应控制在允许使用的范围以内。

(2) 选择热双金属片时，对元件的加热方式应当注意：

1) 元件直接加热时，除了考虑温度因素外，对于双金属片的电阻率和电阻温度系数的变化，必须予以关注。

2) 对传导间接加热，应选用导热性好的材料。

3) 对辐射加热，应选用表面暗黑、深色的材料。

(3) 对快速或跳跃式动作的蝶形元件，应选择弹性较好的材料。

(4) 对较大弯曲应力、承受重负荷的元件，应选用强度较高的材料。

(5) 对弯曲成形的元件，不应选用过硬的材料。

(6) 一般热双金属片的被动层均打印有识别标记。对不带标记的材料，在制作元件时应加适当标记；对表面镀覆的材料更应注意。

六、超导材料简介

超导是超导电性能的简称，是指金属、合金或其他材料电阻变为零的性质。首先发现超导现象的是荷兰物理学家卡·翁纳斯（H. K. Onnes）。

1911年，卡·翁纳斯在测量固体汞样品的电阻和温度之间的关系时发现，当温度降至4.2K附近（约为−269℃），电阻突然消失。他认为这是由于物质从一种状态转变到另一种新的状态时所致，并把这种电阻为零的现象命名为超导现象；将能使物体电阻为零时的温度叫做临界温度，记为T_C；把具有超导现象的材料称为超导材料。

1. 超导材料的特性

为了进一步证明超导材料的电阻能趋于零，卡·翁纳斯和其他科学家一起把超导材料做成环放在直流磁场中，并将环的温度冷却到T_C以下突然撤掉磁场，由于电磁感应作用，在超导环中产生了感应电流。如果此环的电阻确实为零，那么这个电流应无损耗地长期流动。实际经过八年的观察，没有发现电流有任何衰减，这就证明了超导材料的电阻为零，亦说明超导材料具有完全导电性。但这种完全导电性只能存在于直流中，在交流中则会出现损耗，并且损耗会随频率的增高而增加。

在磁场中的超导材料，如其温度 $T>T_C$，则超导材料与普通材料一样，磁力线能穿过内部，处于正常态；但当温度下降到 $T<T_C$ 时，超导材料就会将磁力线从内部全部排除，使自身的磁感应强度不为零，这一现象说明超导材料具有完全抗磁性。另外，超导材料还具有隧道效应。

2. 常用超导材料

常用的超导材料有元素超导体、合金超导体、化合物超导体、实用超导体等。

目前已发现的元素超导体有将近 30 种，但在实际中很少应用，仅有铌（Nb）、铅（Pb）元素用于制造超导电缆、超导电子器件以及通信电缆。

合金超导体一般具有塑性好、加工成形方便、成本较低的优点，适用于绕制 8T（特斯拉）以下的大型磁体。合金超导体有很多，应用比较广泛的合金超导体是 NbTi 系列合金和 NbZr 系列合金。

化合物超导体是性能良好的强磁场超导材料。但它的弯曲性差，材料硬而脆，无法直接绕制磁体，必须采用一些特殊方法。应用较多的化合物超导体有 Nb_3Sn 化合物和 V_3Ga 化合物。

实用的强磁体超导体是将许多超导线或良导体复合成复合超导体。它具有机械强度高，稳定性好，退化效应小，可通大电流的优点。

3. 超导体的应用

对于超导体材料所具有的特殊性能，现已被日益广泛地应用于许多领域。譬如，超导电缆可无损耗地远距离输电；超导开关可使控制简便，通断过程中不产生电弧，接通状态无电阻损耗，长期稳定运行；超导变压器可使其体积重量比普通变压器小很多；直流超导电机比常规电机重量轻、效率高、价格低；超导磁悬浮列车既高速（400km/h）又舒服；超导推进器可使舰、船不用螺旋桨，实现高速而无噪声的航行等。

不久的将来，随着新型超导材料的不断发现和更新，超导技术的应用会给人类带来更多的福音。

习 题

一、填空题

（1）低熔点合金熔体材料的熔点温度为_________℃，而高熔点合金熔体材料的熔点温度为_______℃。

（2）反映熔断器主要特性的指标有______、______、______、______和______。

（3）选用熔体材料时，主要考虑______、______、______及______等参数。

（4）常用电刷可分为______、______和______等三大类。

（5）影响电刷接触特性的主要因素有______、______、______、______等。

（6）电刷的接触特性主要包括______和______两个参数。

(7) 决定电刷机械磨损的主要参数是________与________或________之间的________系数。

(8) 施于同一台电机各个电刷的单位压力应________，以免通过各个电刷的________不均，导致个别电刷产生________或________。

(9) 电化石墨电刷具有________小，________好，有________作用，________等特点。

(10) 常用熔体材料可分为________和________两种。银属于________熔体材料。

(11) 开闭触头用于负载的________、________及分断。

(12) 额定电流＞600A，分断电流＜25000A 的空气开关选用________、________接触材料。

(13) 电触头主要有________、________和________三种。

(14) 对于闭触头的要求是________好、________低、________可靠、________长。

(15) 固定触头是指在________系统中将________和________之间的固定连接或________与________的连接。要求________处不易________、________。

(16) 强电触头材料主要用在电力系统的________和________器中，而弱电触头材料主要用于________、________及________的弱电线路中。

(17) 常用弱电触头材料分________、________、________和________四类。

(18) 对滑动触头的要求是________小、________长。

(19) 锰铜电阻合金具有较高的、系数小、长期性高等特点，主要用于电工中的电阻元件。

(20) 电位器用电阻合金主要用于各种________、________、________、________、________、________、________、调零及补偿器等。

(21) 电热材料在________下具有良好的性能。

(22) 热电偶测量的温度范围为________～________℃。

二、问答题

(1) 什么叫熔体系数？

(2) 安秒特性曲线反映什么关系？

(3) 试说明为什么电刷上的单位压力应适度。

(4) 电刷接触电压太低或超过其极大值时会带来什么后果？

(5) 电阻合金按主要用途分为哪几种类型？

(6) 选用和更换电刷时应注意什么？举例说明。

(7) 熔体的作用是什么？

(8) 强电用触头材料须满足哪些性能要求？

(9) 选用热电偶时应注意什么？

(10) 如何选用热双金属片？

(11) 如何选用弱触头材料？

(12) 调节元件用合金有哪些特点？

(13) 弹性合金材料有哪些特点?

(14) 反映弹性合金性能的参数有哪些?

三、简答题

(1) 简述产生电刷表面“镀铜”的原因及处理方法。

(2) 简述弱电触头材料中的金基合金的特点。

(3) 试分析电刷或刷握过热的原因，并提出处理方法。

(4) 说明自复式熔断器的工作原理。

(5) 说明如何选用熔体材料。

(6) 简述选用熔体应注意的事项。

(7) 简述弱电用触头材料的技术要求及主要用途。

(8) 简述用作调节元件的电阻合金需具有哪些特性。

(9) 简述常用弹性合金材料的特点和用途。

四、名词解释

1. 接触电阻

2. 电磨损

3. 静熔焊

4. 动熔焊

5. 超导现象

6. 超导体

第3章

绝 缘 材 料

在电工产品中，绝缘材料占有非常重要的地位并且应用广泛。绝缘材料的主要功能是用来隔离带电的或不同电的导体。同时，根据不同电工产品的具体技术要求，绝缘材料还可以完成灭弧、散热冷却、防潮、防霉以及机械支撑、固定导体、保护导体等多样性的辅助功能。

对于不同的绝缘材料，理化性能的差异在很大程度上会影响电工产品的整体性能、体积、质量、价格和使用寿命。因此，选用绝缘材料时需要将各种绝缘材料的特性、特点及理化性能等方面进行综合比较，尽量达到正确选材与合理用材的目的。

在较为复杂的绝缘环境中，由于电气设备的安全性与绝缘材料的可靠性，两者之间存在着不可分割的联系，所以对绝缘材料性能的了解与分析，更显出其实际意义的重要。

§3-1 绝缘材料的基础知识

一、绝缘材料的概念及分类

自然界的物质，若根据其不同的导电性能及特点，按其电阻率的大小来进行划分，可以分为导电物质、半导电物质、绝缘物质三大类。在工程应用中，将电阻率大于 $10^7\Omega\cdot m$ 的绝缘物质所组成的材料称为绝缘材料。

绝缘材料种类繁多，涉及面广。为了更好地掌握和使用，通常依据绝缘材料的特征、用途、来源以及化学成分来进行分类。

按材料的物理特征可分为：

(1) 气体绝缘材料。常见的有空气、六氟化硫（SF_6）、氮气、氟里昂、二氧化碳等。

(2) 液体绝缘材料。常见的有变压器油、断油器油、电容器油、电缆油等。

(3) 半固体、固体绝缘材料。常见的有绝缘漆、胶、纸板等制品以及漆布、漆管等绝缘浸渍纤维制品和云母、电工塑料、陶瓷、橡胶等。

按材料的用途可分为高压电工材料和低压电工材料。

按材料的来源又可分为天然绝缘材料和人工合成绝缘材料。

按材料的化学成分也可分为有机绝缘材料、无机绝缘材料和混合绝缘材料。

二、电工绝缘材料的型号编制方法

根据 JB 2197—1996 标准的统一命名原则，规定了电气绝缘材料产品类别及型号的编制方法。具体方法如下：

(1) 按绝缘材料的应用以及工艺特征分出大类别；

(2) 在各大类别中，按使用范围及形态分出小类别；

(3) 在各小类别中，按其主要成分和基本工艺分出品种；

（4）由品种划分其规格。

电工绝缘材料的产品类别及型号编制，见表3-1。

表3-1　　电工绝缘材料的产品类别及型号编制

项　目	说　明
型号的组成	□ □ □ □ — □ 大类别代号　小类别代号　参考工作温度代号　顺序号　专用附加号 注：必要时在第四位数字后增加一位数字或字母（即专用附加号）表示产品品种顺序号

大类别代号	1	2	3	4	5	6
	漆、树脂和胶类	浸渍纤维制品类	层压制品类	云母制品类	塑料类	薄膜、黏带、复合制品类

小类别代号		0	1	2	3	4	5	6	7	8
	漆、树脂和胶类	有溶剂浸渍漆类	无溶剂浸渍漆类	覆盖漆类	瓷漆类	胶黏漆树脂类	熔敷粉末类	硅钢片漆类	漆包线漆类	胶类
	浸渍纤维制品类	棉纤维漆布类	—	漆绸类	合成纤维漆布类	玻璃纤维漆布类	混织纤维漆布类	防电晕漆布类	漆管类	绑扎带类
	层压制品类	有机底材层压板类	—	无机底材层压板类	防电晕及导磁层压板类	覆铜箔层压板类	有机底材层压管类	无机底材层压管类	有机底材层压棒类	无机底材层压棒类

小类别代号		0	1	2	3	4	5	6	7	8	9
	云母制品类	云母带类	柔软云母板类	塑料云母板类	—	云母带类	换向器云母板类	—	衬垫云母板类	云母箔类	云母管类

小类别代号		0	1	2	3	4	5	6
	塑料类	木粉填料塑料类	其他有机物填料塑料类	石棉填料塑料类	玻璃纤维填料塑料类	云母填料塑料类	其他矿物填料塑料类	无填料塑料类

小类别代号		0	1	2	3	4	5	6	7
	薄膜、黏带、复合制品类	薄膜类	—	薄膜黏带类	橡胶及织物黏带类	—	薄膜绝缘纸及薄膜玻璃漆布复合箔类	薄膜合成纤维纸复合箔类	多种材料复合箔类

参考工作温度	1	2	3	4	5	6
	105℃	120℃	130℃	155℃	180℃	＞180℃

专用附加号	1	2	3	T
	粉云母制品	金云母制品	鳞云母制品	含杀菌剂或防霉剂产品
	注：不附加数字的云母为白云母制品			

注意：产品分类及型号的编制过程中，绝缘材料的分类号都是从0～9取10个号，其

中的空缺号是作为将来新产品的预备号。电工绝缘材料产品的型号，一般以四位数字表示，必要时可增加第五位和附加数字或附加字母。

例如，1032为三聚氰胺醇酸浸渍漆；2750为有机硅玻璃漆管；3240为环氧酚醛层压玻璃布板；3520为酚醛层压纸管；5438—1为环氧玻璃粉云母带（注：在云母制品中，无附加数字的为白云母制品；有附加数字的，1为粉云母制品，2为金云母制品，3为鳞片云母制品）。

三、绝缘材料的基本性能

绝缘材料并不是绝对不导电的材料，在一定的直流电压的作用下，仍然会出现微弱电流的流过。如果遇到较高的直流电压（或交流电压）作用，它还可能流过较强的电流，使得绝缘材料受到严重损害。

绝缘材料由于受到复杂的外界因素影响，它的电、热、机械等物理性能也会随之变化，容易造成绝缘材料的质量改变。

绝缘材料若长期使用会产生老化；在外电场的作用下，绝缘材料还会产生极化、电导、损耗和击穿等诸多物理现象。

绝缘材料所有这些基本特性的变化，对于电工产品性能的改变起着非常重要的作用。因此，有必要对绝缘材料的基本特性及相关知识进行了解。

（一）电介质极化的基本概念及介电系数

1. 电介质的极化

电介质就是绝缘体，亦称为绝缘介质，其内部的自由电子极少。绝缘介质中的正负电荷由于相互紧密吸引而不能分开，在电场力的作用下只能在原子或分子范围内做微小位移，所以称为束缚电荷。

在物理学中，根据电介质的分子结构可将其分为无极性电介质（包括弱极性电介质）和极性电介质两大类。

对于无极性电介质，当外电场不存在时，分子的正负电荷作用中心是重合的（称为无极分子），对外不显电性。

对于极性电介质，即使外电场不存在时，分子的正负电荷作用中心也不重合（称为有极分子），但因等量正负电荷形成一个电偶极矩，所以对外也不显电性。

无极性电介质在外电场的作用下，由于束缚电荷受电场力的作用会发生弹性位移（即负电荷逆电场方向位移），并且电场愈强，位移愈大。当外电场消失时，束缚电荷恢复原状。

在极性电介质中，有极分子受外电场作用而发生转向和有序排列，外电场消失时，有极分子将因热运动而呈现原来的杂乱状态。这种在外电场作用下，束缚电荷的弹性位移以及有极分子的转向和有序排列的现象，称为电介质的极化。

2. 电介质极化的基本形式

电介质极化主要有电子位移式极化、离子位移式极化、偶极式极化、夹层式极化等多种形式。在成分及组成结构比较复杂的电介质中，还可能会有几种极化同时出现的形式。

（1）电子位移式极化。电介质原子内的电子轨道，因受外电场的作用，对原子核产生位移，使得原子的正、负电荷作用中心不再重合，这种现象称为电子位移式极化。它的特点表现为：极化强度（即正、负电荷作用中心拉开的距离）随外电场的增加而增强；极化过程极短，约为 10^{-15}s；具有弹性（即当外电场去掉后，依靠正负电荷的吸引力，作用中心又会重合而呈现中性），所以这种极化没有损耗。

（2）离子位移式极化。固体无机化合物多属离子式结构（如云母、陶瓷等），无外电场时正负离子的中心是重合的，所以不呈现极性；在外电场的作用下，正负离子向相应电极偏移，使得整个分子呈现极性。这种现象称为离子位移式极化。它的特点表现为：极化过程非常短，不超过 10^{-15}s；也属于弹性极化，几乎没有损耗。

（3）偶极式极化。有些电介质（如蓖麻油、松香、橡胶、胶木、纤维素、氯化联苯、聚氯乙烯等）是由偶极子结构组成的。它的电子的作用中心和原子核不重合，因而分子形成一个永久性的偶极矩。单个偶极子虽具有极性，但因偶极子处在不停的热运动中，排列混乱，极性相互抵消，所以对外不显示极性。外加电场时，偶极子受电场力的作用发生转向，顺电场方向作有序排列，因而对外显示出极性。这种现象称为偶极式极化。它的特点表现为：偶极式极化是属于非弹性的，并且极化时所消耗的能量不能回收；偶极式极化所需的时间较长，约为 10^{-2}～10^{-10}s。

（4）夹层式极化。在高压电气设备中，常用几种不同的电介质组成的复合电介质进行绝缘，如电缆、电容器、电机和变压器绕组等。在外电场作用下，由于两种以上不同电介质组成的绝缘层间结构不均匀，因而形成联系较弱的离子沿电场方向移动积聚在层间交界面上，产生层间电荷，形成偶极矩而出现极化的现象，称为夹层式极化。它的特点表现为：夹层式极化过程特别缓慢，约为 10^{-2}～10^{4}s，并且有能量的损耗。

3. 电介质的介电系数

对于不同的电介质，因为其分子的结构不同，所以在相同的外电场作用下，其极化程度也不同。实际工作中，常用介电系数作为表征电介质极化程度的物理量，记为 ε。

以电容器为例。假设电容器极板间为真空时的电容量为 C_0，极板间填充某种电介质后的电容量为 C，则将 C 与 C_0 的比值称为相对介电系数，记为 ε_r，即

$$\varepsilon_r = \frac{C}{C_0} \tag{3-1}$$

应当指出，由于电介质的极化作用，造成 C 总是大于 C_0。因此，电介质的相对介电系数 ε_r 始终大于 1。

通过实验知道，真空介电系数为 $\varepsilon_0 = 8.85\times10^{-12}$F/m。

我们规定，介电系数是相对介电系数 ε_r 与真空介电系数 ε_0 的乘积，即

$$\varepsilon = \varepsilon_r\varepsilon_0 \tag{3-2}$$

相对介电系数又可以表示为

$$\varepsilon_r = \frac{\varepsilon}{\varepsilon_0} \tag{3-3}$$

不同的电介质，相对介电系数也不相同。譬如，空气 $\varepsilon_r = 1.00059$，称为弱极性介质；变压器油 $\varepsilon_r = 2.2$～2.5，电磁 $\varepsilon_r = 5.5$～6.5，胶木 $\varepsilon_r = 4.5$，称为极性介质；纯净水

$\varepsilon_r=81$，称为强极性介质。

4. 影响相对介电系数的因素

工程中能够影响电介质的相对介电系数变化的因素，主要有以下几种：

（1）频率。一般情况下，当外加电场频率低于电介质的极化频率时，则电介质的介电系数大；当外加电场频率高于电介质的极化频率时，则电介质的介电系数小。但如果外加电场的频率增高到某种极化来不及形成时，这种极化在此频率以上，则不可能存在。

（2）温度。温度的变化，不仅对于电介质内部的结构和分子的运动有着明显的影响，同时还会影响电介质的极化强度和极化时间。

例如，对于偶极式极化的实验证明，由于温度的升高，会使已缓慢松弛的极化过程重新建立，并增大极化强度；但是，温度上升又会使偶极子的热运动增强，阻碍偶极子沿电场方向的转向，从而减小极化强度，其结果是造成电介质的相对介电系数 ε_r 在某一温度会出现峰值。

（3）水分。因为水是属于强极性介质，所以相对介电系数比较大。当电介质吸水受潮后，自然会引起相对介电系数增大。如果电介质中含有气泡，就会形成复合电介质而增加电介质夹层式极化的作用，使极化加强，并且增大电介质的相对介电系数。

5. 介电系数在工程应用中的意义

介电系数作为绝缘材料特性的物理参数，在绝缘材料的选择和使用上均具有特殊的意义。例如在实际应用中，可通过测量 ε_r 值随着所含水分多少而变化的规律，判断电介质受潮的程度以及所含气体的多少，并确定电介质的绝缘性能，同时决定是否可以运行。

电容器为了减小其体积、增加容量，总是希望电容器极板间所采用的介质材料是相对介电系数 ε_r 较大的介质。

为了防止电缆在工作时产生过大的充电电流和介质损耗，应尽量选择相对介电系数 ε_r 值小的介质材料用作电缆的绝缘。

在电机、电器、电缆等电气产品的设计和制作中，根据其形状、结构上的特殊要求，往往混合采用相对介电系数 ε_r 值不同的介质作为绝缘材料。为了不影响整个绝缘系统电压分布的均匀性，混合采用的各介质材料应尽可能采用 ε_r 值接近的合理选配，主要是防止或避免相对介电系数 ε_r 值小的材料承受较大电压、相对介电系数 ε_r 值大的材料承受较小电压的现象出现，造成电气产品整体绝缘能力的降低。

（二）电介质的电导

电介质处于正常条件下，与导体和半导体原则上的区别在于，不可以有电子特性的电流。但在电介质中，确实存在着一些联系较弱的带电质点。它们在外电场的作用下，出现有规律的移动，这种物理现象称为电介质的电导。

电导是衡量材料导电能力的物理参数，用来表征电导大小的物理量是电导率 γ，其倒数为电阻率 ρ。因为绝缘材料的电阻率一般为 $10^9\sim10^{22}\Omega\cdot m$，所以认为绝缘材料不导电。

1. 电介质电导的特点及等值电路

在对绝缘材料结构和成分的分析中发现，电介质的电导与金属导体的电导有着本质上的区别。金属材料的电导完全由自由电子运动而形成，因此反映在其导电能力上，电导极大而电阻极小。电介质的电导主要由本身的离子或外来杂质（水分、酸等其他杂质）的离子移动而形成，故反映在其导电能力上，电导极小而电阻极大。

电介质在稳定时的绝缘电阻值，作为判断绝缘优劣的决定因素之一。在绝缘试验中，表面电阻是用来反映电介质表面导电能力的物理量，其值一般较小，而且容易受到环境影响。用来反映电介质内部导电能力的物理量称为体积电阻，其值较大。工程上所指的绝缘电阻，可直接用电介质的体积电阻表示。

另外，当电介质受到直流电压的作用时，开始瞬间由于各种极化过程的影响，电介质电导反映出流过介质的电流会随时间变化而衰减，但随着电介质的极化过程结束，电流则会趋于一个稳定的值。分析认为，电介质的电流由下面三种电流组成：

（1）瞬时充电电流 i_0。瞬时充电电流的产生是因为有电介质几何电容的存在。当外加电压的瞬间，电容相当于短路，瞬时充电电流 i_0 较大，并随时间的增加而迅速衰减为零。

（2）吸收电流 i_1。由于电介质极化（即夹层极化和偶极子极化）而产生吸收电流 i_1。吸收电流 i_1 也是随时间增加而衰减为零。

（3）泄漏电流 i_2。泄漏电流是一个稳定不变的电流。这个电流是因电介质中自由的带电粒子（正、负离子或电子，空穴）在电场作用下做定向迁移而形成，也称为传导电流。这个电流又由两部分组成，一部分沿电介质表面流过，称为表面电流；另一部分从电介质的内部流过，称为体积电流。

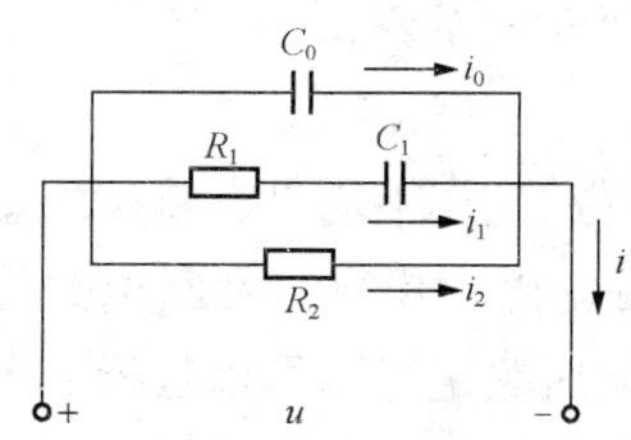

图 3-1 电介质的等值电路

综上所述，通过电介质的总电流应为

$$i = i_0 + i_1 + i_2 \tag{3-4}$$

据此，画出电介质的等值电路，如图 3-1 所示。

2. 复合绝缘材料的电压分配

在电气工程的应用中，常选取电阻率不同的绝缘材料进行复合使用，其效果相当于电阻串联。因此复合绝缘材料在使用中，所反映的电压分配规律也应充分考虑。譬如：

在直流电压作用下，绝缘材料承受电压的大小与其电阻率成正比。绝缘电阻越大，承受的电压就越高。若将两种电阻率相差较大的绝缘材料进行复合使用，会导致不同绝缘材料上的电压不均匀分配而影响绝缘材料的整体绝缘性能。

在交流电压作用下，复合绝缘材料的电压分布取决于绝缘材料中的电阻率和介电系数的大小。实验证明，如果材料的电阻率很大，介电系数也较大，其电压分配主要取决于介电系数；如果电阻率小，介电系数也较小，那么电压分配则应取决于电阻率。

（三）绝缘材料的介质损耗

1. 介质损耗

在外加电场作用下，介质中一般会有发热的现象产生，也就是说有部分电能因转化为热能而损耗掉。把电介质内部能量的这种损耗，称为介质损耗。

一般来说，电介质在直流电压的作用下只有泄漏电流引起的损耗，其介质损耗一般很小。但在交流电压作用下，介质损耗却比较大，甚至比直流电压作用下的介质损耗要大千百倍。

介质损耗的产生除了上述原因外，还应注意，由于强电场的作用使电介质产生的气体游离而引起的损耗，以及工程上使用的绝缘材料因含有各种杂质（水、氧化碳等）而引起的附加损耗。

2. 介质损耗因数（$\tan\delta$）

如何表示介质损耗的大小，并且又能方便地测试呢？还应从介质损耗的组成入手。

由于在交流电压作用下，介质损耗主要由两部分组成：一部分是由于泄漏电流引起的损耗；另一部分是由于在交变电场作用下，电介质在极化过程中因克服分子间的摩擦与引力，由吸收电流而引起的极化损耗。因此为了分析的简便，需要引入一个新的物理量 $\tan\delta$。

如果对于图 3-1 所示的电介质等值电路，利用电工理论的知识进行化简，可等效为一个理想电容器 C 与一个电阻 R 的并联，而得到有损电介质的计算等效电路，如图 3-2（a）所示。

在等效电路中，显然电流 $\dot{I}$ 包含有功分量 $\dot{I}_R$ 和无功分量 $\dot{I}_C$。在交流电压下，其电压、电流的相量图，如图 3-2（b）所示。

对于一个理想电容器，在交流电压的作用下，通过电容器的电流应超前电压 90°。但由图 3-2（b）可见，对于有损电介质则通过电容器的电流超前于电压（90°−δ）。

如果将介质损耗用有功功率 P 表示，则由图 3-2 可知介质损耗为

$$P = UI\cos\Phi = UI_R = UI_C\tan\delta = U^2\omega C\tan\delta \tag{3-5}$$

式中　U——表示加在有损电介质两端的电压；

I——表示通过有损电介质的电流；

I_R——表示通过电阻 R 的电流；

I_C——表示通过电容器的电流；

ω——表示交流电源的角频率。

由式（3-5）可知，P 不仅与外加电压 U、角频率 ω 有关，而且与电介质的尺寸等因素有关。因此对于不同的电介质，若用介质损耗 P 表示其好坏，可比性并不明确也不是很方便。但由于 P 与 $\tan\delta$ 值成正比，并且对于不同的电介质，$\tan\delta$ 都有相应的确定值。

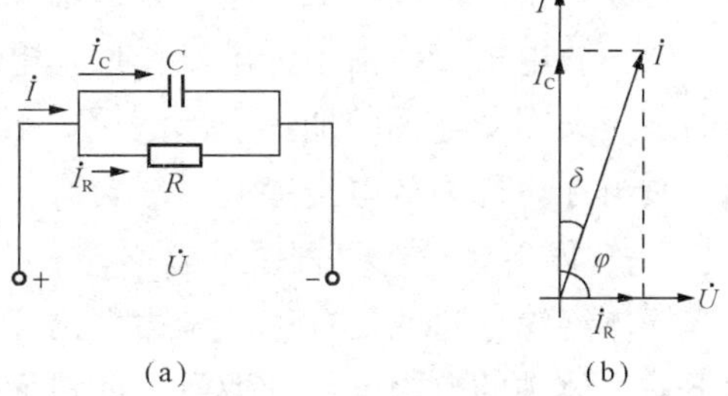

图 3-2　有损电介质的计算等效电路和相量图
(a) 计算等效电路；(b) 相量图

因此，在电工材料中，常用 $\tan\delta$ 表示介质损耗的大小，判断电介质的品质。其中 δ 角是功率因数角 φ 的余角，也称为介质损耗角，同时称 $\tan\delta$ 为介质损耗因数。

在电气设备的绝缘预防性试验中，经常通过测试电介质的 $\tan\delta$ 来确定介质损耗的大小。电介质的 $\tan\delta$ 越小，介质损耗就越小，质量就越好。介质损耗过大，则易使绝缘材料发生热老化甚至引起击穿。介质损耗因数 $\tan\delta$ 是评定绝缘材料质量或绝缘结构好坏的一个主要指标。

(四) 绝缘材料的击穿

1. 电介质的击穿与击穿强度

任何一种电介质，当外加电压超过某一临界值时，如果造成通过电介质的电流剧增，而使其完全失去绝缘能力的现象，称为电介质的击穿。

电介质发生击穿时的电压，称为击穿电压，记为 U_b。此时的电场强度则为电介质的击穿强度（亦称为绝缘强度）。击穿强度是表示电介质抗击穿能力的物理量，记为 E_b。在均匀电场中

$$E_b = U_b/h \quad (\text{kV/cm 或 kV/mm}) \tag{3-6}$$

式中 h——击穿处电介质的厚度。

电介质击穿的形式大致可分为电击穿、热击穿和放电击穿三种。

(1) 电击穿。在强电场作用下，由于电介质内部带电质点剧烈运动，而发生碰撞电离，造成其分子结构的破坏，使电导增加，所导致的击穿，称为电击穿。

实际应用中，电击穿是一种比较常见的现象。只要当电场强度达到能使电介质内部产生碰撞电离时，就会出现电击穿。另外，除了电介质受冲击电压作用的时间极短（时间小于 10^{-6}s）的情况外，一般电击穿强度与电压作用的时间无关。同时电击穿发生时，由于介质发热并不显著，所以电击穿与周围散热条件无关，并且几乎不受环境温度的影响。由此可以认为，电击穿现象的产生，主要是受介质本身的结构、电压形式以及电场的均匀性等因素的影响。实验证明，介质中质点的结合能愈大，击穿强度愈高；介质的结构愈均匀，其抗击穿能力也愈高。

(2) 热击穿。电介质在强电场作用下，其内部由于介质损耗而发热，但得不到及时的散热，使得介质因温度的不断升高而过热，致使其结构的破坏所导致的介质击穿，称为热击穿。显然，介质损耗大、结构不均匀的介质容易发生热击穿。

热击穿的特点表现为：击穿电压随周围媒质温度的增高而降低；材料厚度增加，散热条件变坏，击穿强度降低；电压频率增加时，由于介质损耗增大，击穿强度降低。

(3) 放电击穿。由于强电场作用，电介质内部所含有的气泡发生碰撞电离而放电，含有的杂质又因受电场的加热引起汽化，不断地产生气泡，使得放电过程进一步发展而导致的介质击穿，称为放电击穿。一般含有气体的介质，尤其是有机介质容易发生这类击穿。

2. 气体绝缘材料的击穿及影响因素

气体绝缘材料的击穿一般是由电击穿引起。其物理过程表现在高电压（或强电场）作用下，气体中的自由电子获取巨大能量而运动，不断撞击气体中的中性分子，使其激励或游离产生正离子和电子。由于新产生的正离子和电子的急剧增多，引起雪崩式连锁反应，形成具有高电导的通道，使气体由绝缘状态变为导电状态。

因此，影响气体绝缘材料击穿的主要因素有极间距离、气压和频率。

3. 液体绝缘材料的击穿及影响因素

液体绝缘材料一般都会含有水分、气体以及微小的机械杂质，不可能是高度纯净的，因此击穿现象更为复杂。往往将液体绝缘材料的击穿现象分为电击穿和热击穿。

纯净液体的电击穿与气体绝缘材料的击穿一样，可用碰撞游离而导致击穿的现象来进

行解释，并且纯净液体的击穿强度大大超过了气体。

工业液体绝缘材料，由于液体中杂质最多处易发生局部过热和沸腾现象，造成电极间构成气桥而引起绝缘材料的热击穿。

因此，影响液体绝缘材料击穿的杂质主要有气泡、水及纤维等。

4. 固体绝缘材料的击穿及影响因素

固体绝缘材料的击穿一般有电击穿、热击穿和放电击穿三种形式。

凡是损耗小、结构均匀的固体介质低温时的击穿，往往属于电击穿。实验证明，介质中质点结合能愈大，击穿强度愈高。结构均匀的介质，它的击穿电压强度亦较高。因此，介质本身结构、电压的形式以及电场的均匀性等多种因素的影响，都有可能产生电击穿。

对于介质损耗大、结构又不均匀的固体介质容易产生热击穿。

对于含有气体的固体介质，尤其是有机介质易发生放电击穿。

四、绝缘材料的耐热等级

绝缘材料的耐热性是指绝缘材料及其制品承受高温而不致于损坏的能力。它是绝缘材料中的一个重要参数。该性能对电气设备及产品的正常运行影响很大。譬如发电机、电动机的出力大小主要是受绝缘材料的耐热性能的限制。

绝缘材料按其在正常运行条件下，长期工作所允许的最高温度分级，称为耐热等级。国内通行的标准一般可分为Y、A、E、B、F、H、C等七个级别，见表3-2。

表3-2　**绝缘材料的耐热等级**

级　别	极限工作温度（℃）	绝　缘　材　料
Y	90	木材、棉花、纸、纤维等天然的纺织品；以醋酸纤维和聚酰胺为基础的纺织品；易于热分解和熔化点较低的塑料（包括脲醛树脂）
A	105	工作于矿物油中或用油、油树脂复合胶浸过的Y级材料、漆包线、漆布、漆丝及油性漆、沥青漆等
E	120	聚酯薄膜和A级材料复合、玻璃布、油性树脂漆、聚乙烯醇缩醛高强度漆包线、乙酸乙烯耐热漆包线
B	130	聚酯薄膜，经合适树脂浸渍涂覆的云母、玻璃纤维、石棉等制品，聚酯漆、聚酯漆包线
F	155	以有机纤维材料补强和石棉带补强的云母片制品、玻璃丝和石棉、玻璃漆布、以玻璃丝布和石棉纤维为基础的层压制品，以无机材料作补强和石棉带补强的云母粉制品、化学热稳定性较好的聚酯
H	180	
C	180以上	耐高温有机黏合剂和浸渍剂及无机物（如石英、石棉、云母、玻璃和电磁材料等）

绝缘材料若长期超过允许温度工作，其使用寿命会大大降低。有资料表明，对于A级绝缘材料，每超过最高允许工作温度8℃，其使用寿命会降低一半；B级绝缘材料，每超过最高允许工作温度12℃，其使用寿命也会降低一半。

另外，耐热等级低的绝缘材料，价格便宜，但使用寿命短；耐热等级高的绝缘材料，虽然使用寿命长，但价格高。因此取用时，还应注意对材料进行经济效益与技术性能的综合比较。

五、绝缘材料的老化

绝缘材料在运行中，由于各种因素的长期作用，所发生的一系列不可逆的物理、化学变化，导致其材料的电气性能与机械性能劣质化，这种变化称为绝缘材料老化。这种变化过程称为老化过程，主要的老化形式有环境老化、热老化和电老化三种。

环境老化又称为大气老化。环境老化主要是由于紫外线、臭氧、盐雾、酸碱等因素所引起的化学污染性老化。其中，臭氧是由电气设备的电晕或局部放电而产生，紫外线则为环境老化的主要因素。

热老化常见于低压电器。电器设备当长期工作于较高温度时，由于绝缘材料中某些成分逸出，出现内部成分氧化、裂解、变质，与水发生水解反应等现象，造成绝缘材料逐渐失去绝缘性能而形成热老化。

电老化多见于高压电器。其主要原因是绝缘材料在高压作用下发生局部放电，产生强氧化性的臭氧，使材料发生臭氧裂解而产生氮的氧化物，并与潮气结合生成硝酸，腐蚀绝缘材料形成电老化。同时，由于局部长期放电还会产生高速带电粒子轰击绝缘材料分子，使其电离、裂变而引起介质损耗增大，造成绝缘材料的局部发热而伴随出现热老化。

工程上，常采用下列四种方法防止绝缘材料的老化：

（1）制作绝缘材料过程中加入防老剂，常用酚类防老剂；

（2）户外用绝缘材料，可添加紫外光吸收剂，或用隔层隔离；

（3）湿热环境使用的绝缘材料，可加入防霉剂；

（4）加强高电压电气设备的防电晕、防局部放电措施。

§3-2 气体电介质

在电气绝缘技术的应用中，如果电场强度的要求较低，没有外部电离等因素的影响，可以认为常温、常压下的干燥气体一般都是比较好的绝缘介质。

气体电介质作为绝缘材料，常用于架空线、空气电容器、充气电缆以及通信等电力设备。在有些场合，它还具有灭弧、冷却和保护等作用。

气体电介质主要是以空气为主，另外，还有氮气、二氧化碳等天然气体和六氟化硫、氟里昂等人工方法合成的气体。由于气体密度低、流动性好，因而具有了不同于液体、固体等绝缘材料的一些优良特性。

常用的气体电介质中，由于夹有气隙和气泡而影响到它的绝缘性能。因此，通过对气体电介质的分析来维护电气设备的安全运行，显得非常重要。

在电气设备中，用于绝缘的气体电介质，特别是在高压运行情况下工作的绝缘气体电介质，由于兼有散热的作用，所以应满足如下要求：

（1）具有较高的击穿强度，并且击穿后能够恢复绝缘性能；

（2）化学稳定性好、不与共存材料发生反应，无毒、惰性大；

（3）不燃不爆，不易老化，不易因放电而分解；

（4）具有良好的热稳定性和导热性；

（5）沸点低、流动性好，能在较低的环境温度下正常工作；

（6）易于制取，来源广、价格便宜、成本低。

气体电介质作为绝缘材料，不可能百分之百地满足以上的全部要求。例如：氟里昂－11的耐压强度是空气的四倍左右，应属于电性能比较高的绝缘材料。但它在常温下表现为液态，即使电性能再高，一般场合也不会采用。所以，在实际应用中作为绝缘材料用的气体电介质，一般应结合气体的具体性能、使用要求进行综合考虑，合理有效地选用。

常用气体电介质的性能，见表3-3。

表3-3 常用气体电介质的性能

名 称	分子式	与空气击穿电压之比①	相对介电系数	沸点（℃）
空气	混合物	1.0	1.00059②	－192
氮	N_2	1.0	1.00058②	－195.8
氢气	H_2	0.6	1.00026②	－252.8
二氧化碳	CO_2	0.9	1.00098	－78.5
六氟化硫	SF_6	2.2～2.5	1.002	－63.8
二氯二氟甲烷（氟里昂）	CCl_2F_2	2.4～2.6	1.0016③	29.8

注 ① 在40kPa时，接近均匀电场中的击穿电压的比值。

② 在0℃，1MHz下测得。

③ 在29℃下测得。

一、空气

空气存在于自然界中，是一种取之不尽的气体电介质。空气具有良好的绝缘性能，击穿后其绝缘性能可以瞬间自动恢复。空气的电气、物理性能稳定，所以应用极为广泛。

空气是由氮气、氧气、氢气、二氧化碳等气体与少量其他惰性气体、尘埃及水蒸气所组成的混合物。若按体积计算，其主要成分的含量分别是氮78.09%，氧20.95%，氩0.93%，二氧化碳0.03%。显然，空气的性能主要取决于氮、氧成分。

空气的电气性能指标主要有：电阻率为$10^{18}\Omega\cdot cm$；介质损耗角正切值是10^{-4}～10^{-5}；直流击穿强度为3.3kV/mm；常态下空气的击穿电压为30kV/cm；在不均匀电场下，其击穿强度下降，起始电晕场强大致为4kV/cm。另外，温度升高、湿度增大等都会影响到空气的击穿电压值。

真空是一种理想的绝缘体。当气体的压力降至10^{-3}～10^{-5}Pa的高真空状态时，即可形成真空间隙绝缘。但它在一定条件下也同样会发生击穿。

在均匀电场中，真空间隙的击穿电压值是：当间隙长度为1mm时，约为30～50kV；间隙长度为10mm时，约为200～400kV。一旦气体的压力改变，击穿电压也会随之改变。

在电气设备中，空气常用于输、配电线路及变压器的绝缘或辅助绝缘；压缩空气常用于断路器的绝缘和灭弧介质；真空常用于高压真空开关（如真空断路器等）和各种电子管等。

二、六氟化硫绝缘气体

六氟化硫绝缘气体是由卤族元素中最活泼的氟原子与硫原子结合而成。它的分子结构是一个完全对称的正八面体，硫原子居于正八面体的中心，六个角上是氟原子。六氟化硫绝缘气体的分子式为 SF_6，分子量为 146.06，是一种电负性很强的合成气体。

SF_6 绝缘气体的密度为 6.139g/L（20℃），约是空气的 5 倍。它的化学结构比较稳定，具有极好的热稳定性和化学稳定性能。纯态下的 SF_6 绝缘气体，即使在温度 500～600℃的情况下也不会分解，是化学安定性能最好的物质之一。

通常状态下，SF_6 绝缘气体是一种无色、无嗅、无味、无毒、非燃性、无腐蚀性的隋性气体。它具有良好的绝缘性能，击穿电压是空气的 2～3 倍；具有良好的灭弧性能，特别是在高压断路器的单断口灭弧室中，灭弧能力为空气的 100 倍，并且对电弧的冷却作用非常强。

由于 SF_6 绝缘气体具有以上的优良特性，并且设备的体积小、造价低、需要检修的周期长，因此被广泛应用于全封闭组合电器、气体绝缘变压器、避雷器、大容量断路器、X 射线装置电源以及高压套管等。国外的充气电缆中，也常用 SF_6 绝缘气体作为电介质。

值得注意的是，SF_6 绝缘气体的沸点较高，击穿电压对导电杂质、电极表面状态比较敏感。另外，当温度超过 600℃时，SF_6 绝缘气体将会因高温而分解，从而产生低氟化物。这些低氟化物容易受潮而水解，生成具有强烈腐蚀性的有毒物质，对金属材料、设备的绝缘性能以及环境状况等都会产生巨大影响。

SF_6 绝缘气体原本是一种窒息性物质，密度比空气大，易聚积在地面附近。所以，工作人员在检修充有 SF_6 绝缘气体的电气设备时，一定要采取劳动保护措施，现场要采取强力通风，防止作业人员因缺氧而窒息。同时，在工程技术中，对于 SF_6 绝缘气体有着严格的技术要求，见表 3-4。

表 3-4　对 SF_6 绝缘气体的技术要求

序　号	限定物名称	技术要求	序　号	限定物名称	技术要求
1	空气含量	<0.05%	4	游离酸（以 HF 计）含量	$<3\times10^{-7}$
2	四氟化碳含量	<0.05%	5	水解后氟化物含量	$<10^{-6}$
3	水分含量	$<1.5\times10^{-5}$	6	矿物油含量	$<10^{-5}$

在应用 SF_6 绝缘气体时，除了对其含水量要严格控制外，还必须不断对接触 SF_6 绝缘气体的各个部件、容器采取必要的防潮、除潮措施，以保证 SF_6 绝缘气体在运行中的含水量不超过 1.5×10^{-4}。并且可以适当加入吸附剂，以清除 SF_6 绝缘气体在使用过程中产生的低氟化合物及水分。

常用的吸附剂及其作用，见表 3-5。

表 3-5　常用的吸附剂及其作用

名　　称	用　量	主　要　作　用
活性炭	—	吸附 SO_2，促使 S_2F_{10}分解
活性氧化铝	10%	吸附低氟化合物及水分，在全封闭电器中使用较多。孔径<0.4nm，可在 50℃以下使用
合成氟石（分子筛）	20%	吸附 H_2O、HF 和 F_2，孔径<0.4nm，可在 200℃以下使用

三、使用气体绝缘材料应当注意的问题

1. 气体的纯度与杂质

纯度对于气体的电气性能和化学性能有着很大的影响，必须严格控制。为保证充入电气设备中气体的纯度，在充气前要对气体和待充气设备进行干燥净化处理；充气后必须对绝缘气体中含有的水分和杂质进行严格控制和定期检测。

例如，在真空断路器中普遍采用降压干燥法控制空气中的含水量；但在 SF_6 断路器中，必须采用干燥剂（如分子筛和氧化铝等吸附剂）吸收气体中的水分和分解物，使 SF_6 断路器中的水分得到控制。吸附剂要定期更换和做再生处理，一般每 5 年应更换一次。

2. 气体的可燃和可爆性

绝缘气体中，氧具有助燃作用，氢是易燃、易爆的气体。在空气中，它们的爆炸极限按体积计，为 4%～74%。因此，使用时要采取相应的安全措施。

虽然绝缘气体大多数是不燃不爆的，但其通常是以高压气体的形式、液化状态装在钢瓶中或在高压下使用，如果储运或使用不当，则会发生爆炸事故。所以，在储运和使用时必须严格按照有关规定进行操作。

3. 气体的液化问题

在设备运行过程中，如果绝缘气体发生液化或凝露，将会使气体的密度下降而达不到应有的耐电强度，并且在电极表面凝结时，还会改变间隙的电场分布。一般在电气工程中防止液化的问题，可以通过加热器加热的方法解决。

§3-3　绝缘油及绝缘漆

一、绝缘油

电气设备中的绝缘油主要有天然矿物油、人工合成油和植物油三大类。工程上对绝缘油的共同要求是：具有良好的抗氧化性能，良好的电气性能，良好的润滑性能；同时，高温安全性要好，有良好的低温流动性和较低的凝固点以及良好的抗乳化性能、防锈性能和抗泡沫性能；并且无毒、无腐蚀性、黏度小、化学稳定性及物理稳定性好。

绝缘油的主要用途是：在电气设备中可用它填充间隙、排除气体，增强设备的绝缘能力，如高压充油电缆；依靠绝缘油的流动性，通过对流作用来改善设备的冷却散热条件，并可作为冷却剂，如油浸变压器；用作绝缘漆的稀释剂或成膜物，可作为防护涂层用于浸

渍纸介电容器，以提高它的容量和击穿强度。

1. 矿物油

矿物油是从石油提炼精制而得，为一种中性液体，呈金黄色。矿物油具有很好的化学稳定性和电气稳定性，使用范围广泛，主要用于电力变压器、少油断路器、高压电缆、油浸纸电容器等电气设备。

矿物油用于电力变压器，主要起绝缘和冷却的作用；用于断路器，可同时起到灭弧和冷却触头的双重作用；用于高压电缆，则能起填充、浸渍的作用，清除电缆内部的气体，提高绝缘能力；用于油浸纸电容器，可以浸润电容纸、填充绝缘间隙，提高绝缘强度和电容量。

部分矿物油的主要性能，见表 3-6。

表 3-6　部分矿物油的主要性能

序号	性能名称	变压器油	开关油（DV）（45号变压器油）	电容器油（DD）	电缆油		
		DB—10号	DB—25号	—	—	低压电缆油①（DL—1）（DL—1H）	高压电缆油（DL—Z）
1	运动黏度（m^2/s）						
	0℃	—	—	—	—	—	20～50
	20℃	＜30	20～30	＜30	37～45	—	8～18
	50℃	7.5～9.6	8.5～9.6	6～9.6	9～12	25～27（100℃）	35～6
2	闪点（闭口）（℃）	135～160	135～155	135～145	135～175	250～265②	＞125
3	凝固点（℃）	−12～−10	−28～−25	−47～−45	−48～−45	−13～−12	＜−45
4	酸值（mg）（KOH/g）	0.006～0.05	0.004～0.05	0.003～0.05	0.00～0.02	0.003～0.1	＜0.008～0.01（115℃，96h）
5	灰分（%）	0.001～0.005	0.002～0.005	0.003～0.005	0.0015	—	—
6	透明度（5℃时）	透明	透明	透明	透明	—	—
7	抗氧化安定性，氧化后沉淀物（%）	0.01～0.1	0.06～0.1	0.02～0.10	—	—	—
	氧化后酸值（mgKOH/g）	0.02～0.35	0.04～0.35	0.048～0.35	—	—	—
8	电阻率（Ω·cm）						
	20℃	—	—	—	10^{14}～10^{16}	—	—
	100℃	—	—	—	＞10^{12}	—	—

续表

序号	性能名称	变压器油	开关油（DV）（45号变压器油）	电容器油（DD）	电缆油		
		DB－10号	DB－25号	—	—	低压电缆油①（DL－1）（DL－1H）	高压电缆油（DL－Z）
9	介质损耗因数						
	20℃	<0.005	0.0005～0.005	—	—	—	—
	70℃	0.0025～0.025	0.001～0.025	—	—	0.001～0.03③	<0.0015④
	100℃，50Hz	—	—	—	<0.005	—	—
	100℃，10^3Hz	—	—	—	<0.002	0.03～0.12③	<0.004④
	老化后	—	—	—	—	（150℃，48h）	（115℃，96h）
10	相对介电系数						
	20℃，50Hz	—	—	—	2.1～2.3	—	—
	20℃，10^3Hz	—	—	—	2.1～2.3	—	—
11	击穿强度（kV/cm）	160～180	180～210	—	200～230	140～160③	<200

注 ① DL－1为自石油分馏精制而得的油，DL－1H为重合油，重合油残碳允许不大于0.8%；

② 开口法闪点；

③ 测试前油样允许在100℃真空干燥2小时；

④ 测试前油样允许用真空干燥或过滤法处理。

2. 合成油

合成油是采用化学方法，通过人工合成生产的一类液体绝缘材料。其成分组成比较单一，芳烃含量高，但性能稳定、电场稳定性好，常用的有十二烷基苯、硅油、聚丁烯、异苯基联苯和三氯联苯等。现只简单介绍十二烷基苯和硅油两种。

（1）十二烷基苯。十二烷基苯从结构上可分为软质烷基苯和硬质烷基苯两种，工程上常用软质烷基苯。由于它的分子结构中碳数为12左右，所以称其为十二烷基苯。

十二烷基苯分子中因含有苯环，所以原始和老化后的介质损耗因数都很小，具有凝点低、浸渍性好的特点。十二烷基苯在常态下黏度低，有利于浸渍和提高导热性，并且热稳定性好；击穿强度高；在强电场作用下，不但不放出气体，反而能吸气。

十二烷基苯的来源广、价格低、毒性小、不易被污染，使用过的油经过处理仍可使用。它适宜于用来浸渍纸介电容器、复合介质电容器或交、直流脉冲电容器，特别适用于自容式充油电缆。

（2）硅油。硅油是无色或淡色的黏稠液体，按其分子结构可分为甲基硅油、乙基硅油和苯甲基硅油等。硅油的耐热性能、导热性能优异，具有凝固点低、闪点高、能耐电晕和电弧、不易燃烧、化学性能稳定、不腐蚀金属、黏度受温度影响变化小、无毒、疏水等优良特点。硅油在较宽的频率范围和温度范围内，其相对介电常数和介质损耗因数变化微乎其微，适用于移相电容器，串联电容器和高温工作的无线电电容器、电子设备等。

3. 植物油

植物油是由植物种子经压榨而成的一种液体绝缘材料。目前，工程中使用的主要是蓖麻油和菜籽油。由于受到产量的限制，加上合成油的大量使用，它的实用性已大为减弱。

蓖麻油主要用于制造脉冲电容器。菜籽油则必须经过精制处理，与六氟化硫气体混合用于浸渍电容器。

4. 绝缘油的老化

绝缘油在运行中受到电场、温度、光线、氧及杂物的作用，产生的一系列氧化产物（酸、油泥等）使其物理、化学性能逐渐变劣，这种现象称为油的老化（或氧化）。

绝缘油的老化机理，即为烃类液相自动氧化反应，可用化学中的自由基链式反应来解释。

影响油品老化的主要因素有温度、氧、电场、光线以及部分金属和盐类等物质。

温度是影响油品氧化的重要因素之一。因为温度对油品的氧化速度、氧化方向和氧化产物都有不同程度的影响。油品的氧化速度随温度的升高而加快。实践说明，油品在室温下氧化极为缓慢；如温度继续升高，氧化速度将加快，超过 50～60℃氧化速度大为增加；80℃以上时，一般温度每升高 10℃，则氧化速度将增加一倍。

空气中的氧以及氧化时间是引起油老化的主要因素。油品中如果增加氧气的浓度或加大氧气的压力，都能明显地加速油品老化。同样，增大油与空气的接触面，也会加速油品的老化。油品与氧接触的时间愈长，则油品的老化程度愈深。在同一条件下，油品的老化是随时间的增长而加深的。

另外，金属导体和容器对油的老化起到催化作用（金属的顺序为铜、镍、银、铬、锡、铝、铁、锌、铝等），而加速其老化。光线的影响主要是由于紫外光能加速自由基的生成，因而油品在日光照射下，可加快其老化反应的速度。电场的影响表现在油品老化过程中施加电压，导致油品老化后的沉淀物和皂化值不断增加，造成老化现象加剧。电场的影响又称为电老化。

绝缘油老化的结果，将产生各种氧化物、有机酸类及油杂质沉淀。其表现为油的颜色变深，透明度降低，黏度增大，酸值升高，闪点降低，介电性能恶化等。

防止老化的主要措施有：加强散热以降低油温，如变压器采用散热管强迫风冷设备；用氮气或薄膜使绝缘油与空气隔绝；使用各种抗氧化剂（如氨基比林，烷基酚等），使氧化不易发生；采用热虹吸装置，把它接装在油箱侧壁上，利用油层上下的温差，使油自动循环，流经热虹吸装置内的活性吸附剂——硅胶，把油中的水分、低分子酸树脂、纤维等杂质吸附掉；使用干燥剂以消除水分的吸入（如电力变压器上就设有内储干燥剂的呼吸器）；防止日光照射。同时，为了保证充油电器的安全运行，应经常检查油的温升、油面高度、闪点、酸值、击穿强度和介质损耗因数值等。需补充油时，所用补充油的主要物理性能（如密度、凝固点、黏度、闪点等）和主要化学性能应与设备中原有油相同或相近，并且必须进行混合试验，以保证混合后的油品性能合格。

5. 常用绝缘油的净化和再生方法

油品的净化处理，就是通过简单的物理方法（如沉降、过滤等）除去油中的污染物，使油品的某些指标达到使用要求，如绝缘油的耐压、微水含量和介质损耗因数等。

对于颜色、透明度、酸值等指标未超过允许值，仅被水分、灰尘、纤维等杂质污染的油品，可采用下列五种方法进行净化。

（1）干燥法：对于受潮不严重的油，可在50～70℃的温度下进行干燥处理。如受潮严重时，可采用真空喷雾法。

（2）真空法：借助于真空滤油机，在一定的真空度下，将油加热喷成雾状，脱出油品中的微量水分和气体，除去固体杂质、油泥等。处理结束时，可适量加入抗氧剂。

（3）压力过滤法：利用油泵压滤机强迫将油品通过具有吸附和过滤作用的滤纸（或其他滤料），除去油品中的混杂物，达到净化的目的。

（4）离心分离法：依靠离心分离机来实现油品的净化。其实质是基于油、水及固体杂质三者密度不同，在离心力的作用下，利用运动速度和距离也各不相同的原理来完成。由于油最轻，聚集在旋转鼓的中心；水的密度稍大，被甩在油质的外层；油中固体杂质最重，被甩在最外层，从而达到分离净化的目的。为防止氧化，可采用真空离心机。

（5）电净化：使污油流经强直流电场（电压在10～40kV或50kV以上）的作用，将水分、树脂、纤维、油泥、杂质等非中性分子进行强行游离而生成大量阳离子，被负电极与壁桶组成的静电场吸附；属于中性分子的纯净油质则可通过，从而达到净化油品的目的。

另外，对于老化严重、酸值较高、污染严重的油品，还可以采用白土再生及酸碱再生法进行废油再生。

二、绝缘漆

绝缘漆是一种以高分子聚合物为基础，能在一定条件下固化成绝缘硬膜或绝缘整体的重要绝缘材料。

绝缘漆是由天然树脂或合成树脂为漆基（或膜物质）加入某些辅助材料（如溶剂、稀释剂、填料、增塑剂、乳化剂、颜料）组成的。绝缘漆的分类方式有多种，按其用途可分为浸渍漆、漆包线漆、覆盖漆、硅钢片漆、防电晕漆等数种。

1. 浸渍漆

浸渍漆又称为绕组浸渍漆，主要是用于电机、电器的线圈和绝缘零部件的绝缘浸渍处理，以填充其空隙和微孔。当漆固化后，能在浸渍物体表面形成连续平整的漆膜，并使得被浸物黏结成一个绝缘整体，用以提高整个绝缘结构的绝缘强度、机械性能、耐热、耐潮、导热及抗氧化等性能。

对浸渍漆的基本要求是：漆基固体含量高、黏度小、浸渍性能良好，以便充分浸透浸渍物的间隙和微孔；固化时间短、干燥快、黏结力强，以便使浸渍的绝缘绕组牢固；有热弹性，还要能经受电机高速运转所产生的机械力；具有高的介电性能，耐潮、耐热，化学稳定性好；对导体及其他材料具有良好的相容性；具有较高的电气性能。

绝缘漆产品的命名是由主要化学成分和基本名称组成。譬如，有机硅浸渍漆的主要化学成分为有机硅，基本名称为浸渍漆。

浸渍漆可分为有溶剂浸渍漆和无溶剂浸渍漆两大类。

(1) 有溶剂浸渍漆。有溶剂浸渍漆由漆基、干燥剂和溶剂组成，主要原料有油、树脂和有机溶剂。有溶剂浸渍漆的品种很多，常用的漆基有沥青、干性油和树脂类，溶剂有醇、酚、酮、酰胺类和石油。有溶剂浸渍漆具有良好的渗透性、储存期长、使用方便等优点，但其浸渍和烘干时间长、固化慢，溶剂挥发后可能形成气隙，并且污染环境。

常用的有溶剂浸渍漆的名称、型号、基本组成、特性和用途，见表 3-7。

表 3-7　　常用有溶剂浸渍漆的名称、型号、基本组成、特性和用途

名　称	型号	基本组成	耐热等级	特性和用途
醇酸浸渍漆	1030	干性植物油改性醇酸树脂。溶剂为 200 号溶剂汽油、二甲苯	B	具有较好的耐油性、耐电弧性，干燥迅速，漆膜平滑有光泽。供浸渍在油中工作的线圈和绝缘零部件用
三聚氰胺醇酸浸渍漆	1032	油改性醇酸树脂丁醇改性三聚氰胺树脂，溶剂为 200 号溶剂汽油	B	具有较好的干透性、耐热性、耐油性、热弹性和较高的电气性能。供浸渍在温热带地区使用的线圈用
油改性聚酯浸渍漆	西 155	干性植物油改性的对苯二甲酸聚酯树脂，溶剂为二甲苯和丁醇	F	具有良好的电气绝缘性、耐油性、耐热性、耐潮性等，供浸渍 F 级电机、电器线圈用
有机硅浸渍漆	1053	有机硅树脂，溶剂为二甲苯或甲苯	H	具有耐高温、耐寒性、抗潮性、耐水性及抗海水、耐电晕、抗臭氧、耐紫外线、化学稳定性好等特性。在高温和受潮后仍具有良好的电气性能，供浸渍 H 级电机、电器线圈及绝缘零部件用

注　1. 型号为西 155 油改性聚酯浸渍漆系西安绝缘材料厂厂标型。
2. 型号 1053 有机硅浸渍漆是按照 JB3078—1982 生产的。
3. 型号 1054 系改性有机硅浸渍漆，系按照 JB3079—1982 生产。H 级绝缘，具有防潮、黏结性好、介电性能高，且干燥温度较低的特点。

几种有溶剂浸渍漆的性能，见表 3-8。

表 3-8　　几种有溶剂浸渍漆的性能

漆名 / 性能	醇酸浸渍漆 (1030)	三聚氰胺醇酸浸渍漆 (1032)	油改性聚酯浸渍漆 (西 155)	有机硅浸渍漆 (1053)
黏度(4 号黏度计) (20±1)℃ (s)	30～60	30～60	30～60	30～65
固体含量不少于 (%)	47	47	45	50
干燥时间 (h)	1.5～2 (105℃)	1.5～2 (105℃)	1～3 (130℃)	1.5～2 (200℃)
酸值 (mgKOH/g)	6～12	5～10	5～10	—
吸水率 (%)	—	1～2	—	—
耐热性不少于 (h)	48	30	50	200

续表

漆名 / 性能	醇酸浸渍漆（1030）	三聚氰胺醇酸浸渍漆（1032）	油改性聚酯浸渍漆（西155）	有机硅浸渍漆（1053）
耐油性［在温度（105±2）℃变压器油中］不少于（h）	24	24	24	—
频击穿强度（kV/mm）				
常态［（20±5）℃］	70～90	70～95	65～100	65～100
热态时	—	—	35～75（155℃）	35～45（200℃）
受潮后	—	—	40～80	50～90
浸水后（24h）	30～55	40～55	—	—
体积电阻率（Ω·cm）				
常态［（20±5）℃］	—	$>10^{14}$	$10^{14}\sim10^{15}$	$10^{14}\sim10^{15}$
浸水后（24h）	—	$>10^{12}$	—	—

使用有溶剂浸渍漆时，一般采用多次浸渍、逐步升温烘焙的工艺过程，避免由于溶剂挥发过快而造成漆膜针孔和气泡，从而影响产品性能和使用寿命。

不同的漆基，配用的溶剂各不相同，常用溶剂的物理常数及适用范围见表3-9，使用时必须注意相溶性。

表3-9　常用溶剂的物理常数及适用范围

名称	沸点（℃）	闪点（闭口法）（℃）	适用范围
溶剂汽油	120～200	33	油性漆、沥青漆、醇酸漆等
煤油	160～285	71～73	
松节油	150～170	30	
苯	80.1	−11	沥青漆、聚酯漆、聚氨酯漆、醇酸漆、环氧树脂和有机硅漆等
甲苯	110.6	4	
二甲苯	135～145	29.5	
丙酮	56.2	9	环氧树脂漆、醇酸漆等
环己酮	156.7	47	
乙醇	78.3	14	酚醛漆、环氧树脂漆等
丁醇	117.8	35	聚酯漆、聚氨酯漆、环氧树脂漆、有机硅漆等
甲酚	190～210	—	聚酯漆、聚氨酯漆等
糠醛	161.8	60（开口法）	聚乙烯醇缩醛漆
乙二醇乙醚	135.1	40	聚酰亚胺漆
二甲基甲酰胺	154～156	—	
二甲基乙酰胺	164～167	—	

（2）无溶剂浸渍漆。无溶剂浸渍漆又称无溶剂树脂，有沉浸型、滴浸型、滚浸型和连

续沉浸型等。无溶剂浸渍漆是由合成树脂、固化剂和活性稀释剂等组成并可整体固化的一种绝缘漆。

无溶剂浸渍漆具有固化时间短，黏度随温度变化快，流动性和渗透性好的特点。它不含有挥发惰性溶剂，减少了对环境的污染。无溶剂浸渍漆在浸渍过程中，绝缘层内无气隙，内层干燥性好，可以提高导线间的黏结强度和导热性，降低温升；可以减少浸渍次数，缩短烘焙时间，方便采用机械化、自动化浸渍工艺手段；整体固化后绝缘性能好，可以提高绝缘结构的导热性、耐潮性和电气性能。

常见的无溶剂浸渍漆主要有聚酯型、环氧型和环氧聚酯型三类。其中，环氧型比聚酯型黏结力好，收缩率小，漆膜的电气性能、机械性能、耐潮性及耐霉性好，但漆的存储稳定性和漆膜韧性不及后者。环氧聚酯型漆的性能介于两者之间。

常用无溶剂浸渍漆的名称、特性及用途，见表 3 - 10。

表 3 - 10　　常用无溶剂浸渍漆的名称、特性及用途

名　　称	耐热等级	特 性 及 用 途
环氧无溶剂浸渍漆 110	B	黏度低，击穿强度高，可用于浸渍小型低压电机、电器线圈
环氧无溶剂浸渍漆 9102	B	挥发物少，固化较快，可用于滴浸小型低压电机、电器线圈
环氧无溶剂浸渍漆 9101	B	黏度低，固化较快，体积电阻高，存储稳定性好，可用于浸渍中型高压电机、电器线圈
环氧聚酯无溶剂浸渍漆 EIU	F	黏度低，挥发物少，击穿场强高，存储稳定性好，可用于沉浸小型 F 级电机、电器线圈

2. 漆包线漆

漆包线漆主要用于导线的涂覆绝缘。它具有良好的涂覆性和介电性能；柔韧、光滑、附着力强；耐油、耐热、有一定的弹性和耐磨性；而且耐溶，对导体无腐蚀等特点。

漆包线漆有油性漆、缩醛漆、聚氨酯漆、聚酯漆、环氧漆、聚酯亚胺漆、聚酰胺酰亚胺漆及聚酰亚胺漆等多种形式。

常用漆包线漆的主要性能，见表 3 - 11。

表 3 - 11　　常用漆包线漆的主要性能

<table>
<tr><th>型号名称</th><th>主要性能</th><th>耐热等级</th><th>溶　剂</th><th>外　观</th><th>烘干时间</th></tr>
<tr><td rowspan="3">聚酯漆包线漆</td><td rowspan="2">具有良好的绝缘性，耐磨性，抗溶剂性和耐化学腐蚀性</td><td>B，F</td><td rowspan="2">二甲苯甲酚</td><td rowspan="4">为红棕色均匀透明液体，无机械杂质</td><td rowspan="2">(200±2)℃时不大于 20min</td></tr>
<tr><td>B</td></tr>
<tr><td>低温下能快速干燥，漆膜平滑无堆漆现象</td><td>B</td><td>—</td><td>—</td></tr>
<tr><td>聚胺酯漆包线漆</td><td>染色性好，可制成不同颜色的漆包线，漆膜不除即可直接搪锡、焊接</td><td>—</td><td>甲酚二甲苯</td><td>—</td></tr>
</table>

3. 覆盖漆

覆盖漆主要用于涂覆经浸渍处理后的线圈和绝缘零部件，使它们的表面能够形成连续、厚度均匀的漆膜作为绝缘保护层，用来防止设备绝缘的机械损伤以及空气、化学药品的侵蚀，提高线圈和绝缘零部件的表面绝缘强度。因此，要求覆盖漆具有干燥快、附着力强、漆膜坚硬，机械强度高、耐潮、耐油、耐腐蚀等特性。

覆盖漆有瓷漆和清漆两大类。其中，清漆由漆基、干燥剂和溶剂组成；瓷漆是在清漆的基础上加入填料和颜料组成。瓷漆含有填料，因而它相对同一种漆基制成的清漆，漆膜硬度高，导热、耐热和耐电弧性能好，但是其他电气性能稍微差一点，常用于线圈和金属表面涂覆。而清漆则用于绝缘零件表面和电器内表面的涂覆。

覆盖漆若按漆基的树脂类型分类，可分为醇酸漆、环氧漆和有机硅漆。其中，环氧漆比醇酸漆更具有耐潮性和耐霉性，内干性和附着力，并且漆膜硬度更高，所以广泛应用于湿热地区的电机、电器设备部件的表面涂覆。有机硅漆耐性高，可作为H级电机、电器的覆盖漆。

覆盖漆的干燥方式有晾干和烘干两种。同一种树脂类型的晾干漆与烘干漆相比，虽然晾干漆的性能差、存储不稳定，但适用于大型电气设备或不宜烘焙的部件。

使用覆盖漆时应严格控制漆的黏度和均匀性，保证烘焙温度，环境通风并保持清洁，保证漆膜的干燥和表面质量。由于瓷漆中含有填料或颜料，存储时易发生沉淀结块而出现黏度不均或变色的现象，因此，调和使用时应充分搅拌均匀。

常用覆盖漆的名称、主要组成、特性和用途，见表3-12。

表3-12 常用覆盖漆的名称、主要组成、特性和用途

名称	主要组成	耐热等级	特性和用途
晾干醇酸漆	干性植物油或脂肪酸改性邻苯二甲酸季戊四醇酸树脂、干燥剂	B	晾干或低温干燥，漆膜的弹性、电气性能、耐气候性和耐油性较好。用于覆盖电器或绝缘零部件
晾干醇酸灰瓷漆	油改性醇酸树脂、干燥剂、颜料	B	晾干或低温干燥，漆膜硬度较高，耐电弧性和耐油性好。用于覆盖电机、电器线圈及绝缘零部件表面修饰
醇酸灰瓷漆	油改性醇酸树脂、颜料	B	烘焙干燥，漆膜坚硬，机械强度高，耐电弧性和耐油性好。用于覆盖电机、电器线圈
晾干环氧酯漆	干性植物油酸与环氧酯化物、干燥剂	B	晾干或低温干燥，干燥快，漆膜附着力好，耐潮、耐油和耐气候性好，有弹性。用于覆盖电器或绝缘零部件，可用于湿热地区
环氧酯灰瓷漆	环氧树脂酯化物、氨基树脂、防霉剂	B	烘焙干燥，漆膜硬度大，耐潮、耐霉、耐油性好。用于覆盖电机、电器线圈，可用于湿热地区
晾干环氧酯灰瓷漆	环氧树脂酯化物、颜料、干燥剂、防霉剂	B	晾干或低温干燥，漆膜坚硬，耐潮、耐霉、耐油性好。用于覆盖电机、电器线圈及绝缘零部件表面修饰，可用于湿热地区

续表

名　称	主要组成	耐热等级	特性和用途
环氧聚酯铁红瓷漆	环氧树脂、酚醛树脂、己二酸聚酯树脂	B	烘焙干燥，漆膜附着力强，耐潮、耐霉、耐油性好。用于覆盖电机、电器线圈，可用于湿热地区
晾干有机硅红瓷漆	有机硅树脂、醇酸树脂、颜料	H	晾干或低温干燥，漆膜耐热性高，电气性能好。用于覆盖耐高温电机、电器线圈或绝缘零部件表面修饰
有机硅红瓷漆	有机硅树脂、颜料	H	烘焙干燥，漆膜耐热性、电气性能比晾干有机硅红瓷漆好，且硬度大，耐油。用途同晾干有机硅红瓷漆

4. 硅钢片漆

硅钢片漆用于涂覆硅钢片表面，可以增强硅钢片间的绝缘，降低铁芯的涡流损失，提高硅钢片的防锈和耐腐蚀能力。对于硅钢片漆的基本要求是：漆膜薄、附着力强；坚硬、光滑、厚度均匀；耐油、耐潮、介电性能要好。

常用硅钢片漆的主要性能，见表 3-13。

表 3-13　　常用硅钢片漆的主要性能

名称型号	主要性能	外　观	烘干时间	耐油性
油性硅钢片漆（1611）	高温下漆膜干燥迅速，坚硬、牢固、耐油	漆液均匀无乳浊，无机械杂质，漆膜干后光滑	(210±2)℃时不大于 12min	105℃变压器油中 24h 漆膜不起泡、不脱落
二甲苯改性醇酸硅钢片漆(9163)	耐高温、绝缘性能好，黏结力强，高温烘焙下不起泡，边沿不增厚	深棕色，无可见杂物	同上	同上
醇酸硅钢片漆（9161）	高温下干燥迅速、漆膜耐油，防潮坚固	漆液均匀无乳浊，无机械杂质，漆膜干后光滑	(150±2)℃时不大于 12min	同上

5. 防电晕漆

防电晕漆由绝缘清漆和具有一定导电性能的炭黑、石墨、碳化硅等粉末混合而成，有时根据需要，还可加入其他的填料。配料的比例不同，可得到不同电阻率的防电晕漆。防电晕漆具有电阻率稳定、附着力强、耐磨性好、干燥速度快、存储稳定性好等特点。防电晕漆的名称、主要组成、特性和用途，见表 3-14。

表 3-14　　防电晕漆的名称、主要组成、特性和用途

名　称	型号	耐热等级	主要组成	特性和用途
醇酸防电晕漆	1233 1234	B	油改性醇酸树脂漆、乙炔黑、立德粉、干燥剂	漆膜较坚硬、耐油，可在室温下干燥
环氧防电晕漆	1235	B	环氧树脂漆、炭黑、石墨，使用时应加入 651 聚酰胺树脂	漆膜附着力强、坚硬，可在室温固化

防电晕漆按电阻率的大小可分为低电阻漆和高电阻漆两类，主要用于高压线圈防电晕

的涂层。其中，低电阻漆用于大型高压电机槽部，高电阻漆用于大型高压电机线圈的端部。防电晕漆的主要性能，见表3-15。

表3-15　防电晕漆的主要性能

序号	性能名称	醇酸防电晕漆		环氧防电晕漆
		1233	1234	1235
1	细度（刮板细度计，≤）（μm）	50	50	50
2	干燥时间（20℃）（h）	6～8	6～8	—
3	表面电阻率①（Ω）	10^3～10^5	10^{10}～10^{12}	10^3～10^4

注　① 表面电阻率允许根据使用要求确定。

防电晕漆可单独涂覆于线圈的表面，还可以先涂覆在石棉带或玻璃布上，再包裹在线圈外层或包扎在玻璃布带上，并与主绝缘器件一次成型使用。

§3-4　绝　缘　胶

绝缘胶在电工设备中，广泛应用于浸渍、灌注和涂覆含有纤维材料的工件以及需要防潮密封的电工零件，如浇注电缆接头、套管、变压器、20kV及以下的电流互感器、10kV及以下的电压互感器等。绝缘胶的特点是适形性和整体性好，耐热、导热、电气性能优异，浇注工艺简单，容易实现自动化生产。

绝缘胶与无溶剂浸渍漆相似，但黏度较大，一般加有填料。因为胶中不含挥发性溶剂，凝固后不会残留因溶剂挥发而存在的孔隙，所以绝缘防潮效果较绝缘漆好。

工程对于绝缘胶的基本要求是：浇灌时的流动性和适形性好；凝固迅速、整体性好、收缩率小、不变型；具有高的介电性能和防潮、导热能力。

绝缘胶的主要性能指标，见表3-16。

表3-16　绝缘胶的主要性能指标

类别		固化条件（℃）	马丁温度（℃）	抗弯强度（Mpa）	冲击强度（J/cm²）	介电强度（kV/cm）	电阻率
聚酯胶	挠性胶	常温	30	29～39	0.176～0.245	35	表面 $9\times10^{11}\Omega$
	中交联度胶	100～120	80～85		0.38～0.42	36	表面 $4.2\times10^{12}\Omega$
	中交联度胶加石英粉	100～120	85～90	78～98	0.39～0.49	—	—
	高交联度胶	100～120	110～120	88～108	0.245～0.29	40	表面 $4\times10^{12}\Omega$
环氧胶	户内胶	130	87	109～131	2.25	35.5	体积 $7\times10^{16}\Omega\cdot cm$
	户外胶	130	98	91	1.23	34.8	体积 $7\times10^{15}\Omega\cdot cm$
	耐开裂胶	130	89	144～169	1.8～2.4	36～38	体积 $6\times10^{15}\Omega\cdot cm$
	低黏度胶	120	77	118	6.8	28	体积 $8\times10^{15}\Omega\cdot cm$
沥青胶	1810	常温	—	—	—	18	—
	1811	常温	—	—	—	14	—

绝缘胶可分为灌注胶、浇注胶等。其中，灌注胶和浇注胶有时可统称为浇注胶，泛指浇入或灌注而成形的绝缘胶。浇注胶是由树脂、填料、固化剂或催化剂组成的黏稠混合物质，按用途可分为电器浇注胶和电缆浇注胶。

一、电器浇注胶

电器绝缘胶是由浇注用树脂加固化剂和其他添加剂制成。浇注用树脂应具有黏度小、流动性好、成形后收缩率小、挥发物少、固化快、低压成型好的特性，以及良好的电气、机械性能及化学稳定性。

固化剂和固化条件对浇注胶的性能具有重要影响。一般要求固化剂的固化温度低，固化物耐热、韧性好；电气、机械性能合格；毒性小、固化工艺简单。

常用的固化剂有酸酐类和胺类。酸酐类固化剂的主要优点在于，固化时不易产生应力开裂。特别是液体酸酐，使用方便，应用较广。胺类固化剂具有固化速度快的优点，但是毒性大、胶的使用期短、固化物容易产生应力开裂。因此，胺类固化剂在实际应用中必须加以技术处理。

常用的添加剂有增塑剂和填充剂两种。其中，聚酯树脂是常用的增塑剂，一般用量为15%～20%，可降低固化物脆性，提高其抗弯和抗冲击强度；石英粉是常用的填充剂，可减少固化物的收缩，提高其导热系数和形状稳定性、耐热性、耐腐蚀性和机械强度，并且降低生产成本。

常用的酸酐类及胺类固化剂的性能与特点，见表3-17。

表3-17 常用的酸酐类及胺类固化剂的性能与特点

名 称	型号或代号	外 观	分子量	熔点（℃）	用量（%）	固化条件		特 点
						温度（℃）	时间（h）	
邻苯二甲酸酐	PA	白色或红色粉末	148	128～131	30～45	120 130 150	20～30 2 10	固化物电气性能好，固化时放出热量少，但易升华，固化时间长。可用于大型浇注
顺丁烯二甲酸酐	MA	白色结晶	98.06	52.8	30～40	100 150	2 24	易升华，刺激性大，固化物电气性能好，但机械性能差
环戊二烯顺酐加成物	647	白色或浅黄色固体	137～147	34	60～80	100 150	8 3	使用时需进行预聚合，否则气味大。固化物弹性好
四氢化苯二甲酸酐异构体混合物	70	低黏度液体	152	−3～−5	50～100	180	2	使用方便，固化物耐热性好
乙二胺	—	无色液体	60.1	8.5	6～8	25 80	24 3	室温固化快，但毒性大，固化物性能较差

续表

名 称	型号或代号	外 观	分子量	熔点（℃）	用量（%）	固化条件		特 点
						温度（℃）	时间（h）	
聚酰胺树脂	H—4 650	棕色液体	—	—	30～100	20 140	24 4	无毒，可在室温固化，固化时发热量小，固化热冲击性好
硼胺络合物	594 595 901	棕色液体	—	—	10～25	150	5	是潜伏性固化剂。配胶后胶的存储期长，固化物耐热性好

电器浇注胶的配方和固化工艺的选择，应根据电器的结构、外形尺寸、技术条件、使用环境等因素确定。对于浇注户内或工作温度不高的电器，可采用双酚 A 型环氧树脂或聚酯树脂；浇注户外或高温下运行的电器，可采用酯环族环氧树脂或几种环氧树脂混合配胶，并采用酸酐类或芳香族固化剂固化。

配制电器浇注胶应搅拌充分，保证各种成分混合均匀，应尽量消除气泡。注意，浇注前模具要预热，浇注后要排气并补满胶料。同时，根据浇注物大小和形状复杂程度规定固化和脱模的时间。其中，固化成型时应采用分阶段升温的工艺，保证其均匀固化，避免应力开裂，减小胶的流失量；脱模后浇注物要保温，使之缓慢冷却。

二、电缆浇注胶

电缆浇注胶，按其性能又称为热塑性胶。电缆浇注胶能多次加热软化，但耐溶剂能力差，主要用于浇注 10kV 以下（黄电缆浇注胶可适用于 10kV 以上）的电缆接线盒和终端盒。

常用的电缆浇注胶有松香脂型、沥青型和环氧树脂型三类。

工程上经常应用的电缆浇注胶，实际上多与其他绝缘油或填充剂混合配制而成。如：

黄电缆浇注胶（1810 电缆胶）由甘油和松香脂溶化后加变压器油熬制而成。

黑电缆浇注胶（1811，1812 电缆胶）中，1811 电缆浇注胶由石油、沥青和变压器油熬制而成；1812 电缆浇注胶由石油、沥青熬制而成。

常用电缆浇注胶的性能及用途，见表 3 - 18。

表 3 - 18 常用电缆浇注胶的性能及用途

名称型号	收缩率（由 150℃降至 20℃）	击穿电压（kV/2.5mm）	特性和用途
黄电缆浇注胶（1810）	<8%	>45	电气性能较好，抗冻裂性好，适宜浇注 10kV 以上电缆接线盒和终端盒
黑电缆浇注胶（1811、1812）	<9%	>35	耐潮性好，适宜浇注 10kV 以下电缆接线盒和终端盒
环氧电缆浇注胶	—	>82	密封性好，电气、机械性能高，适宜浇注户内 10kV 以下电缆终端盒，且盒结构简单，体积小

§3-5 绝缘纤维制品

绝缘纤维制品指直接用于电工产品，由植物纤维、无碱玻璃纤维（即不含钾、钠氧化物）和合成纤维所制成的绝缘纸、纸板、纸管和各种纤维织物等绝缘材料。

植物纤维具有一定的机械强度和介电性能，但容易吸潮并且耐热性能较差。无碱玻璃纤维耐热性好、耐腐蚀性强、吸湿性小、抗张力强，但硬脆、柔性较差，伸长率小，同时对人体皮肤有刺激。合成纤维兼备上述两种材料的优点，具有良好的耐热性、耐腐蚀性，抗张力强度高、介电性能好以及吸湿性小，是一种很有发展前途的新绝缘材料。

一、绝缘纸

绝缘纸主要有植物纤维纸和合成纤维纸两大类。其按用途可分为电缆纸、电话纸、电容器纸、聚酯纤维纸、耐高温合成纤维纸等。

1. 电缆纸

电缆纸由未漂白木材纤维经纸压机加工而成，分为低压电缆纸、高压电缆纸和绝缘皱纹纸等三种。低压电缆纸主要用于 35kV 及以下的电力电缆、控制电缆和通信电缆的绝缘，厚度为 0.08～0.17mm；高压电缆纸的介质损耗小，适用于 110kV 及以上的高压电缆绝缘，厚度为 0.045～0.125mm；绝缘皱纹纸用于高压充油电缆的各种接头盒绝缘，其厚度为 0.075mm。

2. 电话纸

电话纸由未漂白的硫酸盐纸浆制成，主要是用于通信电缆绝缘，也可作为云母箔的补强材料用于电机绝缘。其颜色有本色、红、蓝、绿四种，便于识别线芯。

3. 电容器纸

电容器纸同样是由未漂白的硫酸盐纸浆制成，其特点是紧度大、厚度薄而尺寸偏差小。在透光下观察，纸应是均匀的，不应有杂质、机械污垢、斑点和皱纹等，也不允许有任何机械损伤、裂口、折皱和孔洞等。

4. 聚酯纤维纸

聚酯纤维纸又称聚酯无纺布，可与聚酯薄膜制成复合制品，主要用于 B 级电机绝缘，其厚度为 0.08mm。

5. 耐高温合成纤维纸

耐高温合成纤维纸有芳香族聚酰胺纤维纸、芳香族聚砜酰胺纤维纸和恶二唑纤维纸等。它们分别是由相应的合成纤维的沉析纤维和短切纤维混合制成。这类绝缘纸未经轧光前疏松多孔，轧光后可提高其电气、机械性能。它们常与聚酯薄膜、聚酰亚胺膜组合成复合制品，主要用于 F、H 级电机槽间绝缘和导线换位绝缘，以及变压器中作相间绝缘。耐高温合成纤维纸的主要性能，见表 3-19。

表 3-19 耐高温合成纤维纸的主要性能

性 能	芳香族聚酰胺轧光纤维纸	芳香族聚砜酰胺轧光纤维纸	恶二唑轧光纤维纸
厚度（mm）	0.08～0.09	0.5±0.015	0.16±0.01
体积电阻率（Ω·cm）			
常态	—	2.6×10^{16}	2.2×10^{15}
180℃时		7.8×10^{14}	2.3×10^{14}
受潮 48h		8.2×10^{13}	1.8×10^{14}
浸水 24h 后		$\leqslant10^{8}$	$\leqslant10^{8}$
表面电阻率常态（Ω·cm）	—	2.0×10^{13}	4.9×10^{13}
击穿强度（kV/mm）			
常态	—	22	20
变压器油中		34	27
弯折后		10	—
180℃时		19.6	16
浸水 24h 后		5.3	2.1
受潮 48h 后		18	14

二、绝缘纸板和纸管

1. 绝缘纸板

绝缘纸板是由木质纤维或掺有适量棉纤维的混合纸浆，经抄纸、轧光而成。其中，掺有棉纤维的纸板抗张强度和吸油量较高。

绝缘纸板按原料的配比及用途分为两种：

(1) 品种型号为 DK50/50、DK75/25、DK100/100（型号中的分子表示木质纤维的含量，分母表示棉纤维的含量）的纸板，具有良好的耐弯曲性、耐热性，适用于制作电机、电器的绝缘和保护材料，以及耐震绝缘零部件等。

(2) 品种型号为 DY00/100、DY50/150、DY100/00 的纸板，可用作不高于 90℃的变压器油中的绝缘材料和保护材料。其中，DY100/00 型纸板（不掺棉纤维）中的薄型纸板（通常称青壳纸或黄壳纸）可与聚酯薄膜制成复合制品，用作 E 级电机槽绝缘，也可单独作为绕组绝缘保护层；厚型纸板可制作某些绝缘零件和保护层用。

2. 硬钢纸板

硬钢纸板（又称反白板）是由无胶的棉纤维厚纸经氧化锌处理后，用水漂洗，再经热压而成。硬钢纸板的组织紧密，富有弹性，弯曲时不会开裂或折断，有良好的机械加工性能，适宜作小型低压电机槽楔和其他绝缘材料。

3. 钢纸管

钢纸管由无胶棉纤维纸经氧化锌处理，并经卷绕后用水漂洗而成。钢纸管表面光洁，无分层、起泡、压痕以及纵向皱纹等缺陷，具有良好的机械加工性能。在 100℃下长期工作的钢纸管，理化性能稳定、外形无明显变化，吸油性小、灭弧性强，适用于熔断器、避雷器的管芯和电机用线路套管。

4. 玻璃钢复合钢纸管（简称复合管或高压消弧管）

玻璃钢复合钢纸管是由浸有环氧树脂或聚酯树脂的无捻玻璃纤维，用湿法缠绕在钢纸管上制得。复合管具有良好的灭弧能力和良好的电气性能，机械强度高，可承受（1000～2000）$\times 10^5$Pa 的气压，并耐热、耐潮、耐寒、耐日光照射，可作为 10～110kV 熔断器和避雷器的消弧管。

绝缘纸板、硬钢纸板和钢纸管的击穿强度，见表 3-20。

表 3-20　　绝缘纸板、硬钢纸板和钢纸管的击穿强度

绝缘纸板			硬钢纸板			钢纸管		玻璃钢复合钢纸管	
厚度（mm）	击穿强度（kV/mm）		厚度（mm）	击穿强度（kV/mm）		壁厚度（mm）	击穿强度（kV/mm）	壁厚度（mm）	击穿强度（kV/mm）
	一号	二号		一号	二号				
0.1～0.4	＞13	11～15	0.5～0.9	7.0～10	4.5～14	2.5～3	＞3.0	2.0	＞14
0.5	＞12	42～50	1.0～2.0	5.0～10	3.5～10	3.1～5	＞2.5	2.5	＞16
0.8	—	39～50	2.1～12	3.5～11	2.0～8	5.1～10	＞2.0	3.0	＞18
0.1		36～59				10.1～15	＞1.0	4.0	＞20
1.5	—	32～45	—	—	—	—	—	5.0	＞24
2.0		29～35						6.0	＞28
2.5	—	24～30	—	—	—	—	—	7.0	＞32
3.0		22～27							

三、绝缘纱、带、绳

1. 棉纱、棉布带

（1）单股棉纱用于制作纱包线及电缆的绝缘和保护层。合股棉纱用于制作电线电缆的编织护层。

（2）棉布带不浸漆的斜纹布带和细布带，主要用于线圈整形或浸胶过程中的临时包扎。棉纤维由于耐热性差、易吸潮，现在逐渐被玻璃纤维和合成纤维制品所取代。

2. 玻璃纤维纱、带、布和绳

（1）无碱玻璃纤维纱材料电气性能较好，适用于作玻璃丝包线和安装线的绝缘。中碱玻璃纤维适用于作 X 光电缆和某些电缆线的编织保护层。

（2）玻璃纤维带材料由玻璃纱编织而成。使用时，可以经过预浸（使用前用漆浸渍），也可不经预浸而直接用于绕包绝缘。

（3）无碱玻璃纤维布（简称无碱布）适用于作为电绝缘云母制品，还可以作为电绝缘漆布、带和玻璃钢等的增强材料。

（4）无碱玻璃纤维绳具有较高的耐热性和绝缘性，并且具有较强的抗张力强度和极低的伸长率。

3. 合成纤维丝、带和绳

（1）电工用合成纤维丝有聚酰胺 6 纤维丝（又称尼龙 6 或锦纶）和聚酯（又称涤纶）纤维丝。其特点是抗张力强度高、弹性好、耐磨、耐腐蚀、耐霉、不怕虫蛀、着色性好，但耐光、耐热性较差，易变形。其中，聚酰胺6纤维丝主要用于安装电线的绕包及编织绝缘；聚酯纤维丝的特点是耐光、耐热性比聚酰胺好，耐霉、耐腐蚀（但不耐浓碱）、不怕虫蛀，但抗张力比聚酰胺纤维稍低、比重较大，适用于电线电缆绝缘。

(2) 合成纤维带有聚酯纤维带、聚酯纤维（经向）与玻璃纤维（纬向）交织带两种。这两种带的耐热性比棉布带高，延伸率比片玻璃带大，适用于电机线圈的绑扎。

(3) 合成纤维绳主要指合成涤纶护套玻璃丝绳（简称涤纶绳）。它的耐热性好、机械强度高，可代替垫片蜡线作B级电机（低压交流电机、中型高压电机和大型高速电机）线圈端部绑扎，简化了电机制造工艺，提高了电机运行的可靠性。

§3-6　浸渍纤维制品

浸渍纤维制品是以绝缘纤维制品作为底材，浸以绝缘漆制成的。由于绝缘漆填充了绝缘纤维材料的空隙和毛孔，并在纤维制品的表面形成一层光滑漆膜。因而制品具有较好的电气性能、机械性能、耐潮性能，不同的耐热等级和较好的柔性以及防霉、防电、防辐射等特殊性能。

浸渍纤维制品的底材，一般使用棉布、棉纤维管、薄绸、玻璃纤维、玻璃布及玻璃纤维管以及玻璃纤维和合成纤维交织物等。浸渍用的绝缘漆主要有油性漆、醇酸漆、聚胺酯漆、环氧树脂漆、有机硅漆和聚酰亚胺漆等。

常用的浸渍纤维制品有绝缘漆布（绸）、漆管和绑扎带三类。

一、绝缘漆布（绸）

漆布是以不同的底材浸以相应的绝缘漆，经烘干后制成的。常用的漆布按底材材质的不同分为漆布、漆绸、玻璃布、漆布箔、玻璃坯布等。

常用绝缘漆布的名称、组成、特性和用途，见表3-21。

表3-21　常用绝缘漆布的名称、组成、特性和用途

名称	型号	组成		耐热等级	特性	用途
		底材	绝缘漆			
油性漆布（黄漆布）	2010 2012	白细布	油性漆	A	柔软性好，但不耐油	一般电机、电器仪表衬垫及线圈绝缘
					耐油性好	浸入变压器油中的上述零部件
油性漆绸（黄漆绸）	2210 2212	薄绸	油性漆	A	良好的电气性能及柔软性，但不耐油	电机、电器仪表薄层衬垫或线圈绝缘
					耐油性好	浸入变压器油中的上述零部件
油性玻璃漆布（黄玻璃漆布）	2412	无碱玻璃布	油性漆	E	耐热性较2010、2012好且耐油	一般电机、电器仪表衬垫或线圈绝缘，也可在油中工作

续表

名 称	型号	组成		耐热等级	特 性	用 途
		底材	绝缘漆			
沥青醇酸玻璃漆布	2430	无碱玻璃布	沥青醇酸漆	B	耐潮性好，但耐苯和变压器油性能差	一般电机、电器仪表衬垫或线圈绝缘
醇酸玻璃漆布	2432	无碱玻璃布	醇酸三聚氰胺漆	B	耐油性较好并有一定的防霉性能	油浸变压器，油断路器线圈绝缘
醇酸玻璃聚酯交织漆布	2432－1	玻璃聚酯纤维交织布				
醇酸薄玻璃聚酯交织布	—	玻璃纤维聚酯交织布	醇酸三聚氰胺漆	B	有良好的弹性和韧性，机械性能较高，电气性能和耐热性能好，并有一定的防霉性和耐油性	代替漆绸作电器仪表线圈绝缘
醇酸薄玻璃漆布	—	无碱玻璃布				
聚酰亚胺玻璃漆布	2560	无碱玻璃布	聚酰亚胺漆	C	耐热性很高，有良好的电气性能，耐溶剂和耐辐照性较好	工作温度 200℃以上的电机槽间绝缘和端部衬垫绝缘，线圈绝缘

使用绝缘漆布要注意以下几个问题：

(1) 经纬线垂直编制的漆布，可按平行于经线方向或与经线成 45°（±2°）角剪切成带子使用。平行剪切的延伸率较小，适用于包绕截面相同、具有规则形状的线棒、线圈等；若按与经线成 45°角切成的带子，其延伸率大，包绕时可紧贴被包物，减少形成褶皱和气囊，但注意不要用力过大，以免损伤漆膜。

(2) 玻璃漆布一般按 45°角斜切，以增加其延伸率。绕好的绝缘件不能敲击，否则会造成机械损伤。

(3) 由油漆布组成的电机、电器的绝缘结构，一般都要进行浸渍处理。因此，在设计绝缘结构和确定浸渍工艺时，要特别注意控制漆布与浸渍漆的相容过程中，所发生的漆布表面膜膨胀或脱落等现象。

常用浸渍漆和漆布的相容性，见表 3 - 22。

表 3 - 22　　常用浸渍漆和漆布的相容性

浸渍漆 / 漆布	油性漆—石油溶剂	醇酸漆—苯类溶剂	醇酸酚醛—苯醇溶剂	醇酸三聚氰胺漆—苯石油溶剂	环氧树脂漆—苯醇溶剂	聚酯漆—苯类溶剂	有机硅漆—苯类溶剂	二苯酰漆—酮类溶剂	聚酰亚胺漆—强极性溶剂
油性漆布	优	良	良	良	良	良	○	○	○
沥青醇酸玻璃漆布	良	良	良	良	可	可	○	○	○
醇酸玻璃漆布	○	优	优	优	良	良	○	○	○
环氧玻璃漆布	○	良	良	良	优	良	○	○	○
有机硅玻璃漆布	○	○	○	○	○	○	良	可	○
硅橡胶玻璃漆布	○	○	○	○	○	○	可	可	○
聚酰亚胺玻璃漆布	○	○	○	○	○	○	○	○	可

注　○表示不推荐。

二、绝缘漆管

绝缘漆管又称绝缘套管，是由不同的棉纱编织套管或玻璃丝套管作为底材，浸以相应的绝缘漆后烘干而成。绝缘漆管的耐热、耐油和柔软性能取决于底材和浸渍漆。漆管的名称、组成、性能和用途，见表3-23。

表3-23　漆管的名称、组成、性能和用途

名称	型号	组成		耐热等级	击穿电压（kV）				特性和用途
		底材	绝缘漆		常态	缠绕后	受潮后	热态	
油性漆管	2710	棉纱管	油性漆	A	5～7	2～6	1.5～5	—	具有良好的电气性能和弹性，但耐热性、耐潮性和耐霉性差。可作电机、电器和仪表等设备引出线和连接线绝缘
油性玻璃漆管	2714	无碱玻璃纱管	同上	E	>5	>2	>2.5	—	
聚氨酯涤纶漆管	—	涤纶纱管	聚氨酯漆	E	3～5	2.5～3	2～4	3～5（105℃）	具有优良的弹性和一定的电气性能和机械性能。适用于电机、电器、仪表等设备的引出线和连接线绝缘
醇酸玻璃漆管	2730	无碱玻璃纱管	醇酸漆	B	5～7	2～6	2.5～5	—	具有良好的电气性能和机械性能，耐油性和耐热性好，但弹性稍差。可代替油性漆管作电机、电器和仪表等设备引出线和连接线绝缘
聚氯乙烯玻璃漆管	2731	同上	改性聚氯乙烯树脂	B	5～7	4～6	2.5～4	—	具有优良的弹性和一定的电气性能、机械性能和耐化学性。适于作电机、电器和仪表等设备引出线和连接线绝缘
有机硅玻璃漆管	2750	同上	有机硅漆	H	4～7	1.5～4	2～6	—	具有较高的耐热和耐潮性，以及良好的电气性能。适于作H级电机、电器等设备的引出线和连接线绝缘
硅橡胶玻璃丝管	2751	同上	硅橡胶	H	4～9	—	2～7	3～7（180℃）	具有优良的弹性、耐热性和耐寒性，电气性能和机械性能良好。适用于在－60～180℃工作的电机、电器和仪表等设备的引出线和连接线绝缘

三、绑扎带（上胶带）

绑扎带又称无纬带，是用玻璃纤维经硅烷处理和整纱后，再浸以热固性树脂制成的半固化带状绝缘物。其主要用于绑扎变压器铁芯和代替无磁性合金钢丝、钢带等金属材料绑扎电机转子。

由于绑扎带在使用时所承受的张力较大，因此要求其环抗张力强度高。环抗张力强度与绑扎带缠绕的紧度、层数和固化条件有关。缠绕时张力过大，树脂易被挤出而削弱绑扎带的黏接强度；用力过小，则绑扎不紧。缠绕拉力应控制在（14～20）×9.8N/cm 为宜。

为了使绑扎过程中的树脂充分熔融而不固化，被绑扎工件应预热至一定温度，并按表3-24所列条件进行烘焙固化。

表 3-24 绑扎带的烘焙条件

项　目	聚酯绑扎带	环氧绑扎带	聚芳烷基醚酚绑扎带	聚胺—酰亚胺绑扎带
耐热等级	B	F	H	H
工件预热温度（℃）	80～100	80～100	—	80～100
烘焙固化温度和时间（℃/h）	1.（80～90）/2 2.（110～120）/2 3.（130～140）/（17～20）	1.（80～90）2 2.（110～120）/2 3.（130～155）/（17～20）	1.（80～90）/2 2. 140/2 3. 160/2 4. 180/15～16	1. 80/2 2.（100～120）/4 3. 160/2 4. 180/2 5. 200/2

§3-7 电工层压制品

电工层压制品是以纤维制品作为底材，浸渍或涂覆不同的胶黏剂，再经热压或卷制而成层状结构的绝缘材料。常用的底材是以天然有机纤维为原料的木质纤维纸、棉纤维纸、棉布和以无机纤维为原料的无碱玻璃布等。

电工层压制品主要有层压板、管（筒）、棒和其他特殊型材。因为它具有优良的电气性能、机械性能和耐热、耐油、耐霉、耐电弧、防电晕等多项特点，所以在电气工程中被广泛应用。

电工层压制品的性能取决于底材和胶黏剂的性质及其成型工艺。采用不同底材所制成的层压制品，具有不同的特点。例如：

1）本质纤维纸的浸渍性能好，适用于压制层压纸板、棒或卷制机械性能好的层压纸、管和电容套管芯等。

2）棉纤维纸有较好的力学性能，富有延伸性，适用于压制成冷冲剪纸板。

3）无碱玻璃布具有耐高温，并且电气性能、机械性能和化学稳定性好的特点。但它浸渍性差，与胶黏剂的黏结差，通常需要经过脱蜡和表面化学处理后，才能使玻璃与树脂的分子间形成化学键和物理引力，从而提高玻璃布层压制品的黏结强度与抗剪性能。所以，它只适用于作为B、F、H级层压制品的底材。

4）棉布层压制品虽然具有黏合强度高、耐磨和易于机械加工的特性，但它的耐热性、电气性能、机械性能均不如玻璃层压制品，同时高频性能又不如纸层压制品，因此在电工产品中很少使用。

常用的胶黏剂有酚醛树脂、三聚氰胺树脂、环氧酚醛树脂、有机硅树脂、聚二苯醚树脂和聚酰亚胺树脂等。选用的胶黏剂及含胶量不同，可以制成耐热等级、机械、电气性能和耐电弧的性能要求各不相同的层压制品。例如：

1）用环氧酚醛树脂制成的玻璃布层压制品，具有优良的电气性能和力学性能，并且热变形温度较高。

2）用有机硅树脂和聚二苯醚树脂制成的玻璃布层压制品，具有很高的热态力学性能、电气性能和热变形温度。

对于不同种类、不同用途的层压制品，虽然技术要求有所不同，但其外观都必须是表面平整光滑，不允许存在有气泡、起层、漆膜脱落或麻眼，出现杂质或严重擦伤的现象。并且，对层压板的坑压深度还有不得超过0.1mm的要求。

另外，由于层压制品具有硬度、层间黏结强度不够均匀，导热性能差等缺点，如果采用的加工方法不当，将会引起材料结构的破坏，产生分层、起毛、表面碳化等现象，导致加工设备和切削工具的过早磨损。特别是在加工层压玻璃布制品时，这些现象更为严重。因此，对于层压制品的机械加工，应当注意：

（1）用于切削的工具可选用高速钢或金刚砂轮进行磨削加工。采用硬质合金工具可提高加工效率，延长工具使用寿命。

（2）为了保证制品的表面质量，使用的切削和冲剪工具必须锐利，其加工设备的动平衡性能必须保持良好状态。

（3）切削量要小，转速要高，并注意不使材料温度过高，防止过热。

（4）应尽量采用压缩空气冷却，必要场合也可采用液体冷却。

（5）根据加工层压制品的要求，必要时可在加工后进行浸渍，烘焙处理。

一、层压板

层压板包括层压纸板、层压布板、层压玻璃布板和其他特种层压板（如覆铜箔板、防电晕层压板等）四大类。层压板可以加工成形状不同的各种绝缘结构件，用于电机、电器、变压器、开关等电气设备的绝缘。

层压板的主要技术性能指标，见表3-25。

表3-25　　层压板的主要技术性能指标

类别		抗弯强度（垂直层向最小值，MPa）	抗冲击强度（最小值，kJ·cm^{-2}）	耐电压强度（在90℃变压器油中垂直层向最小值，kV·mm^{-1}）①	耐电压（在90℃变压器油中平行层向最小值，kV）	绝缘电阻（浸水后最小值，Ω）	介质损耗角正切（浸水后最大值，1MHz）
名称	型号						
酚醛纸板	PFCP4	75	—	9.3	25	10^{10}	0.05
	PFCP5	85	—	9.1	25	10^{9}	0.05
酚醛布板	PFCC2	90	7.8	—	15	10^{7}	—
	PFCC4	100	5.6	—	20	10^{8}	—

续表

类别 名称	型号	抗弯强度（垂直层向最小值，MPa）	抗冲击强度（最小值，$kJ \cdot cm^{-2}$）	耐电压强度（在90℃变压器油中垂直层向最小值，$kV \cdot mm^{-1}$）①	耐电压（在90℃变压器油中平行层向最小值，kV）	绝缘电阻（浸水后最小值，Ω）	介质损耗角正切（浸水后最大值，1MHz）
酚醛玻璃布板		140	25	7.1	20	10^8	—
环氧玻璃布板	EPGC1	840	37	12.1	35	5×10^{10}	0.04
	EPGC4	840	37	12.1	35	5×10^{10}	0.04
环氧酚醛玻璃布板	3240	392	147	20	30	10^8	0.03③
有机硅玻璃布板	3251	108	49	10	—	10^{10}	—
二苯醚玻璃布板		294	147	12②	—	10^{11}	0.2
聚酰亚胺玻璃布板		176	—	30②	—	10^{10}	—

注 ① 试样厚度 2mm。
② 在空气中数值。
③ 常态下数值。

对于层压板的品种、特性和用途等资料，一般的《材料手册》都可以查到。为此，依据教学内容的需要，仅介绍其中的几种。

1. 层压纸板的品种、特性和用途

层压纸板的品种、特性和用途，见表 3-26。

表 3-26 层压纸板的品种、特性和用途

名称	型号	耐热等级	特性和用途
酚醛层压纸板	3020	E	具有较好的介电性能、机械强度、良好的耐油性，适用于对介电性能要求较高的电机、电气设备的绝缘结构件，可以在变压器油中使用
	3021	E	适用于对力学性能要求较高的电机、电器的绝缘结构件。因为该层压板具有高的力学性能，也可在变压器油中使用
	3022	E	具有一定的耐潮性。适用于潮湿条件下工作的电气设备的绝缘结构件
	3022—2	E	具有较好的力学性能和电气性能。适用于高频电子和电信等装置中的绝缘结构件
	3023	E	具有优良的力学、电气性能，介质损耗角正切值较低等。适用于电子和电气设备的绝缘件
	PFCP1	E	具有力学性能高、介电性能好的特点。适用于机械方面应用
	PFCP2	E	具有高的电气性能。适用于工频高压
	PFCP3	E	正常温度下介电性能好。适宜于电气、机械方面应用
	PFCP4	E	高温下介电性能稳定。适宜电气和电子方面应用
	PFCP6	E	高湿度下介电性能好。适宜于电气、机械方面应用
	PFCP7	E	与 PFCP1 板性能相近，但在较低温度下冲剪性好。适宜于机械方面应用
阻燃冷冲层压纸板	B311—3	E	具有较好的冲剪加工性能和阻燃性能。广泛应用于接线板、波段开关、电位器等的绝缘结构件

续表

名　称	型号	耐热等级	特性和用途
酚醛层压纸板	GB822 9304 DB—1 DB—3	E	具有较好的冲剪、钻孔等性能。适宜于印制电路板钻孔加工时的底臂垫板
环氧酚醛层压纸板	9309 H323	E	机械、电气设备的绝缘结构件，并可以在变压器油中使用

2. 特种层压板的品种、特性和用途

特种层压板的品种、特性和用途，见表3-27。

表3-27　特种层压板的品种、特性和用途

名　称	型　号	耐热等级	特性和用途
酚醛纸覆铜箔板	3420（双面） 3421（单面）	E	具有高抗剥性能，较好的力学性能、电气性能和机械加工性能。适用于作无线电、电子设备和其他电气设备中的印制电路板
环氧酚醛玻璃布覆铜箔板	3440（双面） 3441（单面）	F	具有较高抗剥性能和机械强度，电气性能和耐水性好。用于制作工作温度较高的无线电、电子设备及其他设备中的印制电路板
防电晕环氧玻璃布板		F	具有较稳定的低电阻。适用于作高压电机槽部的防晕材料

其中，覆铜箔板是利用上胶纸、上胶玻璃布或上胶薄膜与铜箔复合，经加热、压制而成型，主要用于无线电、电子设备和其他电气设备中的印制电路板。常用覆铜箔板的主要性能指标，见表3-28。

表3-28　常用覆铜箔板的主要性能指标

性　能	酚醛覆铜箔板					环氧覆铜箔板		
	CPFCP 01～02	CPFCP 03～04	CPFCP 05F～06F	CPFCP 07F～08F	P—112 (FR—2)	CEPCP 21～22F	CEPCP 31～32F	P—124 (FR—4)
铜箔电阻（最大值）(mΩ)								
152g/m²	≤3.5	≤3.5	≤3.5	≤3.5	—	≤3.5	≤3.5	—
305g/m²	≤1.75	≤1.75	≤1.75	≤1.75	—	≤1.75	≤1.75	—
表面电阻率（最大值）(Ma)								
常态	$>10^4$	$>10^4$	$>10^4$	$>10^4$	$>10^4$	$>20^4$	$>50^4$	$>10^4$
100℃	$>10^2$	$>10^2$	$>10^2$	>30	$>10^3$	$>10^3$	$>10^3$①	$>10^3$
相对介电常数（1MHz）	≥5.5	—	≥5.5	≥5.5	≥5	≥5	≥5	≥5.5
介质损耗角正切（1MHz）	≤0.05	—	≤0.05	≤0.07	≤0.04	≤0.05	≤0.035	≤0.030
拉脱强度（N，最小值）	≥50	≥50	≥50	≥50	—	≥60	≥60	—

续表

性 能	酚醛覆铜箔板					环氧覆铜箔板		
	CPFCP 01～02	CPFCP 03～04	CPFCP 05F～06F	CPFCP 07F～08F	P—112 (FR—2)	CEPCP 21～22F	CEPCP 31～32F	P—124 (FR—4)
剥离强度（最小值，N/mm）								
热冲击 100℃干热后	≥1.0	≥1.0	≥1.0	≥1.0	>1.2	>1.2	—	>1.6
热冲击 125℃干热后	—	—	—	—	—	—	②	—
暴露于氯乙烯蒸气后 152g/m²	≥1.0	≥1.0	≥1.0	≥1.0	—	>1.2	≥1.1	—
305g/m²	≥1.0	≥1.0	≥1.0	≥1.0	—	≥1.2	≥1.4	—
模拟电镀条件处理后 152g/m²	≥0.6	—	≥0.6	≥0.6	—	≥0.8	≥0.9	—
305g/m²	≥1.0	—	≥0.6	≥0.6	—	≥0.8	≥0.11	—
可焊性（s）								
润湿试验后								
板厚<1.6mm（铜箔 152g/m²）	>2	—	—	>2	10③	>2	>2	20③
板厚≥1.6mm（铜箔 305g/m²）	>3	—	—	>3		>3	>3	
半润湿试验后	5_{0}^{+1}	—	—	5_{0}^{+1}		5_{0}^{+1}	5_{0}^{+1}	

注 ① 测试温度为 125℃。

② 铜箔为 152g/m² 时，大于 1.1；铜箔为 305g/m² 时，大于 1.4。

③ 在 260℃时的可焊性。

二、层压管（筒）

层压管（筒）按底材可分为纸、布和玻璃布三类。层压管可以加工成为各种螺纹形式的绝缘结构件。层压纸管、层压布管和层压玻璃布管的品种、特性及用途，分别见表 3-29 和表 3-30。

表 3-29　　层压纸管和层压布管的品种、特性及用途

名 称		型 号	耐热等级	特 性 和 用 途
层压纸管	酚醛层压纸管	3520	E	具有较高的介电性能和一定的机械强度。适宜作电气设备的绝缘结构件
	绕丝筒用胶纸管	9831	E	具有良好的力学性能和加工性能。适宜作缠绕玻璃纤维等的绕丝筒
层压布管	酚醛层压布管	9353 380 3526	E	具有径向抗拉强度高、吸水性小的特点。适宜作向心推力轴保持架
	酚醛布圆管	上 3173	E	适宜作绝缘材料和其他机械零部件
	酚醛层压布管	9371	E	具有较高的机械强度。适宜作柴油机喷油泵衬垫、水泵的高转速密封衬垫
		9732	E	具有较高的机械强度。适宜加工成飞机用抗压和抗冲击的特种结构件

表 3-30 层压玻璃布管的品种、特性及用途

名 称	型 号	耐热等级	特 性 和 用 途
环氧酚醛层压玻璃布管	3641	B	结构致密、吸水性小，力学、电气性能好。适宜作电气设备的绝缘结构件
	9365	B	具有良好的介电、力学性能、耐潮性和气密性。适宜作少油断路器的灭弧筒
环氧层压复合管	S—3630	B	具有高的介电性能和足够的机械强度。适用于高压开关
环氧酚醛层压玻璃布异形筒	9366	B	具有良好的介电性能、力学性能、气密性和耐潮性。适宜作少油断路器的绝缘上筒
真空压力浸胶环氧玻璃布管	388—1	B	具有很高的力学和介电性能，管的内、外壁涂一层耐 SF_6 气体保护层。适宜作高压断路器的绝缘结构件
真空压力浸胶涤纶布管	357	B	具有很高的力学和介电性能，并有良好的耐 SF_6 气体性。适宜作 SF_6 高压电器的绝缘结构件
环氧涤纶层压玻璃布管	9367	F	具有优良的气密性、耐潮性，耐电性能好，机械强度高，局部放电量少。适宜作 SF_6 断路器的绝缘件
真空浸胶环氧玻璃布管	389	F	适宜作断路器绝缘件和对热态和电气性能要求较高的其他电气设备的绝缘件，并可在变压器油中使用
环氧玻璃布缠绕管	9363—1	F	耐压水平高，螺纹加工性好，螺纹拉力强度高。适宜作 SF_6 断路器的绝缘拉杆和 300、600MW 发电机的绝缘件
环氧玻璃丝缠绕管	9390	F	具有优异的力学性能和介电性能，整体耐压水平高，螺纹加工性能好。适宜作 SF_6 断路器的绝缘结构件
环氧酚醛层压玻璃布管	3640	F	具有较高的力学、电气性能。适宜作电气设备的绝缘结构件，并可在潮湿环境和变压器油中使用
环氧层压玻璃布管	9363	F	具有优良的气密性、机械强度、介电性能和良好的机械加工性。适宜作高压、超高压电气设备的绝缘结构件
长规格环氧玻璃布管	9632	F	具有优良的力学、电气性能，良好的机械加工性。适宜作高压、超高压电气设备的主绝缘件或绝缘拉杆，可在潮湿环境下和变压器油中使用
环氧酚醛半导体层压玻璃布管	H360	F	适宜作避雷器的结构材料及其他屏蔽的结构材料
二苯醚层压玻璃布管	H370	F	具有优异的介电性能和力学性能。适宜作 H 级电机、电气设备的绝缘结构件
双马来酰亚胺玻璃布管	9364	F	具有较高的耐热性、介电性能、热态力学性能和耐潮性能。适宜作高温及特种电气设备的绝缘结构件
聚胺酰亚胺层压玻璃布管	D410 H350	F	具有优异的耐热、力学、电气性能和耐辐射性。适宜作 H 级电机、电器和超深井测试仪器的绝缘结构件

三、层压棒

层压棒按底材可分为纸、布和玻璃布三大类。它的品种、特性和用途，见表 3-31。

表 3-31 层压棒的品种、特性和用途

名　　称	型号	耐热等级	特 性 和 用 途
酚醛层压纸棒	3720	E	具有高的电气性能和一定的力学性能，并可在变压器油中使用。适宜作电机、电气设备中的绝缘结构材料
酚醛层压布棒	3721	E	具有较高的力学性能，并可在变压器油中使用。适宜作电气设备的绝缘结构件
	3725	E	适宜电气和机械方面用，可精密加工
真空压力浸胶环氧玻璃布棒	373	B	具有很高的力学和电气性能。适宜作高压电气设备的绝缘结构件
真空压力浸胶玻璃布棒	374	B	具有很高的力学性能和机械加工性能，优良的电气性能，耐 SF_6 气体。适宜作 SF_6 全封闭组合电器和氧化锌避雷器的绝缘结构件
环氧酚醛层压玻璃布棒	3840	F	具有高的力学性能及介电性能和良好的机械加工性能。适用于作电气设备的绝缘结构件
环氧层压玻璃布棒	3841	F	在干燥和潮湿条件下具有高的力学、电气性能。适宜作为电气设备的绝缘结构件，并可在变压器油中使用
聚胺酰亚胺层压玻璃布棒	D470	H	具有优异的力学、电气性能和热态机械强度，良好的耐辐射性和可加工性。适宜用作工作条件苛刻及 H 级电气设备的绝缘结构件

四、电容套管芯

电容套管芯是以绝缘卷缠纸为基材，浸涂合成树脂的上胶纸，卷制时加入涂胶铝箔作为电极，经烘焙热处理后，加工和浸漆而成。

电容套管芯是高压电气设备出线套管的重要组成部件。所以，对于胶纸式电容套管要求具有起始游离电压高以及在常态、热态的情况下，介质损耗角正切值小的特性。

电容套管芯实际上是一组串联电容器。它以胶纸为电介质，其中夹有导体（铝箔）作为串联电容器的电极，接入高压电场中起到均压作用。使用时应注意，35kV 以下的高压套管大多采用纯瓷和充油套管，35kV 及以上一般采用胶纸套管芯。

随着全封闭电气设备的不断开发，充油套管、浇注树脂套管的研制和使用工作正在迅速发展。常用高压套管的分类和用途，见表 3-32。

表 3-32 常用高压套管的分类和用途

分类特征		类　别	用　　途
主绝缘结构	电容式	胶纸	以胶纸作为主绝缘材料，并在内部设置若干电极以均匀电场分布的套管
		油纸	以油浸纸作为主绝缘材料，并在内部设置若干电极以均匀电场分布的套管
		浇注树脂	以浇注树脂作为主绝缘材料，并在内部设置若干电极以均匀电场分布的套管
		气体或绝缘液体	以气体或绝缘液体作为主绝缘材料，并在内部设置若干电极以均匀电场分布的套管
		复合式	兼有电容部分和非电容部分的充气、充液或充树脂套管
	非电容式	气体绝缘	瓷套内部充六氟化硫（SF_6）等压缩气体作主绝缘的套管
		液体绝缘	瓷套内部充绝缘油作为主绝缘的套管
		浇注树脂绝缘	仅以树脂（或兼以空气）作内外绝缘的套管
		纯瓷	仅以电瓷（或兼以空气）作内外绝缘的套管

§3-8　电工用橡胶、塑料、绝缘薄膜及其制品

一、电工用橡胶

橡胶是一种分子链为无定形结构的高分子聚合物，富有弹性、抗冲击，具有耐寒、耐热的特点和较大的伸长率。橡胶按其来源可分为天然橡胶和合成橡胶两大类。

1. 天然橡胶

天然橡胶的主要成分是聚异戊二烯。它的主要优点是抗张力强度高，抗撕性、回弹性以及工艺加工性能比多数的合成橡胶好；缺点是耐热老化性能差（如长期工作在高温度时，橡胶会很快失去机械强度而老化）和大气老化性能差，不耐油和有机溶剂，易燃，不耐臭氧等。

天然橡胶属于非极性橡胶。它是由橡树割取的胶乳，经稀释、过滤、滚压和干燥等程序制作而成，称为生橡胶或生胶。这种橡胶只有经过硫化之后，才有实用价值。方法是采用硫璜进行硫化处理，并加入添加剂，经过一定的温度和压力的作用形成硫化橡胶（俗称为熟橡胶）。熟橡胶克服了生橡胶因温度上升而变软发黏的缺点，具有不溶不熔的性质（但在溶剂中会出现膨胀现象），并且力学性能有所提高。

天然橡胶被广泛用于电缆工业中的电线、电缆绝缘和护套；在电器、开关、仪表和无线电装置中作绝缘结构零件（如弹性垫片和套管）、隔油和密封的材料。对于柔软性、弯曲性和弹性要求较高的电线电缆，天然橡胶尤为适用。此外，天然橡胶还可用来制作绝缘胶鞋、防护手套等。

天然橡胶的长期使用温度为60～65℃，电压等级可达6kV。

2. 合成橡胶

由于天然橡胶是热带产物，产量有限，且不能满足耐油、耐高温、耐燃等场合的使用要求，因此，在工程中逐渐被合成橡胶取代。合成橡胶又称人工橡胶，是指具有类似天然橡胶性质的高分子聚合物。

合成橡胶分为非极性合成橡胶和极性合成橡胶两种。其中，非极性合成橡胶主要有丁苯橡胶、丁基橡胶、乙丙橡胶和硅橡胶等，主要用作电线电缆绝缘；极性合成橡胶有氯丁橡胶、丁腈橡胶、氯磺化聚乙烯、氯化聚乙烯、氯醚橡胶和氟橡胶等，主要作为电线电缆的外护层（或称护套）。

常用橡胶的品种和主要性能，见表3-33。

表3-33　常用橡胶的品种和主要性能

序号	名称 性能	天然橡胶 NR	丁苯橡胶 SBR	三元乙丙橡胶 EPDM	丁基橡胶 HR	氯丁橡胶 CR	丁腈橡胶 NBR	氯磺化聚乙烯 CSM	氯化聚乙烯 CM	硅橡胶	氟橡胶（26型）
1	相对密度（典型值）	0.94	0.94	0.86	0.91	1.24	0.98	1.20	1.24	0.97	1.85
2	脆化温度（℃，不大于）	−50	−30	−40	−40	−35	−15	−40	−70	−70	−35

续表

序号	名称 / 性能	天然橡胶 NR	丁苯橡胶 SBR	三元乙丙橡胶 EPDM	丁基橡胶 HR	氯丁橡胶 CR	丁腈橡胶 NBR	氯磺化聚乙烯 CSM	氯化聚乙烯 CM	硅橡胶	氟橡胶（26型）
3	长期工作温度（℃）	60～65	65～70	80～90	80～85	70～80	80～85	90～105	90～105	180～200	200
4	耐辐照剂量（Rad，不小于）	10^6	10^6	10^7	10^6	10^7	—	10^7	10^7	10^8	10^7
5	抗拉强度（典型值）（MPa）	20	26	18	18	15	30	20	13	5	12
6	断裂伸长率（典型值）（%）	700	450	300	700	750	550	400	400	250	300
7	体积电阻率（Ω·m，不小于）	10^{13}	10^{13}	10^{14}	10^{15}	10^9	10^9	10^{12}	10^{11}	10^{12}	10^{10}
8	介电强度（kV/mm，不小于）	20	20	35	30	20	20	25	25	30	25
9	相对介电常数① 10^6Hz	2.5	2.9	3.2	2.3	8.3	13.0	8.5	8.5	3.2	3.5
10	损失角正切① 10^6Hz	0.0025	0.0032	0.004②	0.003	0.035	0.055	0.050	0.020	0.005	0.30

注 ① 参考值。

② 50Hz 测量。

3. 常用橡胶的主要用途及注意事项

（1）丁苯橡胶。丁苯橡胶是丁二烯和苯乙烯的共聚物，耐热性能明显要比天然橡胶好。对于聚合反应温度在50℃左右所合成的橡胶，一般称为热丁苯橡胶；在5℃左右合成的橡胶，称为冷丁苯橡胶。

电缆工业主要用冷丁苯橡胶。冷丁苯橡胶的抗拉强度、抗弯曲开裂、耐磨损等性能都比热丁苯橡胶好，并且加工也比较容易，但弹性和耐寒性能能相对较差。

干燥状态下的丁苯橡胶与天然橡胶，具有相近的电气性能。但纯丁苯橡胶在延伸时，由于缺乏结晶性，抗拉强度远不及天然橡胶；如果加入补强剂炭黑，其抗拉强度可提高到相当于天然橡胶的水平。

丁苯橡胶在电缆工业中主要用作绝缘材料，一般与天然橡胶按1:1混合使用，相互取长补短，提高混合橡胶的耐热老化性能。混合橡胶的电压等级为6kV。

（2）丁基橡胶。丁基橡胶是异丁烯的聚合物，对氧和臭氧的作用稳定。丁基橡胶的耐热性、耐大气老化性、耐电晕性和其他电气性能均比天然橡胶和丁苯橡胶好。它的透气性很小，吸水量约为天然橡胶的25%。丁基橡胶对动、植物油和多数化学药品（包括硫酸和硝酸）及霉菌的腐蚀都比较稳定。其缺点在于硫化困难、强度低、弹性小、不耐矿物油。

丁基橡胶主要用于船用电缆、电力电缆、控制电缆和高压电机引接线的绝缘材料，电压等级可达35kV，可直接用于户外。但应注意，丁基橡胶电缆不宜与矿物油和溶剂直接接触。

(3) 乙丙橡胶。乙丙橡胶是乙烯和丙烯的聚合物。乙丙橡胶的机械强度较低并且容易硫化，硫化后的乙丙橡胶电气性能优良，耐大气老化性能、耐臭氧性能和耐热老化性能均较丁基橡胶好，耐溶剂和耐化学药品的性能与丁基橡胶相似。

乙丙橡胶在高电场强度下有持久的抗电晕性，可用于高压电力电缆、矿用电缆、船用电缆、控制电缆、测井电缆、电机引接线的绝缘材料。

(4) 氯丁橡胶。氯丁橡胶是氯丁二烯的聚合物，力学性能与天然橡胶相近。氯丁橡胶具有良好的阻燃性、优良的耐大气老化性、耐臭氧性和良好的耐油性、耐溶剂性，但电气性能较差，绝缘电阻低。氯丁橡胶主要用于电线电缆的护套材料，特别适用于煤矿电缆、船用电缆和航空电缆的绝缘材料。氯丁橡胶可长期用于户外，与矿物油可直接接触时使用。

氯丁橡胶与天然橡胶或丁苯橡胶混和，其绝缘电阻率为$10^{12}\Omega \cdot cm$，略有提高，可作为220V低压的电线绝缘。这种电线可不再外加护层，工艺简单、生产效率高。

(5) 丁腈橡胶。丁腈橡胶是丁二烯和丙烯腈的共聚物。在25～50℃合成的橡胶称为热丁腈橡胶，在5～10℃合成的称为冷丁腈橡胶。

丁腈橡胶的热稳定性好，具有优良的耐油性和耐溶剂性。其中，丙烯腈的含量直接影响丁腈橡胶的性能。若其含量增多，丁腈橡胶耐热性、耐磨性、耐油性以及定伸强度和抗拉强度均可提高，密度和硬度增大，透气性变小；但橡胶的弹性、耐寒性以及电气性能有所下降。

丁腈橡胶适用于作油矿电缆护套和电机、电器的引接线绝缘。但丁腈橡胶作护套的电线、电缆不宜于户外使用。

丁腈橡胶和聚氯乙烯的混和物具有阻燃性，可作电焊机用电缆、电气机车和内燃机车用电缆、船用电缆、油矿电缆和电力电缆的护套。

(6) 氯磺化聚乙烯。氯磺化聚乙烯是聚乙烯与氯、二氧化硫反应的产物。氯磺化聚乙烯的电气性能、耐大气老化性能、耐热老化性能、耐臭氧性能和耐化学药品侵蚀性等都比氯丁橡胶好。其中，耐稀硫酸、稀苛性钠溶液和强氧化剂的性能更为优越。其抗拉强度较高，耐磨损性能优良，阻燃性和耐电晕性良好，缺点是耐寒性能较差。

氯磺化聚乙烯主要用作船用电缆、电气机车和内燃机车电缆以及电焊机电缆的护层材料，可以作为高压电机、F级电机的引接线，飞机、汽车的引火线和电压等级为2kV以下电线的绝缘。

用氯磺化聚乙烯作为护套的电线、电缆可与矿物油和植物油接触，并可长期用于户外。

(7) 氯化聚乙烯。氯化聚乙烯的含氯量为25%～45%时呈弹性体。氯化聚乙烯弹性体的性能与氯磺化聚乙烯相似，抗撕性优于后者，但回弹性差。氯化聚乙烯的特点是流动性好，容易加工；有优良的耐大气老化性、耐臭氧性和耐电晕性；与聚乙烯及聚氯乙烯有良好的相容性。

氯化聚乙烯适用于作矿用电缆、航空电缆、电力电缆、控制电缆、汽车点火线和电焊机电缆的护层材料，可用于户外。

氯化聚乙烯体积电阻率较低，与聚乙烯掺和后可用作电力电缆、照明线、电机电器的引接线和电话听筒线的绝缘材料。

（8）氯醚橡胶。氯醚橡胶具有优良的耐臭氧和耐热老化性能，长期工作温度为105～120℃。它的耐油和耐有机溶剂的性能极好，还具有良好的抗弯曲疲劳性能；透气性小，约为丁基橡胶的三分之一。它的缺点是密度较大，低温柔韧性差，加工性不良。

氯醚橡胶适用于作耐油、耐热电缆的护层材料，特别适用于作油井电缆的护套。

（9）硅橡胶。硅橡胶是有机硅聚合物，有加热硫化型和室温硫化型两大类（如不加说明，硅橡胶通常是指加热硫化型）。硅橡胶的耐热性和耐寒性比一般橡胶好；硅橡胶的抗拉强度低，但它在150℃以上时的力学性能却超过其他橡胶（包括氟橡胶）；硅橡胶的电气性能随温度和频率的变化甚微，耐电弧性好，热导率较高，散热性好。其缺点是耐油性和耐溶剂性能较差。

加热硫化硅橡胶在电缆工业中主要用作船舶控制电缆、电力电缆和航空电线的绝缘，以及作为F—H级电机、电器的引接线绝缘。在电机工业中采用模压成形的硅橡胶作中型高压电机的主绝缘。自黏性硅橡胶三角带和自黏性硅橡胶玻璃布带可用作高压电机的耐热配套绝缘材料。硅橡胶热收缩管可用于电线的连接、终端或电机部件的绝缘。

室温硫化硅橡胶在电器、电子和航空等工业部门广泛用作绝缘、密封、包覆、胶黏和保护材料。

（10）氟橡胶。氟橡胶的品种很多，电缆工业主要应用偏二氟乙烯和全氟丙烯的共聚物，即26型氟橡胶。氟橡胶的耐臭氧性能和耐大气老化性能很好，具有很高的耐热性和优良的耐油性、耐有机溶剂性及耐化学药品性，其热稳定性超过硅橡胶。它的缺点是高温下力学性能降落幅度较大，耐寒性差，对高温水蒸气不够稳定。

氟橡胶主要用作特种电线电缆的护套材料，适用于高温和有机溶剂、化学药品侵蚀的场所。

二、电工用塑料

电工用塑料一般是由合成树脂、填料和各种添加剂（配合剂）等配制而成的粉状、粒状或纤维状高分子材料。合成树脂是塑料的主要成分，它决定了塑料制品的主要性能。按树脂的类型不同，绝缘塑料可分为热固性塑料和热塑性塑料两大类，电工设备的绝缘以热固性塑料为主。

电工塑料质轻，电气性能优良，有足够的机械强度、硬度，易于用模具加工成所需形状并保持不变。在一定的温度和压力下，能够加工成各种规格、形状的绝缘、结构、传动和装饰等零部件以及作为电线、电缆的绝缘和护层材料，在电气设备中被广泛应用。

1. 热固性塑料

热固性塑料是由热固性树脂、填料（木粉、石粉、石棉纤维、玻璃纤维等）、固化剂、促进剂、润滑剂、颜料或染料等配制而成。热固性塑料在热压成型后，变为不熔而且不溶的固化物，是一种不可反复塑制的塑料。热固性塑料的特点是耐热性较高，受压不易变型。

热固性塑料应用最广的是仪器、仪表工业，如制造仪器、仪表的表壳、盖板、面板、绕组骨架、绝缘座等。

热固性塑料有酚醛塑料、氨基塑料、聚酯塑料和耐高温塑料等多种类型，但以酚醛塑料的应用居多。它是由酚醛树脂或改性酚醛树脂为基材与木粉、固化剂、颜料等组成。酚醛塑料有通用型、耐热型、电气型、无氨型、玻璃纤维型等，分别能够塑制电机、电器、仪器仪表、开关及高频绝缘性能的电信、无线电等绝缘结构件。

氨基塑料是由三聚氰胺树脂或尿素树脂与纤维材料或其他填料加工制成，可以分为三聚氰胺塑料和脲醛塑料两大类。三聚氰胺塑料有优良的耐电弧性能，适用于制造防爆电机电器、电动工具、高低压电器绝缘部件、灭弧罩及耐弧部件。脲醛塑料有较好的力学、电气性能，并且耐漏电起痕性能好，色泽鲜艳，但吸湿性大，耐热性差，适宜于制造低压电器、插头插座、仪器仪表、照明器材等绝缘零部件。

耐热塑料是由聚酯树脂与玻璃纤维或石棉制成料团状塑料。塑料固化后尺寸稳定性好，可塑制电机、电器、开关等绝缘结构件。

聚酰亚胺塑料是由聚酰亚胺树脂与玻璃纤维制成的塑料，塑料固化后具有耐高温、耐辐照特性，可塑制耐高温绝缘结构件。

常用热固性塑料的性能，见表3-34。

表3-34　　常用热固性塑料性能

性能＼名称	酚醛塑料(4010)	酚醛塑料(4013)	丁腈橡胶改性酚醛塑料(4511)	酚醛玻璃纤维塑料(4330)	三聚氰胺甲醛玻璃塑料(34)	三聚氰胺甲醛石棉塑料(4220)	聚酰亚胺塑料
密度(g/cm^3)	1.4	1.5	1.7	1.9	2.0	1.75	1.3
吸水率(%)	≤0.1	≤0.04	≤0.05	≤0.05	≤0.1	≤0≤1	≤0.035
收缩率(%)	0.5～0.9	0.5～0.9	0.5～0.9	—	≤0.3	0.3～0.6	—
流动性角(mm)	100～180	100～190	90～190	—	—	90～190	150～180
马丁温度(℃)	125～140	125～140	125～140	200～250	160～180	150～160	≥210
抗弯强度(MPa)	59～88	69～89	44～79	≥245	118～196	44～71	≥86
抗冲击强度(J/cm^2)	0.6～0.9	0.6～0.9	0.8～1.0	15～23	≥9.8	≥0.5	≥0.75
表面电阻率(Ω·cm)	10^{11}～10^{13}	10^{12}～10^{13}	10^{12}～10^{13}	10^{12}～10^{14}	10^{11}～10^{14}	10^{11}～10^{14}	≥10^{16}
介电强度(kV/mm)	10～15	13～16	13～15	13～19	10～12	10～14	≥14

续表

名称 性能	酚醛塑料（4010）	酚醛塑料（4013）	丁腈橡胶改性酚醛塑料（4511）	酚醛玻璃纤维塑料（4330）	三聚氰胺甲醛玻璃塑料（34）	三聚氰胺甲醛石棉塑料（4220）	聚酰亚胺塑料
耐电弧性（s）	—	—	—	—	≥60	≥60	—
耐雷性	差	良	良	良	优	优	良
体积电阻率（Ω·cm）	10^{10}～10^{13}	10^{11}～10^{13}	10^{11}～10^{13}	10^{12}～10^{14}	10^{11}～10^{14}	10^{10}～10^{13}	≥10^{14}

2. 热塑性塑料

电工用热塑性塑料有纯树脂的，也有采用树脂、填料及添加剂组成，其在熔融状态下成形或通过加热注塑、挤塑和压塑后冷却成形。后一种的成形过程可以反复多次，其物理及化学性质无明显变化，仍具有可溶可熔性。热塑性塑料可制成各种形状和规格的零部件或绝缘结构件。热塑性塑料的特点是随温度升高而变软，随温度降低而变硬。

电工用热塑性塑料的主要性能，见表 3 - 35。

表 3 - 35　　电工用热塑性塑料的主要性能

性能参数	聚苯乙烯		ABS		聚甲基丙烯酸甲脂	聚酰胺（1010）		聚碳酸脂		聚砜
	纯料	含玻璃纤维	抗冲击型	耐热型		纯料	含玻璃纤维	纯料	含玻璃纤维	
密度（g/cm³）	1.04～1.09	1.2～1.3	1.02～1.04	1.06～1.08	1.17～1.2	1.04～1.09	1.23～1.3	1.2	1.4～1.45	1.24
吸水率（%）	0.03～0.1	0.05～0.07	0.3	0.2	0.3～0.4	0.5～1.0	0.05	0.13～0.24	0.07～0.1	0.12～0.22
热变形温度（18.2MPa）（℃）	96	1.04	87～103	96～118	70～90	45	—	132～142	140～149	174
马丁温度（℃）	≥56	—	≥50	—	≥65	42～48	90～180	110～140	150～152	156
熔点（℃）	200	—	217～237	217～237	>108	200～210	—	220～230	—	243～360
线膨胀系数（$\times10^{-5}$/V）	8	3～4.5	9.5～10.5	6～9	5～9	8.5～16	3.1	5～7	1.6～2.7	5～5.2
模塑收缩率（%）	0.4～0.7	0.1～0.3	0.3～0.8	0.3～0.8	0.5	1.0～2.5	1.2～1.5	0.5～0.8	—	0.8
伸长率（%）	1.0～2.5	0.75～1.1	5.0～60	3.0～20	2～10	50～250	—	60～130	1～5	20～100
抗张强度（MPa）	34～82	75～103	34～43	44～60	48～76	44～54	68～176	54～69	108～167	71～83
抗弯强度（MPa）	69～96	103～127	51～79	69～83	89～118	76～87	108～304	93～109	137～192	106～124

续表

性能参数	聚苯乙烯		ABS		聚甲基丙烯酸甲脂	聚酰胺（1010）		聚碳酸脂		聚砜
	纯料	含玻璃纤维	抗冲击型	耐热型		纯料	含玻璃纤维	纯料	含玻璃纤维	
抗冲击强度（J/cm^2）	0.14～0.21	1.31	5.19	0.16～0.31	1.57	9.8～48	5.9～9.8	74～86.2	6.4	16.7～36.3
体积电阻率（Ω·cm）	10^{16}～10^{17}	≥10^{16}	≥10^{16}	5×10^{16}	≥10^{14}	≥10^{14}	10^{11}～10^{15}	≥10^{16}	≥10^{16}	≥10^{16}
表面电阻率（Ω）	—	—	≥10^{15}	≥10^{15}	≥10^{15}	≥10^{14}	≥10^{15}	≥10^{15}	—	≥10^{16}
介电强度（kV/mm）	20～28	14～17	13～18	14～16	18～22	15～24	18～29	17～22	19～29	16～20
耐燃性	易燃	易燃	缓慢	缓慢	可燃	自熄	自燃	自燃	不燃	自熄

常用的热塑性塑料的特性及用途如下所述。

（1）聚苯乙烯（PS）。聚苯乙烯是由苯乙烯聚合而成，为无色透明体；具有优良的电气性能和透光性、着色性，耐矿物油、有机酸、碱、盐、低级醇以及这些物质的水溶液，但质脆、易开裂、易燃。若用丁苯橡胶、聚甲基丙烯酸甲酯或丙烯腈改性，可提高其冲击强度。

聚苯乙烯适用于塑制各种仪表罩盖、外壳、绝缘垫圈、线圈骨架、绝缘套管、指示灯罩及开关按钮等。

（2）ABS塑料。ABS塑料是苯乙烯—丁二烯—丙烯腈共聚物，为象牙色、不透明体，具有良好的综合性能。在一定温度范围内尺寸稳定性好，有较高的表面硬度，易于成形和机械加工，表面可以镀金属。但其耐热和耐寒性较差，接触某些化学药品（如冰醋酸和醇类）和某些植物油时，易产生裂纹。

ABS塑料可塑制绝缘结构件、支架、仪表外壳以及电动工具外壳等。

（3）聚甲基丙烯酸甲脂（PMMA）。聚甲基丙烯酸甲脂俗称有机玻璃，是由甲基丙烯酸甲脂单体聚合而成的透光性优异的无色透明体，可透过92%以上的阳光和73.5%的紫外线。它具有优良的电气性能和尺寸稳定性，易于成形和机械加工，耐气候性良好，但耐磨性、耐热性较差，可溶于丙酮、氯仿等有机溶剂中。

聚甲基丙烯酸甲脂可塑制仪器的一般零件、绝缘零件、电器外壳、罩盖、接线柱、仪表外壳等。

（4）聚酰胺（1010）。聚酰胺俗称尼龙，由癸二酸与癸二胺缩聚而成的白色半透明体。在常温下有较优良的机械强度，较好的电气性能、冲击韧性、耐寒性、耐磨性、自润滑性、耐油性、耐有机溶剂性，尺寸稳定性好，但热变形温度低。

聚酰胺可塑制线圈骨架、插座、接线板、碳刷架、电机、电器的绝缘结构件；在电缆工业中常用聚酰胺作航空电线、电缆护层。

（5）聚砜（PSF）。聚砜由4，4′—二氯二苯基砜和双酚A的钠盐或钾盐在二甲基亚砜溶液中缩聚而成，为呈琥珀色的透明体。聚砜具有良好的耐热性（可在150℃的高温下长期使用）和耐寒性，电气性能优良、机械强度高，抗蠕变性、尺寸稳定性好。聚砜的缺点是成形温度高，耐溶剂性差，易被酮类、卤代烃等极性溶剂腐蚀。

聚砜可用作碳刷架，集电环架，仪器仪表中的接线板、接线柱、线圈骨架及带有金属嵌件的绝缘部件。

（6）聚碳酸酯（PC）。聚碳酸酯是由双酚A与碳酸二苯酯在四硼酸钠双酚钠盐催化作用下，进行酯交换反应或由光气与双酚A反应而成，是无色或微黄色透明体。其具有优良的电气性能和机械性能，有突出的抗冲击强度和抗蠕变性能，热变形温度高，尺寸稳定性、耐热、耐寒性较好，但耐磨性较差。

聚碳酸酯可塑制仪器、仪表的零部件，耐冲击件或支架、绕组筒或接线端子板等绝缘件。

3. 电线、电缆用热塑性塑料

电线、电缆用热塑性塑料主要有聚乙烯、聚氯乙烯、聚丙烯、氟塑料、氯化聚醚和聚酰胺等，应用最广泛的是聚乙烯和聚氯乙烯。

电线、电缆用热塑性塑料的主要性能指标，见表3-36。

表3-36　电线、电缆用热塑性塑料的主要性能指标

性能参数	聚氯乙烯		聚乙烯			聚丙烯	氟塑料		
	绝缘级	护层级	低密度	高密度	交联		F—4	F—46	PFA
密度（g/cm³）	1.5	1.25	0.91～0.93	0.94～0.97	0.92	0.9～0.91	2.1～2.2	2.1～2.2	—
吸水率（%）	⩽0.5	⩽1.0	⩽0.02	⩽0.01	—	⩽0.03	⩽0.01	⩽0.01	<0.03
伸长率	⩾200	⩾300	20～350	15～100	⩾200	400～700	200～300	250～300	⩾300
热导率（W/m·K）	0.125～0.167	0.125～0.167	0.334	0.459～0.50	—	0.13	0.250	0.250	—
体积电阻率（Ω·cm）	10^{13}～10^{14}	10^{9}～10^{10}	⩾10^{18}	⩾10^{16}	⩾10^{16}	⩾10^{16}	⩾10^{17}	⩾10^{17}	⩾10^{17}
抗张强度（MPa）	⩾17.6	⩾12	9.6～13	17.8～31	—	29～39	14～29	⩾19.6	—
介电常数 50Hz	5～6	—	2.3	2.35	2.3	2.2	2.0	2.1	2.1
介电常数 10^3Hz	4.5～5.8	—	2.3	2.35	2.3	2.2	2.0	2.1	2.1
介电常数 10^6Hz	3.5～4.5	—	2.3	2.35	2.3	2.2	2.0	2.1	2.1
介质损耗 50Hz	0.05～0.15	—	⩽2×10^{-4}	⩽2×10^{-4}	⩽5×10^{-4}	⩽3×10^{-4}	⩽2×10^{-4}	⩽3×10^{-4}	⩽3×10^{-4}
介电强度（kV/mm）	⩾20	16～18	18～28	18～20	18～28	30～35	⩾19	20～24	—
耐燃性	自燃	缓慢	缓慢	缓慢	缓慢	缓慢	非燃	非燃	非燃
工作温度（℃）	65～100	65	70	70	80～90	120	250	205	250

（1）聚乙烯。聚乙烯分低密度、中密度和高密度三种。一般密度愈高，则塑料的硬度、抗拉强度、弯曲强度、软化温度以及对化学药品的稳定性相应提高；但透气性减小，抗环境应力开裂的能力下降。聚乙烯具有电气性能、耐化学性好的特点，且结构稳定，耐潮，耐寒等性能优良，但是软化温度较低，长期工作温度不应高于70℃。工程使用中的电线、电缆，采用低密度高压聚乙烯的情况居多。

聚乙烯主要用作通信电缆（市内电缆、长途对称高频电缆、同轴电缆、海底通信电缆以及泡沫聚乙烯中继电缆等）、电力电缆的绝缘和保护层材料。聚乙烯用于电力电缆，其电压等级可达22.5kV。

此外，由于聚乙烯具有优良的耐水性，可以用作潜水电机的绕组绝缘。使用时必须在导体与绝缘层之间加上隔离层（即漆包线漆膜），防止导体的铜离子向绝缘层扩散而导致电气性能下降。

根据使用要求，可以对聚乙烯进行改性，制成泡沫聚乙烯和交联聚乙烯等。其中，泡沫聚乙烯只用作通信电缆绝缘；交联聚乙烯主要用作电力电缆绝缘。由于交联聚乙烯的工作使用温度可提高10～20℃，并有良好的耐辐照特性和抗过载电流能力。所以，它的用量日益俱增。

（2）聚氯乙烯。聚氯乙烯是由聚氯乙烯树脂与添加剂加工而成。按它的用途可分为绝缘级和护层级两大类。聚氯乙烯具有优越的力学性能和良好的电气性能，对酸、碱和有机化学药品较稳定，且有耐潮、耐电晕、不延燃、成本低、加工方便等优点。

聚氯乙烯可用作电线、电缆的绝缘和护套；又可作为电缆金属护套的外护层，防止金属被腐蚀。聚氯乙烯用作绝缘时，其电压等级为10kV。经改性后制成的交联聚氯乙烯，可以用作电子计算机的连接线绝缘等。

（3）聚丙烯。聚丙烯的物理特性、力学性能都优于聚乙烯，耐磨性仅次于聚酰胺。聚丙烯的电气性能优越，在很宽的频率范围内不会发生明显变化，具有优良的耐潮性、较好的耐溶剂性和耐碱性。聚丙烯不耐浓硝酸、发烟硫酸和王水等，并且它的耐热、耐大气老化性能不如低密度聚乙烯。

聚丙烯作为电线、电缆的优良绝缘材料，绝缘层的厚度可以很薄，柔韧性能好。并且其在高温下直接与溶剂、极性物质或强氧化性气体接触，具有较好的抗环境应力开裂性能。

聚丙烯可用作电缆的护层，纯净的聚丙烯可作高频电缆的绝缘。经改性后制成的泡沫聚丙烯，可以用作电信电缆绝缘。

（4）氟塑料。氟塑料有聚四氟乙烯（F－4），四氟乙烯—六氟丙烯共聚物（F－4b）和四氟乙烯—全氟乙烷基乙烯基乙烯基醚共聚物（PFA）等。它具有良好的耐热性、耐磨性、耐化学性、耐辐射性，可作为耐辐射、耐高温的电缆绝缘。

三、绝缘薄膜及其制品

1. 常用电工薄膜

常用电工薄膜是由高分子化合物——合成树脂制成，并具有不同特性和用途。它的厚度（一般为0.006～0.5mm）薄、质柔软、耐潮，具有良好的电气性能和机械性能，可制成透明、半透明，不透明或不同颜色的各种产品。

电工薄膜在电机、电器、仪器仪表中，主要用作线圈、电线、电缆绕包绝缘以及电容器的介质。

常用的电工薄膜主要有聚丙烯薄膜、聚酯薄膜、聚萘酯薄膜、芳香族聚酰胺薄膜、聚酰亚胺薄膜、聚四氟乙烯薄膜、全氟乙丙烯薄膜、聚苯乙烯薄膜以及聚乙烯薄膜等。常用电工薄膜性能，见表 3-37。

表 3-37　常用电工薄膜性能

性能 \ 名称		聚丙烯薄膜	聚酯薄膜	聚萘酯薄膜	聚酰亚胺薄膜		聚四氟乙烯薄膜（定向）	聚乙烯薄膜
					非定向	定向		
密度（g/cm^3）		0.89～0.92	1.38～1.4	1.35～1.4	1.38～1.41	1.43	2.1～2.3	0.93
收缩率（%）	纵向	2（120℃）	≤3（130℃）	0.33（100℃）	0.3（200℃）	—	—	—
	横向	2（120℃）	≤3（130℃）	—	0.3（200℃）	—	—	—
伸长率（%）	纵向	30～100	40～130	46～66	15～30	88	≥30	≥200
	横向	30～100	40～130	21～75	15～30	77	≥30	≥200
抗张抗度（MPa）	纵向	≥118	147～206	137～245	98～118	188	≥29.4	≥9.8
	横向	≥137	147～196	206～245	98～118	196	≥29.4	≥9.8
介电强度（kV/mm）		≥150	≥130	≥210	100～130	275	—	≥40
体积电阻率（Ω·cm）		10^{15}～10^{19}	10^{16}～10^{17}	≥10^{16}	10^{14}～10^{16}	10^{16}～10^{17}	10^{16}～10^{17}	10^{17}
介质损耗角正切（50Hz）		0.0007	≤0.005	≤0.004	0.004～0.01	0.019	—	—
介电常数（50Hz）			3～3.4	2.9	3	3.1	1.8～2.2	—
工作温度（℃）		−50～105	−60～130	−60～155	−60～250	−60～250	−60～260	−55～105

（1）聚丙烯薄膜。聚丙烯薄膜是由聚丙烯树脂（PP）挤出厚片，经双轴定向拉伸而成。它具有较高的电气、机械性能和化学稳定性，密度小、重量轻。除浓硫酸、浓硝酸外，其他化学药品对它不起作用。与电容纸相比，它具有较小的介质损耗角正切值，击穿强度比电容器纸高出近 10 倍之多。因此，它主要用作电容器薄膜介质，可以缩小电容器体积，提高容量，减少重量。

（2）聚酯薄膜。聚酯薄膜具有较高的抗张强度、绝缘电阻和击穿强度，耐有机溶剂性能好，但易醇解、水解（在 70～80℃水或水蒸气中开始水解），耐碱性和耐电晕性差，工作温度为−60～120℃。它主要用于电机、电器的包扎绝缘、组间和衬垫绝缘、电磁线的绕包绝缘和电容器薄膜绝缘。

（3）聚萘酯薄膜。聚萘酯薄膜具有耐热性能好，弹性模数高，断裂伸长率小的特点。它具有较高的耐酸、耐碱、耐芳香胺性能和优良的耐气候性能，在高温下缓慢水解，吸收紫外线后变成黄色，但力学性能不会下降。因此，它多用作 F 极电极槽绝缘和导线绕包绝缘。

（4）聚酰亚胺薄膜。聚酰亚胺薄膜是由聚酰胺酸溶液通过一定的工艺后，经烘焙、高温脱水和环化而成。它具有优异的耐高温、耐深冷性能；具有耐辐射和不燃烧特性，可长期在180～250℃的范围内使用；能在400℃下工作数小时，但超过800℃则炭化，但不燃烧；在液氦低温下，能保持柔软性；能耐所有的有机溶剂和酸，但不耐强碱并且不推荐在石油中使用。聚酰亚胺薄膜主要用于H级电机槽绝缘、线圈、电器的包扎绝缘及导线的漆包绝缘。

（5）聚四氟乙烯薄膜。聚四氟乙烯薄膜具有良好的耐热性和耐寒性，可以在－250～250℃的范围内连续工作。超过300℃时，则性能下降。聚四氟乙烯薄膜有优良的电气性能和化学稳定性，在某些卤化胺及芳香族碳氢化合物中有轻微的溶胀现象，并且碱金属和氟元素在高温下对它有明显的腐蚀作用。聚四氟乙烯薄膜的介质损耗角正切值小，在很宽的温度和频率范围内变化极微。在电弧作用下不炭化，并且薄膜不易黏结。

聚四氟乙烯薄膜主要用于电机、电器、仪器仪表的元件绝缘，线圈和衬垫绝缘电容器介质和电磁线、引出线、耐热导线的绕包绝缘。

（6）聚苯乙烯薄膜。聚苯乙烯薄膜是一种非极性电介质，有良好的电气性能、介质损耗角正切值小。在很宽的温度下，频率范围内变化不大。但耐热性及柔软性差，质脆、抗冲击、抗撕裂强度低。

聚苯乙烯薄膜一般用作高频电信电缆绝缘和电容器介质。

（7）聚乙烯薄膜。聚乙烯薄膜是由聚乙烯树脂（PE）经吹塑或通过T型模挤出法制成。聚乙烯薄膜具有较好的电气性能，但机械性能和耐热性能较差，长期工作温度为70℃。它可用作电信电缆、低压线圈绝缘，电力电缆的护套等。

2. 电工绝缘薄膜复合制品

电工绝缘薄膜复合制品是在电工薄膜的上面黏合纤维材料（如绝缘纸、漆布等）而制成的一种复合材料。它厚度薄、质柔软、耐潮，化学稳定性好，并具有良好的电气性能和机械性能。其中，纤维材料的主要作用是加强薄膜的力学性能，提高抗撕裂强度和表面挺度，适用于作为中小型电机槽绝缘，电机、电器线圈端部绝缘和相间绝缘。

电工薄膜复合制品主要有聚酯薄膜绝缘纸复合箔、聚酯薄膜玻璃漆布复合箔、聚酯薄膜聚酯纤维纸复合箔、聚酯薄膜芳香族聚酰胺纤维纸复合箔以及聚酰亚胺薄膜芳香族聚酰胺纤维纸复合箔等。

电工薄膜复合制品的性能及用途，见表3-38。

表3-38 电工薄膜复合制品的性能及用途

特征 \ 名称	聚酯薄膜绝缘纸复合箔	聚酯薄膜玻璃漆布复合箔	聚酯薄膜聚酯纤维纸复合箔	聚酯薄膜芳香族聚酰胺纤维纸复合箔	聚酰亚胺薄膜芳香族聚酰胺纤维纸复合箔
型号	6520	6530	DMI)	NMN	NHN
厚度（mm）	0.15～0.30	0.17～0.24	0.20～0.25	0.25～0.30	0.25～0.30
耐热等级	H	B	B	F	H
组成	一层聚酯薄膜、一层绝缘纸（青壳纸）	一层聚酯薄膜、一层玻璃漆布	一层聚酯薄膜、两层聚酯纤维纸	一层聚酯薄膜、两层芳香族聚酰胺纤维纸	一层聚酰亚胺薄膜、两层芳香族聚酰胺纤维纸

续表

特征＼名称		聚酯薄膜绝缘纸复合箔	聚酯薄膜玻璃漆布复合箔	聚酯薄膜聚酯纤维纸复合箔	聚酯薄膜芳香族聚酰胺纤维纸复合箔	聚酰亚胺薄膜芳香族聚酰胺纤维纸复合箔
抗张力（N）	纵向	180～330	250～330	180～270	＞90	130～280
	横向	120～300	200～300	150～220	＞70	100～210
击穿电压（kV）	常态	6.5～12	8～12	10～12	10～11	7～12
	弯折	6～12	6～8	9～12	9～11	6～11
	受潮	4.5～12	6～10	8～12	11	7～9
	热态			8～11（130℃）	8～11（155℃）	
体积电阻率（Ω·cm）	常态	10^{14}～10^{15}	10^{14}～10^{15}	10^{14}～10^{15}	10^{15}	10^{14}～10^{15}
	受潮	10^{12}～10^{13}	10^{12}～10^{14}	10^{12}～10^{13}	10^{14}	10^{13}～10^{14}
	热态	10^{11}～10^{13}	10^{11}～10^{12}	10^{12}～10^{14}	10^{14}	10^{14}～10^{15}
用途		适用于E级电机槽绝缘、端部层间绝缘	适用于B级电机槽绝缘、端部层间绝缘、匝间绝缘和衬垫绝缘。可用于湿热地区	适用于B级电机槽绝缘、端部层间绝缘、匝间绝缘和衬垫绝缘。可用于湿热地区	适用于F级电机槽绝缘、端部层间绝缘、匝间绝缘和衬垫绝缘	适用于H级电机槽绝缘、端部层间绝缘、匝间绝缘和衬垫绝缘

薄膜及其复合制品应在规定的温度、湿度条件下储藏。若超过存储期，则必须按规定标准复查合格后才能使用。

§3-9 电工用玻璃与陶瓷、云母及其制品

一、电工用玻璃与陶瓷

1. 电工玻璃

电工玻璃是由二氧化硅、氧化钙、氧化钠、三氧化二硼等原料，经过熔融或烧结制成无晶的玻璃体。电工玻璃按用途分为绝缘子玻璃、电真空玻璃和微晶玻璃。按其所含的成分不同又可分为碱玻璃和无碱玻璃。其中，含碱在0.5%以下，称为无碱玻璃。

电工玻璃主要用于电工、电子、机械、航空等工业或制作玻璃结构的绝缘制品。

玻璃纤维是通过熔体玻璃以1500m/s左右的速度，从铂金坩埚微孔中拉出多根纤维束，并涂以润滑剂后收卷而成。玻璃纤维不燃，耐热性好，机械强度高，适用于纺纱织布或作为塑料的增强材料。

玻璃布由玻璃纱采用平纹、斜纹或缎纹织法而织成，可用作玻璃漆布底材、层压制品底材、云母制品的补强材料。

玻璃布带可作为电机、电器线圈的绕包绑扎材料。玻璃丝束外加涤纶套管可用于高压电机线圈端部的绑扎材料。但两者均需经过浸渍漆进行浸渍处理。

2. 陶瓷

陶瓷是以黏土、石英、长石等天然矿物为主要原料，经粉碎、真空炼泥、加工成型、烧结等工序制成的多晶无机绝缘材料。

电工用陶瓷具有较高的耐电强度，良好的机械强度、耐热性，耐大气腐蚀和耐电晕性好，不易老化，应用很广。电工陶瓷按其用途和性能可分为装置陶瓷、电容器陶瓷及多孔陶瓷。

(1) 装置陶瓷。装置陶瓷分为低频瓷和高频瓷两类。低频瓷主要用于高压、低压及通信线路的绝缘子、绝缘套管、夹板等零件。低频瓷的原料中，黏土约占40%～50%，石英占25%～40%，长石占20%～35%。因含有较多的碱金属氧化物，所以绝缘电阻较小，电导及损耗较大。并且随温度升高而增大，因此不适于在高频范围应用。

高频瓷对于电导、介质损耗等技术指标要求很严，所以必须严格控制陶瓷的成分和生产工艺。常见的为铝矾土和加入适量氧化钡，形成 $BaO-Al_2O_3-SiO_2$ 系和 $MgO-Al_2O_3-SiO_2$ 系的高频装置瓷。高频瓷主要用于高、低压绝缘子、电感线圈、可变电感器的骨架、天线绝缘子及无线电零件等。

(2) 电容器陶瓷。电容器陶瓷的特点是介电系数很大，ε_r 值一般在12～200的范围内，介质损耗较小，一般 $\tan\delta$ 在 $1\times10^{-4}\sim6\times10^{-4}$ 左右，介电系数的温度系数范围广。它适用于作低压、高压电容器和回路补偿电容器以及高稳定度的电容器。

电容器用陶瓷大多是含钛的陶瓷，如二氧化钛瓷、钛碱镁瓷、钛酸铬瓷等，现在也发展采用以锆酸盐或锡酸盐为主的不含钛的陶瓷。

(3) 多孔陶瓷。多孔陶瓷的特点是结构中玻璃相少，而气相多，所以击穿强度低，而耐热性很高。根据用途可将多孔陶瓷分为多孔耐热陶瓷和多孔真空陶瓷两种。

多孔耐热陶瓷用以制造各种线绕电阻器、滑线电阻和电热元件的支架或底盘。

多孔真空陶瓷用以制造各种电真空器件的绝缘零件。

二、云母及其制品

云母及其制品在电机、电子设备和家用电器中，常可作为高温绝缘材料。譬如用于电机的整流子、电容器、电烙铁、电熨斗及电子管等的绝缘。云母作为绝缘材料，一般要求必须具备以下条件：含铁量要低、特别不能含有 Fe_3O_4 黑色斑点（因对电性能危害极大）；表面平滑，无波纹皱痕；不含有包裹体；无任何伤痕或其他缺陷。

云母是自然界分布最广的矿物之一，其总质量约占地壳的3.8%，是一种重要的非金属矿物。云母可以分为天然云母、合成云母和粉云母三种。天然云母属于铝代硅酸类的一种天然无机矿物，种类很多。由于工程条件的限制，能用作电工绝缘材料的天然云母仅只有白云母和金云母两种。

白云母和金云母都具有优良的电气、力学性能，并且耐高温、耐化学、耐电弧和耐电晕性好。它们的解理性能好，可以剥离加工成为厚度在0.01～0.03mm，柔软而又富有弹性的云母薄片。白云母玻璃光泽，无色透明；金云母则近乎于金属和半金属光泽，常见的有金黄色、棕色或浅绿色，透明度稍差。两种云母相比，白云母的电气性能比金云母好，但金云母柔软，耐热性能比白云母强。

合成云母主要是氟金云母，是天然金云母的类似物。与天然云母相比，氟金云母无结晶水，纯净度高，耐热性、抗冲击性和介电性能优于天然云母。

各种云母的电气性能，见表3-39。

表3-39 各种云母的电气性能

名　称	密度 (g/cm³)	介电强度 (kV/mm)	体积电阻率 (Ω·cm)	介电损耗角正切值 (1MHz)	介电常数	吸水率（%）	工作温度 (℃)
天然白云母	0.7～2.9	150～280	≥10^{15}	0.0005	6～8	1.82	600
天然金云母	2.7～2.85	125～200	10^{13}～10^{14}	0.001	5～7	0.29	850
合成云母	2.7～2.85	185～238	≥10^{15}	0.0003	5～6.3	0.14	1100

云母制品是由云母或粉云母、胶黏剂和补强材料组成。胶黏剂主要有沥青漆、虫胶漆、醇酸漆、环氧树脂漆、有机硅漆和磷酸铵水溶液等。补强材料主要有云母带纸、电话纸、绸和无碱玻璃布。材料的组成不同，可制成不同特性的云母绝缘材料。譬如，云母玻璃是由白云母粉与玻璃粉组成的模压制品。

云母制品可以按照不同的特征加以分类。如按它的组成可分为片云母和粉云母制品、有补强材料的云母制品和无补强材料的云母制品；若按它的结构形状和工艺特性又可分为云母带、云母板（柔软云母板、塑型云母板、换向器云母板、衬垫云母板、耐热云母板）和云母箔。

云母本身是耐热绝缘材料，所以制品的耐热等级主要取决于黏合剂和补强材料。

1. 云母带

云母带是由云母薄片（或粉云母纸）与补强材料，经烘干、分切制成的带状绝缘材料。云母带在室温下具有良好的柔软性和可绕性；在冷、热状态下，同样具有较好的电气、力学性能；耐电晕性好，并可连续包绕电机线圈。云母带经模压（或液压）成型或高压真空浸渍成型，可以作为电机线圈的主绝缘材料。

随着电机工业不断向高压、大容量方向发展，对电机绝缘的机、电、热性能的要求越来越高。根据不同系列电机的特殊要求，可以生产不同规格、不同结构的云母带。譬如，新发展的环氧玻璃粉云母带基本上满足了发展的需求，取代了沥青片云母带和醇酸片云母带。采用环氧玻璃粉云母绝缘具有以下优点：

（1）介电性能好。同厚度B级环氧粉云母绝缘的击穿强度比沥青片云母绝缘高，见表3-40。

表3-40 环氧粉云母绝缘与沥青云母绝缘的指标比较

项　　目	沥青片云母绝缘	桐油酸酐环氧粉云母绝缘
电压等级（kV）	13.8	13.8
单面绝缘厚度（mm）	4.75	4
平均击穿电压（kV）	90.3	125
平均介电强度（kV/mm）	19	31

绝缘线圈的介电损耗角正切值综合反应了绝缘的整体性及材料的工艺性。环氧粉云母绝缘在室温和高温下均具有比沥青片云母绝缘小的介电损耗值，见表3-41。

表3-41　环氧粉云母带和沥青片云母带绝缘介质损耗对比

<table>
<tr><th rowspan="3">云母带绝缘种类</th><th colspan="4">20℃</th><th>105℃</th><th>130℃</th></tr>
<tr><th colspan="3">tanδ（%）</th><th rowspan="2">Δtanδ（%）</th><th colspan="2">tanδ（%）</th></tr>
<tr><th>3kV</th><th>6kV</th><th>9kV</th><th>6kV</th><th>6kV</th></tr>
<tr><td>5438—1粉云母带</td><td>0.75</td><td>1.15</td><td>1.8</td><td>1.02</td><td rowspan="2">17</td><td rowspan="2">6.47</td></tr>
<tr><td>沥青片云母带</td><td>1.50</td><td>3.0</td><td>4.0</td><td>2.5</td></tr>
</table>

（2）力学性能高。环氧玻璃粉云母绝缘通过机械振动后，场强下降率和介电损耗变化均比沥青片云母绝缘小。

（3）厚度均匀性好。粉云母带的厚度偏差范围小，是任何片云母带无法比拟的。

（4）耐热性能提高。沥青片云母绝缘是A级绝缘，它的运行温度是105℃。而环氧粉云母绝缘是B级以上绝缘，它的运行温度是130～155℃。从而电机的运行温度可以提高25℃以上，这对提高电机的功率因数是很有意义的。

（5）耐湿热性能加强。对6kV框式线圈（新绝缘采用复合式结构），经过21天湿热试验后，桐油酸酐环氧粉云母绝缘电阻为沥青片云母绝缘的1.9～2.8倍。桐油酸酐环氧粉云母绝缘的介电强度为29～38.4kV/mm，最低击穿电压为60～90kV。而沥青片云母绝缘的介电强度为19.7kV/mm，最低击穿电压仅为50kV。这说明桐油酸酐环氧玻璃粉云母绝缘优于沥青片云母绝缘。

2. 云母板

云母板是由胶黏剂黏合云母片（或粉云母纸）与补强材料，经过烘焙或烘焙热压而制成。根据选用组成的材料不同，可以制成使用要求不同的云母板。

柔软和塑型云母板的型号及主要性能，见表3-42。

表3-42　柔软和塑型云母板的型号及主要性能

名　称	型号	耐热等级	介电强度（kV/mm）			体积电阻率（Ω·cm）	
			0.15mm	0.2～0.25mm	0.3～1.2mm	常态	受潮24h
醇酸玻璃柔软云母板	5131	B	≥16	≥18	≥16	—	—
醇酸玻璃柔软粉云母板	5131—1	B	≥16	≥18	≥16	—	—
醇酸柔软云母板	5133	B	25～30	25～32	25～28	$\geqslant 10^{13}$	$\geqslant 10^{12}$
有机硅柔软云母板	5150	H	≥20	≥25	≥20	$\geqslant 10^{12}$	$\geqslant 10^{10}$
有机硅玻璃柔软云母板	5151	H	16～26	18～28	16～26	$\geqslant 10^{12}$	$\geqslant 10^{10}$
有机硅玻璃柔软粉云母板	5151—1	H	≥15	≥25	≥20	—	—
虫胶塑型云母板	5231	B	35～47	35～47	30～38	$\geqslant 10^{13}$	$\geqslant 10^{12}$
醇酸塑型云母板	5235	B	35～50	35～50	30～40	$\geqslant 10^{13}$	$\geqslant 10^{12}$
有机硅塑型云母板	5250	H	35～50	35～50	30～40	$\geqslant 10^{13}$	$\geqslant 10^{12}$
聚酰亚胺塑型云母板	9531	H	≥35	≥35	≥30	$\geqslant 10^{13}$	$\geqslant 10^{12}$

3. 云母箔

云母箔是由热固性胶黏剂黏合云母片（或粉云母纸）与单面补强材料，经过烘焙或烘焙压制而成的弹性板材。云母箔的厚度较薄，弹性较好；室温下具有一定的柔软性，并且在一定温度下具有可塑性。

云母箔的型号、电气性能及用途，见表3-43。

表3-43 云母箔的型号、电气性能及用途

名 称	型号	耐热等级	厚度（mm）	击穿强度（CkV/mm）	用 途
醇酸纸云母	5830	B	0.15，0.20，0.25，0.30	16～35	用于一般电机、电器卷烘绝缘、磁极绝缘
醇酸纸粉云母箔	5830－1	B	0.17，0.22	25～40	
虫胶纸云母箔	5831	E～B	0.15，0.20，0.25，0.30	16～35	
虫胶纸金云母箔	5831－1	E～B	0.15，0.20，0.25	25～40	
虫胶纸金云母箔	5831－2	E～B	0.15，0.20，0.25，0.30	16～30	
醇酸玻璃云母箔	5832	B	0.15，0.20，0.25，0.30	16～35	用于要求机械强度较高的电机、电器卷烘绝缘、磁极绝缘
虫胶玻璃云母箔	5833	B	0.15，0.20，0.25，0.30	16～35	
虫胶玻璃金云母箔	5833－2	B	0.15，0.20，0.25，0.30	16～30	
环氧玻璃粉云母箔	5836－1	B	0.15，0.20，0.25	25～50	
有机硅玻璃云母箔	5850	H	0.15，0.20，0.25，，0.30	16～35	用于H级电机、电器卷烘绝缘、磁极绝缘

4. 云母玻璃

云母玻璃是由云母粉与低熔点的硼铅玻璃粉混合，经热熔、模压而成形的硬质板状材料。云母玻璃具有良好的耐热性能和耐电弧性能，主要用作高压电器耐电弧、耐高温的绝缘材料。

云母玻璃的主要性能指标，见表3-44。

表3-44 云母玻璃的主要性能指标

序 号	性能指标	云母玻璃	合成云母玻璃
1	相对密度	2.65～2.8	2.6～3.8
2	抗弯强度（MPa）	76.86	85～100
3	耐热性（℃）	300～350	350～650
4	体积电阻率（Ω·cm）	10^{13}～10^{16}	10^{15}
5	介质损耗角正切值（1MHz）	1.3×10^{-3}～5×10^{-3}	1.3×10^{-3}～5×10^{-3}
6	相对介电常数（1MHz）	6.5	6.8～9.8
7	击穿强度（kV/mm）	14～20	13～20

习　题

一、填空题

（1）在电力变压器中，矿物油主要起________和________的双重作用。

（2）引起油老化的主要因素是________和________。

（3）温度对油老化速度的影响，据测定平均每升高________℃，老化速度增加________倍。

（4）绝缘漆按用途可分为________、________、________、________、________等数种。

（5）漆包线漆主要用于________。

（6）环氧漆广泛应用于________、________。

（7）硅钢片漆主要用于________，以增加________间的绝缘，降低________损失，增强________和耐________等能力。

（8）电缆浇注胶主要用于________ kV以下的________和________。

（9）合成纤维具有良好的________性、________性、________高、________好、吸湿性小等优点。

（10）绝缘漆产品的命名是由主要________和________组成。

（11）热固性塑料广泛用于制造仪器、仪表的________、________、________、________、________等。

（12）覆铜箔板主要用于________、________和________中的印制电路板。

（13）低压电缆纸主要用于________ kV及以下的________、________和通信电缆的绝缘。

（14）高压电缆纸适用于________ kV及以上的高压电缆绝缘。

（15）B类电容器纸主要用于________。

（16）无碱玻璃纤维适于作________和________；中碱玻璃纤维适于作________和________。

（17）绑扎带主要用于________和________。

（18）采用________或________方法可提高气体的击穿电压。

（19）天然橡胶长期使用温度为________～________℃，电压等级可达________ kV。

（20）聚乙烯塑料长期工作的温度不应超过________℃。

（21）聚苯乙烯薄膜一般用作高频________绝缘和________介质。

（22）热塑性塑料的特点是随温度升高而________，随温度降低而________。

（23）电工中常用的云母有________和________两种。

（24）醇酸玻璃柔软云母板和有机硅玻璃柔软云母板的耐热等级分别为________、________。

(25) ABS塑料适用于制作各种________、________、________、________等。

(26) 按树脂的类型不同，可将电工塑料分为________和________两大类。电工中以________塑料为主。

(27) 云母带在室温下具有良好的________性和________性。

(28) 电容器陶瓷适用于作________、________电容器和________电容器以及________的电容器。

(29) 低频瓷主要用于________、低________及通信线路的________、________、夹板等零件。

二、简答题

(1) 绝缘材料的耐热性能分几个级别？对应的温度各是多少？

(2) 硅油具有哪些特性？

(3) 什么叫做绝缘油的老化？

(4) 如何粗略地判断绝缘油的老化？绝缘油老化后有哪些表现？

(5) 防止绝缘油老化的主要措施有哪些？

(6) 电工材料中，对漆包线漆有哪些基本要求？

(7) 配制电器浇注胶时应注意什么？

(8) 什么是绝缘纤维制品？

(9) 聚酯纤维具有哪些特点？用途如何？

(10) 使用绝缘漆布应注意哪些问题？

(11) 使用绑扎带应注意哪些问题？

(12) 为什么固体介质中的气泡能严重影响材料的绝缘性能？工程中常用什么方法测出和消除介质中的气泡？

(13) 六氟化硫有哪些优良特性？主要用途是什么？

(14) 为什么在检修充有 SF_6 气体的电气设备时，一定要采取劳动保护措施？

(15) 工程上对绝缘油有哪些要求？

(16) 电工层压制品具有哪些优良特性？

(17) 掺入哪些主要的添加剂可改善电工用橡胶的性能？各有什么作用？

(18) 硅橡胶具有哪些优缺点？

(19) 云母有哪些良好的性能？

(20) 在发电设备中，经常用到哪些电工绝缘材料？举例说明之。

(21) 举例说明，在输电系统中经常用到哪些电工绝缘材料？

(22) 举例说明，在配电系统中经常用到哪些电工绝缘材料？

(23) 举例说明，在日常生活、学习中经常用到哪些电工材料？

(24) 介质损耗在工程中具有什么意义？

(25) 电工塑料有哪些特性？

三、简答题

(1) 简述使用气体绝缘材料时应当注意的问题。

(2) 简述聚乙烯的主要用途。

(3) 简述绝缘油净化的方法。

(4) 简述对绝缘油的基本要求及主要用途。

(5) 简述对浸渍漆的基本要求。

(6) 简述绝缘胶的特点及用途。

(7) 简述工程上对绝缘胶的基本要求。

(8) 简述使用覆盖漆的注意事项。

(9) 简述常用薄膜黏带、织物黏带、无底材黏带的主要用途。

(10) 简述影响液体电解质的主要因数。

(11) 简述加工层压制品时，应特别注意的问题。

(12) 简述天然橡胶的优缺点及适用范围。

(13) 简述聚酰亚胺薄膜的优缺点及用途。

(14) 简述对漆包线的基本要求。

第 4 章

磁 性 材 料

§4-1 概 述

磁性材料是重要的三大电工材料之一。它的主要作用是利用其特性进行电、机械、声、光等能量的转换。因此，它被广泛地应用到电气设备、电工、电子仪器、仪表、通信及电子计算机等方面，已经成为现代电子、电力、能源、信息等工业的重要支柱。

一、物质的磁性及磁性材料的分类

磁性是物质的基本属性之一。不同的物质导磁能力不同；由不同的磁性物质所组成的材料，其磁性能与用途也各不相同。

表征物质导磁能力的物理量是磁导率（又称导磁系数）μ，磁导率 μ 越大，表示物质的导磁性能越好。为了研究问题方便起见，通常用相对磁导率 μ_r 来表示物质的导磁性能。物质的磁导率 μ 与真空磁导率 μ_0 之比叫做该物质的相对磁导率 μ_r。

即
$$\mu_r = \mu/\mu_0$$

真空磁导率 μ_0 可用实验方法确定，其值为 $4\pi \times 10^{-7}$ H/m。

自然界的物质按其导磁性能可分为三类：

第一类叫顺磁性物质，如空气、氧、铝、铂和锡等。它们的特点是相对磁导率 μ_r 稍大于 1。

第二类叫反磁性物质（又叫逆磁性物质），如氢、铜、银、金等。它们的特点是相对磁导率 μ_r 稍小于 1。

上述两类物质的磁导率都与真空磁导率相近似，都属于弱磁性物质。

第三类叫强磁性物质，又称铁磁性物质，如铁、钴、镍及其合金等。它们的特点是相对磁导率 μ_r 远大于 1，可以大到几百甚至到几万。值得一提的是，自然界的物质绝大多数是弱磁性的。在元素中，除铁、钴、镍是铁磁性外，其余的都是顺磁性或反磁性的。

铁磁性物质的导磁性能之所以优良，是因为它具有磁化的特性。铁磁性物质通常对外不显示磁性，若将其放入磁场内，磁场就会显著加强，磁感应强度 B 明显增大，铁磁性物质才呈现磁性。这种使铁磁性物质呈现磁性的过程，叫铁磁性物质的磁化。为什么在外磁场的作用下，铁磁性物质能够被磁化呢？其内因是在铁磁性物质的内部存在着由分子电流建立的许多天然磁化小区域，称为磁畴。磁畴就像一个个小磁铁，在无外磁场作用时，这些磁畴由于热运动杂乱无章地排列着，此时它们的磁场相互抵消，合成磁场为零，对外界不显示磁性。当在外磁场作用下，这些磁畴就会转到与外磁场基本一致的方向上来，从而产生了附加磁场，与外磁场叠加后使磁场显著加强，如图4-1所示。

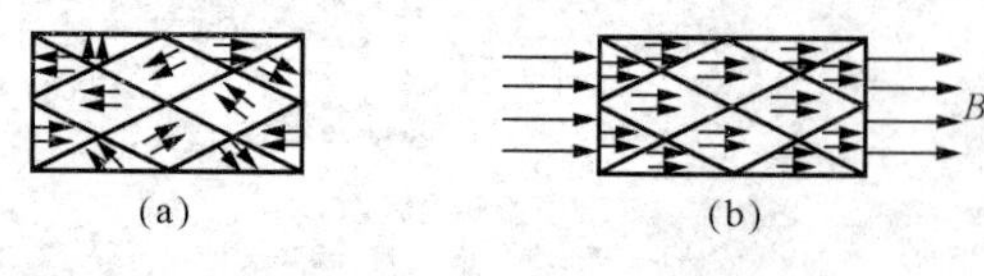

图 4-1 铁磁物质的磁化
(a) 没有外磁场作用 (b) 有外磁场作用

由于顺磁物质和反磁物质，其磁性表现均很微弱，不能作为磁性材料使用，只有强磁性物质在工程上才有实用价值。因此，工程上提到的磁性材料，均系指强磁性物质。

磁性材料按其磁特性和应用，可以概括分为软磁材料、硬磁材料和特殊磁材料三类；按其组成又可分为金属（合金）磁性材料和非金属磁性材料（主要是铁氧体）两种系列；按原子排列状态还可分为多晶磁性材料、单晶磁性材料、非晶磁性材料和磁性液体四大类。各种磁性材料的特性和应用等情况将在后面逐一介绍。

二、磁性材料的特性曲线

不同种类的磁性材料的磁特性是不一样的，其用途及其使用范围也不尽相同。因此，正确理解不同磁性材料的磁特性，掌握其基本的磁性能，才能达到正确选择、合理使用磁性材料的目的。工程上常用磁化曲线和磁滞回线等特性曲线来反映磁性材料的基本性能。磁性材料的特性曲线就是磁性材料的磁感应强度 B 与外磁场的磁场强度 H 之间的关系曲线，简称 $B-H$ 曲线。各种特性曲线都可以用实验方法得出。下面介绍几种不同磁化情况下的特性曲线。

1. 起始磁化曲线

如果对原先未被磁化的材料（即磁感应强度 $B=0$ 和磁场强度 $H=0$），施加单调增加的外磁场，所测得的 B 随 H 的单调增大而非线性地增大的曲线称为起始磁化曲线，如图 4-2 所示。由图可见，曲线可分为以下四个阶段。

Oa 段：称为起始磁导率范围。在这个范围内 B 大致与 H 成正比缓慢变化，即 $B/H=\mu_i$（起始磁导率）近似常数。这是因为起初外磁场很弱，原来不规则排列的磁畴因惯性极少顺磁场方向排列，故磁感应强度增加得较慢。

ab 段：过了 a 点后，当外磁场继续逐渐加大时，因为磁畴开始大量沿外磁场的方向排列，所以 H 稍增加一点，则 B 值增加很快。

bc 段：称为磁化曲线的膝部，随着 H 的增加，由于大部分磁畴已转向外磁场方向，所以 B 值的增加愈来愈慢。

c 点以后的一段称为磁化曲线的饱和部分，由于材料内部几乎所有的磁畴已转向外磁场方向，所以总磁场的 B 值也几乎不增加了。磁性材料的这种特性称为磁饱和。图 4-2 中，B_S为饱和磁感应强度。

由图 4-2 可见，起始磁化曲线表明了磁性材料的 B 和 H 是非线性关系，也表明了磁性材料的磁导率 μ（等于 B/H）不是常数。由于磁化曲线上任一点的 B 与 H 之比就是相应的磁导率 μ，因而根据 $B-H$ 曲线就可绘出 $\mu-H$ 曲线。曲线上 μ_i和 μ_m值分别为起始磁导率和最大磁导率。

2. 磁滞回线

磁性材料反方向的磁化过程，特别是在交变电流（即交变磁场）作用之下的磁化过程，具有很大的实用意义，而磁滞回线正是反映在交变磁化状态下的 $B-H$ 关系曲线。

磁性材料在交变的外磁场作用下反复磁化的过程中，当 B 随 H 沿起始磁化曲线达到饱和以后，逐渐减小 H 数值，发现这时 B 并不是沿起始磁化曲线减小，而是沿另一条在它上面的曲线 ab 下降，如图 4-3 所示。当 H 单调地减至零时，B 值却不等于零，仍保持

一个相当的值 B_r，这个值叫做剩磁感应强度，简称剩磁。其原因可简单解释为，当外磁场除去后，已转向的磁畴因相互间的阻碍作用，不可能完全恢复到原状，因而仍保留一定的磁性。

为了消除剩磁，必须外加反方向的磁场。随着反方向 H 单调地增大，磁性材料逐渐退磁。当反方向 H 增大到一定值时，B 值由 B_r 逐渐变小，直至为零，这一过程称为去磁过程（bc 这一段曲线叫退磁曲线）。当 H 反向增加到 H_c 时，才使 B 等于零，剩磁完全消失。这时的磁场强度的值 H_c 叫做矫顽力。矫顽力是为了克服剩磁所加的磁场强度，矫顽力的大小反映了磁性材料保存剩磁的能力。

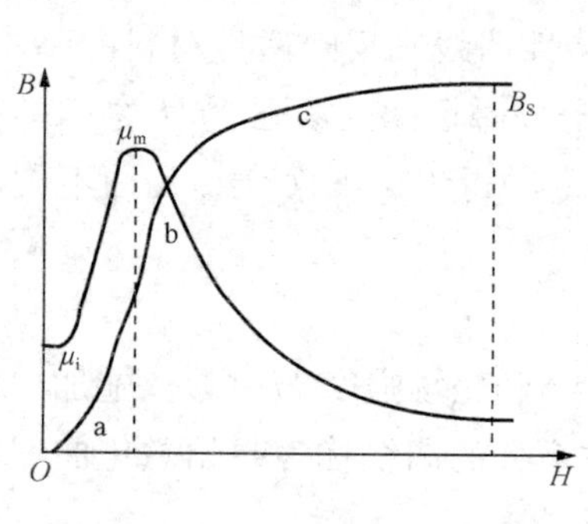

图 4-2　$B-H$ 关系曲线

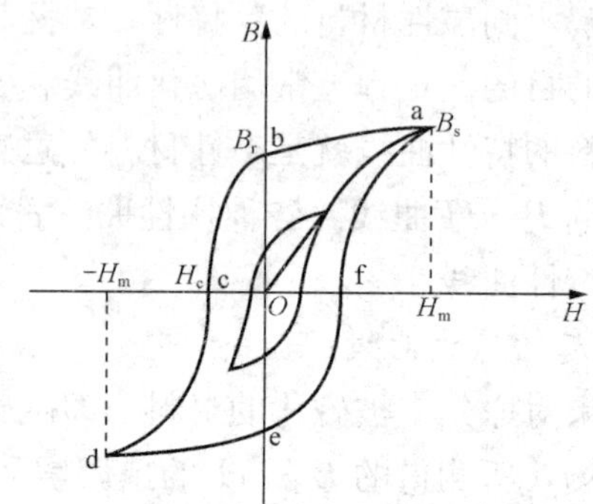

图 4-3　磁滞回线

当反方向 H 继续增大时，B 值则又从零值起并改变方向，沿曲线 cd 变化。磁性材料的反向磁化同样能达到饱和点 d，此时若使磁场减弱到零，$B-H$ 曲线将沿 de 变化，在 e 点 $H=0$。然后再逐渐增大正向磁场，$B-H$ 曲线将沿 efa 变化而成一个循环。

从整个过程看，B 的变化总是落后于 H 的变化，这种现象称为磁滞现象。磁性材料经过一个循环的反复磁化（即磁场强度从正最大值 H_m 到负最大值 $-H_m$ 再到 H_m）而得到与原点对称的闭合曲线（如 abcdefa），称为磁滞回线。随着磁场强度 H_m 的增加，磁滞回线的面积也随之增大。当磁化达到饱和时，再增大磁场强度，磁滞回线的面积基本上不变，这时的磁滞回线称为极限磁滞回线。不同的磁性材料的极限磁滞回线，其面积及形状是不同的。磁滞回线显示了磁性材料在交变磁场作用下的磁物特性——磁滞性。

磁性材料在交变磁化过程中，当磁畴翻转或转动时，因相互摩擦引起内部发热而消耗一定的能量，这种能量损耗叫做磁滞损耗。磁滞损耗与磁滞回线的面积成正比。此外，磁性材料在交变磁化过程中，还由于铁芯中产生涡流而引起焦耳热损耗，这种能量损耗叫做涡流损耗。所谓铁磁材料的铁损，主要是由磁滞损耗和涡流损耗这两部分组成。

3. 基本磁化曲线

在工程中，磁性材料经常处于强弱不同的交变磁化状态，而在不同的交变磁化情况下就有不同的磁滞回线，如图 4-4 所示。把这些磁滞回线的顶点联接起来形成的曲线称为基本磁化曲线。由于这些磁滞回线都是经过反复磁化得来的闭合回线，所以基本磁化曲线是稳定的。工程计算所用的磁化曲线就是这种曲线，所以基本磁化曲线是一种实用的磁化曲线，它是软磁材料确定工作点的依据。

不同的磁性材料，其基本磁化曲线是不同的。各种常用的软磁材料的基本磁化曲线，可在有关的手册中查到。需要说明，由于影响磁性能的因素很多（如加工方法、热处理方式及切割方向等），即使是同一种牌号的材料，实验测得的基本磁化曲线也是有差异的。

4．退磁曲线

退磁曲线是指极限磁滞回线在第二象限的部分，它是说明硬磁材料特性的曲线，如图4－5中的 B_rH_c 这段曲线。它是鉴定硬磁材料品质优劣的一项重要依据。

在退磁曲线上，任何一点对应的 B 与 H 的面积（即对应的矩形面积的大小）就是硬磁材料在该点上单位体积所具有的能量，称为磁能积。其中一点对应的 B 与 H 的乘积具有最大值，称为最大磁能积 $(BH)_{max}$，这一点称为最大磁能积点。$(BH)_{max}$ 是硬磁材料的重要参数之一。$(BH)_{max}$ 值愈高，硬磁材料的特性愈好。因此，应尽可能将硬磁材料的工作点选择得与 $(BH)_{max}$ 点接近。

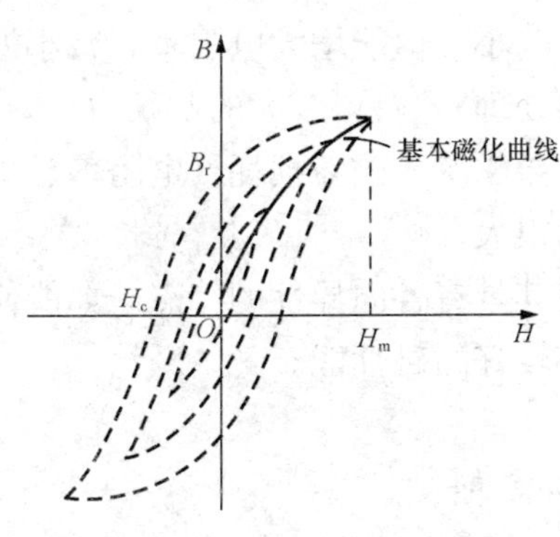

图4－4 基本磁化曲线

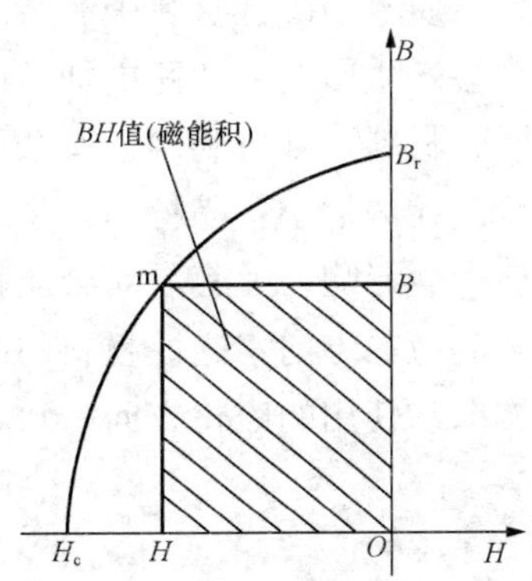

图4－5 退磁曲线

最后必须指出，磁性材料除了特性曲线反映的各种磁特性外，由于生产工艺的差别，往往同种磁性材料又有各向同性和各向异性之分。磁性材料在不同方向磁化下，有不同的磁化性能，这种磁性在不同方向的差异性，称为磁性的各向异性。各向异性磁性材料的磁性与磁化方向有关，因此在使用这类各向异性材料时，要特别注意选其磁性最好的方向为磁化方向。如硅钢片若按原轧压方向磁化则可得到高的磁导率。另外，磁性材料在外磁场中磁化时，在磁化方向上会发生伸长或缩短的磁致伸缩现象。据此特性磁性材料可用于制作磁致伸缩换能器元件。

三、影响磁性能的因素

磁性材料的磁性能的基本特点有：导磁性能良好，但 μ 不是常数，具有磁饱和性、磁滞性和剩磁性等。影响磁性材料磁性能的因素很多，既有外在因素的影响，也有材料本身的内在因素的影响。现在仅简述几种重要的因素对磁性能的影响。

1．外在因素的影响

（1）温度：温度对磁性材料的磁性能的影响显著。对于所有的磁性材料来说，并不是在任何温度下都具有磁性。一般地，金属类磁性材料的磁导率和饱和磁感应强度随温度的升高而降低。当温度超过某一数值（即居里温度）时，磁性材料将失去铁磁性，即内部磁畴将消失而成为顺磁性物质。所以，磁性材料应工作在居里温度以下。居里温度亦称居里点 T_C，各种磁性材料具有不同的居里点，如铁的居里点为 770℃，镍为 358℃，钴为 1137℃。居里温度的实际意义，显然是限制了磁性材料的工作温度。

（2）频率：频率的变化对磁性能也有影响。当频率增高后，既会导致材料导磁性能下降，又会使铁芯损耗增加。

（3）塑性加工：磁性材料在加工过程中，如压延、拉伸、弯曲、冲剪等加工工艺，会使磁性材料内部的部分晶格发生扭曲、滑移、从而造成其内部的磁畴在外磁场作用下不易转向，因此带来不易磁化的后果。另外，在金属类磁性材料进行各种机械加工时，会使金属内部产生内应力，而内应力的出现会使材料的磁导率下降，矫顽力加大和损耗增加。为此，必须采用退火处理以消除应力，恢复原来的磁性。

2. 内在因素的影响

（1）杂质：当磁性材料中有杂质时，由于组成的成分和杂质的含量不同，对磁性材料的性能都会产生影响。如铁中加入硅，对磁滞损耗影响小，但能增大电阻率，减小涡流损耗；对硬磁材料，则可利用某些杂质（或适当进行热处理），获得较大的矫顽力。

（2）晶粒的大小：晶粒的大小对磁性材料的最大导磁率、磁滞损耗、电阻率、机械强度等都会产生影响，尤其是对金属材料的磁性能影响很大。

（3）晶粒的方向：磁性材料的晶粒方向不同，使其具有各向异性的特点。如能使晶粒的磁化方向与使用的磁化方向一致，磁性材料将发挥较好的磁性能。

§4-2 软 磁 材 料

软磁材料的主要功能是用来减少回路的磁阻，增强磁回路的磁通量，主要用作导磁回路。

不同的磁性材料其磁滞回线的形状是不相同的。软磁材料的磁滞回线的形状狭长且陡，磁滞回线所包围的面积小，表明它的磁滞损耗也小，如图 4-6 所示。

可以说明软磁材料主要具有的磁特性有：

（1）高的磁导率 μ。磁导率是对磁场灵敏度的量度。

（2）低的矫顽力 H_c。显示磁性材料既容易受外加磁场磁化，又容易受外加磁场或其他因素退磁，而且磁损耗也低。

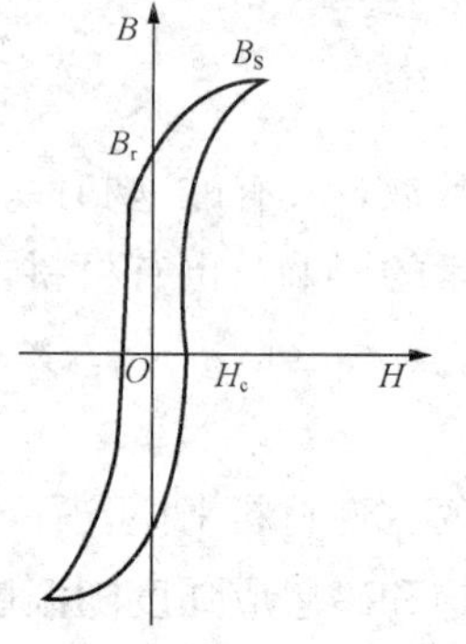

图 4-6 软磁材料的磁滞回线

（3）高的饱和磁感应强度 B_S 和高的饱和磁化强度 M_S。这样较容易得到高的磁导率 μ 和低的矫顽力 H_c，也可以提高磁能密度。

（4）低的磁滞损耗和涡流损耗。这就要求低的矫顽力 H_c 和高的电阻率。

因此，软磁磁材料是一种既容易磁化又容易去磁的磁性材料。所以在交变磁场中工作的各种设备的铁芯都是采用软磁材料。不同类型的软磁材料其磁性能是有差异的，一般把矫顽力 $H_c < 10^3$ A/m 的磁性材料归类为软磁材料。

一、软磁材料的性能指标和主要性能要求

1. 软磁材料的性能指标

衡量软磁材料的重要指标有最大磁导率μ_m、初始磁导率μ_i、饱和磁感应强度B_S和铁损P_{Fe}，用这些指标可以确切地说明材料的性能、质量和用途。

2. 软磁材料的主要性能要求

软磁材料的种类较多，其性能各异。应该注意的是，由于工作条件的不同，对软磁材料的主要性能要求也不一致，现分述如下：

（1）在强磁场条件下使用的软磁材料。在强磁场条件下最常用的软磁材料是硅钢片。这类材料主要用作发电机、变压器、电动机等各种电气设备的铁芯材料，要求其具有低的铁损和高的磁感应强度。在一定的频率和磁感应强度下，铁损低可降低设备的总损耗，提高设备的效率，从而提高产品的经济指标。磁感应强度高，可以缩小铁芯体积，减轻设备重量；或者可节约导线，减少导体电阻引起的损耗。而且由于铁芯和导线的节省，使产品成本随之降低。

（2）在弱磁场条件下使用的软磁材料。在弱磁场条件下常选用的有铁镍合金、铁钴合金以及冷轧单取向硅钢薄带等。这类材料用作高灵敏度小型变压器、继电器、电工仪表、小功率磁放大器等各种器件中电磁元件的铁芯材料，要求其具有高的磁导率和低的矫顽力。当线圈匝数一定时，由于材料的磁导率高，通以较小的激磁电流就能产生较高的磁感应强度，从而获得较高的输出电压。又由于材料的矫顽力低，则磁滞回线的面积窄小，材料的铁损小，因而使用这样的材料可缩小产品尺寸，提高产品的灵敏度，提高经济效益。

（3）在高频条件下使用的软磁材料。这类材料用于电视机或收音机中的中周变压器、短波天线棒、调谐电感电抗器以及磁饱和放大器等的磁芯材料。由于随频率的增高涡流损耗将愈趋严重，因此在高频场合下使用的软磁材料，除要求其具有高磁导率和低矫顽力之外，还应具有高的电阻率，以减小涡流损耗。

（4）在某些特殊条件下使用的软磁材料。对其有不同的特殊要求，如恒电感和脉冲变压器的铁芯材料，要求在一定的磁感应强度范围内，材料的磁导率基本保持不变；又如磁电系仪表中永磁铁磁极间的磁分路材料，则要求在一定的温度范围内，其磁导率能随温度而急剧变化，使工作气隙内的磁通密度保持恒定，以补偿仪表的温度误差等等。

二、软磁材料的种类、特点和应用范围

怎样才能合理选用软磁材料呢？除了要清楚了解上述各种工作条件下对材料性能的具体要求外，对软磁材料的分类情况及其特性的了解是至关重要的。

目前常用的软磁材料可分为金属软磁材料和铁氧体软磁材料两大类。其中，金属软磁材料包括电工纯铁、硅钢片、铁镍合金和铁铝合金等四类。

金属软磁材料和铁氧体软磁材料相比，前者具有高的饱和磁感应强度和低的矫顽力，但这类材料的电阻率普遍很低，一般为$10^{-6}\sim10^{-8}\Omega\cdot m$。因此金属软磁材料只适用于直流、低频和高磁场等场合。铁氧体一般用于高频磁场，多用来制作功率不太大的磁性元件。下面就逐一介绍上述各种常用软磁材料的具体特性、型号和用途。

1. 电工纯铁（牌号代号 DT）

一般把杂质总含量<0.2%及含碳量在0.02%～0.04%的铁称为工业纯铁。在含碳量不大于0.04%的工业纯铁中加入微量的硅、铝等元素，以提高电磁性能，则把纯度在98%以上的铁，称为电工纯铁。铁的软磁性能与它成分中的杂质含量有密切关系，纯度越高，软磁性能越好。

电工纯铁可分为原料纯铁、电子管纯铁和电磁纯铁三种。工程技术上广泛采用电磁纯铁。

电磁纯铁的磁化特性优良，具有高的饱和磁感应强度、高的磁导率和低的矫顽力，且居里温度高达770℃，冷加工性能好等优点。但其缺点是电阻率太小（约为$11\times10^{-8}\Omega\cdot$m)、铁损太大，在交变磁场中涡流损耗很大，因此不能用在交流磁场中，只宜作直流磁路的材料，如电磁铁磁极、磁轭、继电器铁芯和磁屏蔽等。目前，电工纯铁基本上已被各类铁磁合金所取代。

电磁纯铁加工成磁性元件后，由于存在应力，使磁性能降低；为了消除应力和提高磁性能，必须进行退火处理。电磁纯铁的型号和磁性能，见表4-1。

表4-1　电磁纯铁的型号和磁性能

磁性等级	型　号	$H_c\leqslant$ (A/m)	$\mu_m\geqslant$ (H/m)	磁感应强度不小于（T）				
				B5	B10	B25	B50	B100
普　级	DT3、DT4、DT5、DT6	96	0.0075	1.4	1.5	1.62	1.71	1.80
高　级	DT3A、DT4A、DT5A、DT6A	72	0.00875					
特　级	DT4E、DT6E	48	0.0113					
超　级	DT4C、DT6C	32	0.015					

注　B5、B10、B25、B50、B100分别表示磁场强度为500、1000、2500、5000、10000A/m时的磁感应强度值。以后类同。

2. 硅钢片（牌号有DR、DW或DQ）

硅钢片是一种在铁中加入0.5%～4.5%硅的铁硅合金，经轧制而成厚度为0.05～1mm的片状材料。硅在硅钢片中的主要作用是降低磁滞损耗，提高磁导率。硅不仅能与铁形成置换型固溶体，使合金的电阻率增加，降低涡流损耗，而且硅能减轻钢片的老化现象。

硅钢片若按制造工艺可分为热轧和冷轧两种。现在国际上大多按晶粒取向将硅钢片分为无取向硅钢片和单取向硅钢片两大类。

随着含硅量的增加，合金的电阻率和磁导率增加，矫顽力、磁滞损耗减小，比重下降，并使磁老化显著改善，从而将纯铁的应用领域由中、强直流磁场扩展到交流领域和各种不同磁场强度范围内。其缺点是饱和磁感应强度B_S降低，材料的硬度和脆性增大，导热系数降低，对机械加工和散热不利，所以通常硅的含量限度为4.5%。

硅钢片主要用于电力工业和电信仪表工业两方面。用量占磁性材料的90%以上，是目前产量最大、应用最广的一种磁性材料。前一种主要应用在大电流、频率为50～400Hz的中、强磁场条件下，如用于制造电动机、发电机、变压器及其他电器等。一般说来，含硅量1%～3%的硅钢片用于制造电动机和发电机，含硅量3%～5%的硅钢片用于制造变压器。

后一种通常应用在小电流，中、弱磁场和较高频率（可达10kHz）条件下，如用于制造无线电的音频变压器、高频变压器、雷达和电视机中的大功率变压器、磁放大器及各种继电器、电感线圈、脉冲变压器和电磁式仪表等。电机工业中大量使用的硅钢片，其厚度有0.30、0.35、0.5mm；在电信高频技术中为减小涡流损耗，常用0.05～0.20mm厚的薄型硅钢片。热轧硅钢片是磁性无取向的硅钢片，可用作各种旋转电机和变压器的冲片铁芯。冷轧无取向硅钢片主要用于小型叠片铁芯；冷轧取向硅钢片主要用作电力变压器和大型发电机的铁芯。

目前世界能源紧张，一些先进国家迅速发展高效率电机和变压器，我国也已开始重视高效率电机的生产。冷轧硅钢片磁感应强度高、铁损低，而且表面平滑、填充系数高，从而可以节省材料、降低成本并提高性能。因此，应大力发展优质的冷轧硅钢片，特别是冷轧取向硅钢片。

硅钢片的分类、性能和主要用途，见表4-2。

表4-2　硅钢片的分类性能和主要用途

分类			型号	厚度（mm）	应用范围
热轧硅钢片	热轧电机钢片		DR1200—100、DR1100—100 DR740—50、DR650—50	1.0 0.50	中小型发电机和电动机
			DR610—50、DR530—50 DR510—50、DR490—50	0.5	要求损耗小的发电机和电动机
			DR440—50、DR400—50	0.5	中小型发电机和电动机
			DR360—50、DR315—50 DR290—50、DR265—50	0.5	控制微电机、大型汽轮发电机
	热轧变压器钢片		DR360—35、DR320—35	0.35	电焊变压器，扼流圈
			DR320—35、DR280—35、DR250—35 DR360—50、DR315—50、DR290—35	0.35 0.50	电抗器和电感线圈
冷轧硅钢片	无取向	电机用	DW530—50、DW470—50	0.50	大型直流电机、大中小型交流电机
			DW360—50、DW330—50	0.50	大型交流电机
		变压器用	DW530—50、DW470—50	0.50	电焊变压器、扼流器
			DW310—35、DW270—35 DW360—50、DW330—50	0.35 0.50	电力变压器、电抗器
	单取向	电机用	DQ230—35、DQ200—35 DQ170—35、DQ151—35 DQ350—50、DQ320—50 DQ290—50、DQ260—50	0.35 0.50	大型发电机
			G1、G2、G3、G4	0.05、0.2、0.08	中高频发电机、微电机
		变压器用	DQ230—35、DQ200—35 DQ170—35、DQ151—35	0.35	电力变压器、高频变压器
			DQ290—35、DQ260—35 DQ230—35、DQ200—35	0.35	电抗器、互感器
			G1、G2、G3、G4（日本型号）	0.05、0.2 0.08	电源变压器、高频变压器、脉冲变压器、扼流器

注　牌号中字母含义：DR—电工用热轧硅钢板；DW—冷轧无取向硅钢带（片）；DQ—冷轧取向硅钢带（片）。

3. 铁镍合金

硅钢片虽是优良的低频软磁材料，具有铁损小、饱和磁感应强度大的优点，但也有初始磁导率小的缺点，所以硅钢片多用在磁场强度较大的场合。在电气工程中弱小磁场下工作的软磁材料，需选用另一类材料，如铁镍合金、铁铝合金等。

铁镍合金又称为坡莫合金。在铁中加入30%～80%的镍，经真空冶炼而成的铁镍合金是一种高级的软磁材料。它通常都被冷轧成厚度为0.01～2.5mm的薄带（板），厚度最薄可达0.005mm。这类合金的特点是起始磁导率和最大磁导率都很高，且矫顽力很低，是最适于弱电工程的软磁材料。弱磁场下其磁滞损耗相当低，电阻率又比硅钢片高，故具有较好的高频特性，从而可用于较高频率（1MHz以下）范围的弱磁场中。由于铁镍合金含有贵重金属镍，价格昂贵，故铁镍合金多用作弱磁场或要求磁导率特别高的铁芯材料。如这类合金常用于制作海底电缆、电视、精密仪器用的各类特种变压器及精密仪表的磁元件等一类小功率的磁性器件。

铁镍合金成分的配比、合金中所含的气体及微量杂质都能够明显地改变它的磁性能。机械加工中产生的内应力对铁镍合金的磁性的影响也很大。为此，在冶炼过程中常用改变成分的配比及工艺因素的方法产生多种磁性能各异的品种。

铁镍合金的分类、性能及用途，见表4-3。

表4-3　铁镍合金的分类、特性及用途

类别	型号	特性	用途举例
高矩形系数	1J51 1J52 1J34	H_S高，H_c大，μ较低，具有矩形的磁滞回线	中小功率磁放大器，双极性脉冲变压器，磁调制器，直流电压变换器和记忆元件
高磁感应强度	1J50 1J54 1J46	非取向材料，具有较高的B_S值，μ低，H_c较大	中小功率电源变压器，扼流圈，微型电机铁芯
高磁导率	1J79 1J80 1J83 1J76	具有高的μ_i和μ_m，低的H_c、B_S	弱磁场下应用的高灵敏小型功率变压器、互感器、小功率磁放大器、高频电源、精密电表中的动定铁片、扼流圈
高初磁导率	1J85 1J86 1J77	具有最高的μ_i及相当高的μ_m，极低的H_c，低的B_S，低的损耗值	
超薄带	1J79	有较高的矩形比值，较低的H_c，开关系数小	磁带机、数字电压表、数字电路和脉冲电路的开关元件，各种高频变压器

4. 铁铝合金

铁铝合金指含铝6%～16%的铁合金，是一种很有发展前途的新型软磁合金材料。其特点是具有较高的起始磁导率和最高的电阻率，且矫顽力较低，磁滞损耗比硅钢片低，性能接近低镍含量的铁镍合金；并且密度小、硬度高、耐磨性好、耐腐蚀、抗振动、抗冲击性能好。此外，由于这类合金的原材料铁、铝丰富而价廉，成本低，故在某些场合可以代替铁镍合金使用。

随着铝含量的增加，铁铝合金的机械性能将改变，硬度增加，塑性降低。当含铝量超过10%时，合金变脆，塑性降低，加工困难。它的饱和磁感应强度随含铝量的增加而下降，因而影响了它的应用，但通过热处理可获得高的磁导率和低的矫顽力。铁铝合金制成的元件必须进行高温退火，以提高磁性。

铁铝合金常用来制作在弱磁场中工作的音频变压器、脉冲变压器、灵敏继电器、磁放大器和电机的磁屏蔽等。

常用铁铝合金的型号、特性和用途，见表4-4。

表4-4 常用铁铝合金型号、特性及用途

型号	含铝量范围（%）	特性	主要用途
1J6	5.5～6.0	在铁铝合金中有最高的饱和磁感应强度。其磁性能不如硅钢片，但有较好的耐腐蚀性	微电机、电磁阀等的铁芯
1J12	11.6～12.4	其μ和B_S介于1J6与1J16之间，性能与1J50相近，有高的电阻率、抗应力，耐辐射等	控制微电机、中小功率音频变压器、脉冲变压器和继电器等铁芯
1J13	12.8～14.0	与纯镍比，其B_S高，H_c低，饱和磁致伸缩系数相近，但抗腐蚀性不如纯镍	水声和超声器件，如超声清洗、超声探伤、研磨、焊接等器件
1J16	15.5～16.3	在铁铝合金中，它的μ最高，H_c最低，但B_S不高	在低磁场下工作的小功率变压器、磁放大器、互感器、磁屏蔽等

5. 铁氧体软磁材料

随着现代高频技术的发展，电阻率不高的磁性材料，已不能适应高频场合使用的需要。因为上述几类材料，不仅高频下涡流损耗大，而且还会引起磁导率的降低。因此，为减小涡流，必须提高材料的电阻，使其接近半导体相应的数值。非金属磁性材料——铁氧体磁性材料就是这样一类材料。

铁氧体实际上是一种具有铁磁性能的金属氧化物。而铁氧体软磁材料则是以三氧化二铁为主要成分的铁氧体材料，外观呈黑色，硬而脆。它与合金软磁材料相比，密度约为合金的1/2，电阻率至少是合金1000倍以上，相当于半导体，磁导率则与之大致相同，因此它适用于1000Hz～1000MHz的中、高频和超高频。但其居里点和饱和磁感应强度B_S低，磁导率随温度变化大，磁特性受温度影响大，不适宜作大功率的电磁器件。

软磁铁氧体是目前用途最广、品种最多、数量最大、产值最高的一种铁氧体，广泛应用于无线电、微波和脉冲技术中，用作各类高频电感和变压器磁芯、录音录像和计算机磁头、电波吸收材料、磁传感器等，使磁性材料的使用基本上不受频率的限制。目前生产和使用量最大的是锰锌铁氧体，其次是镍锌铁氧体。

锰锌铁氧体的B_S高，可达0.5T，在100kHz以下的频率范围有较大的起始磁导率，可用于低中频电感、中长波天线、宽频带变压器和低功率脉冲变压器等。镍锌铁氧体的电阻率较高，宜在1～300MHz的高频下使用，在低频条件下使用时，性能不如锰锌铁氧体好。故镍锌铁氧体用于几十至几百兆赫兹的宽频带变压器、脉冲变压器、电感、功率变压器、中长波及短波天线等。

部分铁氧体软磁材料的型号、性能和主要用途见表4-5。

表4-5　部分铁氧体软磁材料的型号、性能及主要用途

型　号	初磁导率 μ_i ($4\pi\times10^{-7}$H/m)	饱和磁感应强度 B_S(T)	矫顽力 H_c(A/m)	居里点 Tc(℃)	电阻率 $\rho(\Omega\cdot m)$	适用频率 f(MHz)	主要用途
R20	20	0.30	1200	350	10^4	80	磁芯
R60	60	0.35	320	300	10^3	12	磁棒
R100	100	0.25	240	250	10^3	0.5—12	磁棒
R200	200	0.26	120	200	10^3	≤5	小电机
R1K	1000	0.34	32	150	1	0.5	变压器
R6K	6000	0.32	20	100	10^{-1}	0.2	变压器
R10K	10000	0.32	12	85	10^{-1}	0.1	变压器

三、软磁材料的选用

软磁材料绝大多数都是在交变磁场中使用，选用时主要考虑的因素是工作磁通密度、磁导率、损耗等磁性能及价格，可根据其磁化曲线确定工作点。如图4-7所示，m点称为磁化曲线的拐点，是选用软磁材料工作点的参考点。

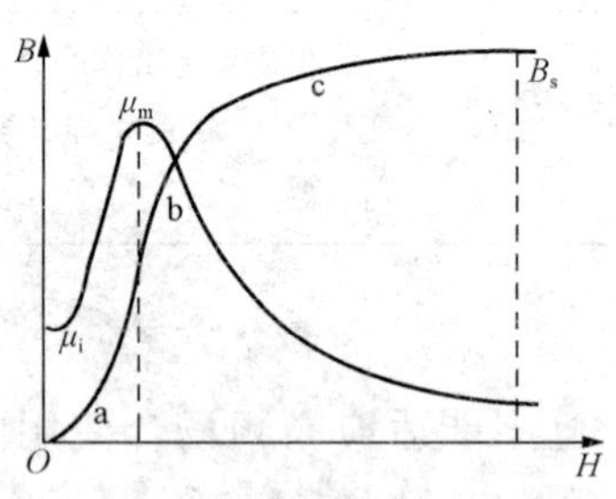

图4-7　根据磁化曲线确定软磁材料工作点的示意图

1. 高磁场下使用的软磁材料

高磁场下使用的软磁材料是硅钢片。电机、变压器铁芯用的硅钢片，其工作点往往选在磁化曲线上高于m点的某点。这样，产品效率虽稍有降低，但铁芯的体积和质量将减少，硅钢片的特性得到充分利用。对于不同的产品应选用不同特性的硅钢片。

2. 低磁场下使用的软磁材料

低磁场下经常选用的软磁材料有铁镍合金、铁铝合金以及冷轧单取向硅钢薄带等。它们的磁导率和磁感应强度高，矫顽力低，能满足弱信号下的使用要求，但不同的产品仍要选用不同材料。

3. 高频下使用的软磁材料

高频下一般选用具有较高导磁率、较低矫顽力和很高电阻率的铁氧体软磁材料，它的品种较多，应根据不同的使用频率范围选用合适材料。

4. 特殊场合下使用的软磁材料

根据特殊场合的具体要求选用。

各种软磁材料的主要特点和应用范围，见表4-6。

表4-6 各种软磁材料的主要特点和应用范围

品种	主要特点	应用范围
电工纯铁	含碳量在0.04%以下，饱和磁感应强度高，冷加工性好。但电阻率低，铁损高，有磁时效现象	一般用于直流磁场
硅钢片	铁中加入0.8%～4.5%的硅，就是硅钢。它和电工纯铁相比，电阻率增高，铁损降低，磁时效基本消除。但导热系数降低，硬度提高，脆性增大	电机、变压器、继电器、互感器、开关等产品的铁芯
铁镍合金	和其他软磁材料相比，在弱磁场下，磁导率高，矫顽力低，但对应力比较敏感	频率在1MHz以下弱磁场中工作的器件
铁铝合金	和铁镍合金相比，电阻率高，比重小。但磁导率低，随着含铝量增加，硬度和脆性增大，塑性变差	弱磁场和中等磁场下工作的器件
软磁铁氧体	烧结体，电阻率非常高，但饱和磁感应强度低，温度稳定性也较差	高频或者较高频率范围内的电磁元件

四、其他软磁材料

非晶软磁材料和纳米晶软磁材料是在20世纪后期发展起来的新软磁材料。非晶软磁材料的特点是制造工艺较简单，从钢液到薄带成品通过超急冷凝固技术一次成型，化学成分变化范围较宽、磁性均匀和良好的各向同性（因无晶粒结构）。非晶软磁材料具有低损耗，磁导率和电阻率高，矫顽力小，对应力不敏感，具有耐蚀和高强度等特点。将适当成分的非晶软磁材料通过适当的热处理后，可以使非晶状态转变为晶粒直径为纳米量级的结晶态软磁材料，也可以得到良好的软磁材料。

选择适当的化学成分和适当的制造工艺，可以得到具有特定软磁等性能的软磁材料。例如，具有高能和磁化强度的铁—钴（Fe—Co）系软磁合金，具有较高电阻率的铁—铝（Fe—Al)系软磁合金，具有磁晶各向异性和磁致伸缩都趋近于零的铁—硅—铝（Fe—Si—Al）等。

§4-3 硬 磁 材 料

硬磁材料又称永磁或恒磁材料，是用以制作永久磁体的一类磁性材料。硬磁材料是发现和使用都最早的一类磁性材料。我国最早发明的指南器（称为司南）便是利用天然永磁材料磁铁矿制成的。现在的永磁材料不但种类很多，而且用途也十分广泛。

一、硬磁材料的特点及分类

硬磁材料的磁滞回线的形状宽厚，磁滞回线所包围的面积较大，如图4-8所示。可

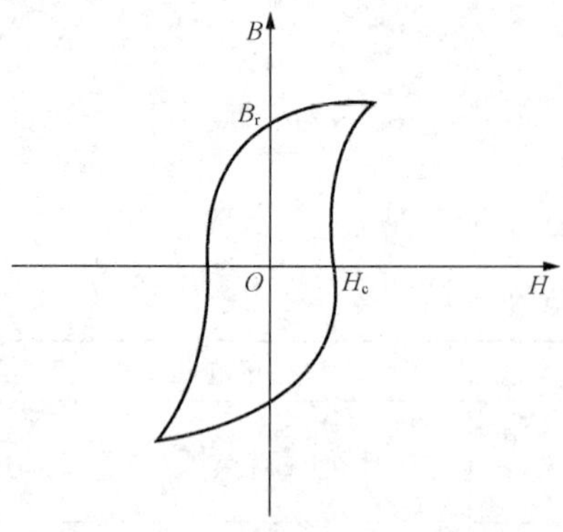

图 4-8 硬磁材料的磁滞回线

以看出，硬磁材料主要具有的磁特性有：

(1) 高的最大磁能积。最大磁能积 $(BH)_{max}$ 是永磁材料单位体积存储和可利用的最大磁能量密度的量度。

(2) 高的矫顽力 H_c。矫顽力是永磁材料抵抗磁的和非磁的干扰而保持其永磁性的量度。

(3) 高的剩磁感应强度 B_r 和高的剩余磁化强度 M_r。它们是具有空气隙的永磁材料的气隙中磁场强度的量度。

硬磁材料的特点是，经强磁场饱和磁化后具有较高的剩磁和矫顽力。当将磁化磁场去掉以后，它在较长时间内仍能保持强而稳定的磁性。因此，在磁性器件中常用硬磁材料作为磁源来使用，在工作气隙中产生尽可能大的磁能。硬磁材料适合制造永久磁铁，被广泛应用于磁电系测量仪表、电声器件、永磁电机及通信装置中。

剩磁感应强度 B_r 大、矫顽力 H_c 大、最大磁能积 $(BH)_{max}$ 大，是硬磁材料的主要特点，也是衡量硬磁材料品质优劣的主要参数。不同类型的硬磁材料，其磁性能是有差异的。一般把矫顽力 $H_c > 10^4$ A/m 的磁性材料归为硬磁材料（应当注意，这里的硬和软并不是指力学性能上的硬和软，而是指磁学性能上的硬和软）。

硬磁材料的种类很多。常用硬磁材料，按材料的组成大致可分为金属硬磁材料、铁氧体硬磁材料及其他复合硬磁、半硬磁三类。现在使用最多的是铝镍钴合金、铁氧体硬磁材料、稀土钴合金和塑性变形硬磁材料。

除此之外，还有一些制造、磁性和应用各有特点的硬磁材料，如微粉硬磁材料、纳米硬磁材料、胶塑硬磁材料（可应用于电冰箱门的封闭）、可加工硬磁材料等。

二、主要硬磁材料的性能及用途

1. 铝镍钴合金

铝镍钴合金是一种金属硬磁材料。按其制造方法可分为铸造铝镍钴合金和粉末烧结铝镍钴合金两类。这种合金的剩磁较大，磁感应强度受温度影响小，居里点高，矫顽力和最大磁能积在硬磁材料中居中等水平。由于它具有良好的磁特性和热稳定性（可在 500℃下工作），故是目前我国电机、电器工业中应用较多的硬磁材料。铸造铝镍钴合金硬、脆，加工性能差，所以，要求体积小、尺寸精度高的永磁体多用粉末烧结铝镍钴合金。但粉末烧结铝镍钴合金的磁性能比铸造型略低。铝镍钴合金主要用于电机、微电机、高精度测量仪表、精密装置及对永磁体稳定性有较高要求的场合等。

2. 铁氧体硬磁材料

铁氧体硬磁材料是一种不含镍、钴等贵重金属的非金属硬磁材料，可分为钡铁氧体和锶铁氧体两个系列。而后者的磁性能较好。

它是继铝镍钴系硬磁金属磁性材料之后的第二种主要硬磁材料。其特点是矫顽力高，电阻率大，密度小，原材料广泛，制造工艺简单，价廉，是目前产量最大的硬磁材料。硬磁铁氧体在高频率场中使用时，几乎没有频率涡流损耗，适宜在高频率动态磁场条件下工作。它的出现为硬磁材料在高频段，如电视机部件、微波器件以及其他高频器件中的应用，开辟了新的途径，因而在许多使用方面逐渐取代了铝镍钴合金。这类材料主要用于电信器件中的拾音器、扬声器、电话机等的磁芯，以及微电机、微波器件、磁疗片等。但其缺点是剩磁较低，最大磁能积也小，磁感应强度受温度影响较大，故不宜用作电测仪表的永磁体。

3. 稀土钴硬磁材料

稀土钴硬磁材料是目前磁性能最高的一种金属硬磁材料。它是由部分稀土金属和钴形成的一种金属键的化合物，常见的有钐钴、镨钴、镨钐钴、混合稀土钴及铈钴铜等品种。

它们的特点是具有极高的矫顽力（约为铁氧体硬磁材料的三倍）和磁能积，是工程应用硬磁材料中最高的，适宜做成微型或薄片的永磁体。与铝镍钴相比，其缺点是价格仍较贵，居里点稍低，磁感应强度受温度影响稍大，会产生高温退磁，不宜在高于200℃条件下工作。因此它主要为超高频器件中的电子聚焦装置提供磁场，另外，还应用在微电机、磁性轴承、传感器、助听器、电子手表等方面。目前，稀土钴硬磁材料正继续向降低价格和扩大新的应用领域方面努力。

值得提及的是1983年问世和生产的一种新型超强磁材料——钕铁硼。其磁性能除温度稳定性稍差外，其余均居各类永磁体之首。它是目前世界上发现的磁能积最高的硬磁材料，磁能积高达320kJ/m^3。它可以吸着相当于自身重量700倍的物体，故有“永磁王”之称。尽管只有二十年的历史，它却已在航空、军工、机械、机电、石油化工、交通运输、轻纺、医疗、玩具以及人们日常生活中得到广泛的应用。钕铁硼是第三代稀土永磁材料，不仅磁能积高，而且以廉价的铁取代了稀有的钴，用丰富的钕代替了稀有金属钐，这就为大规模生产稀土永磁体提供了有利条件。其缺点是容易氧化，表面需及时涂覆处理，且工作温度不是很高，一般约为110℃左右。

上述三种硬磁材料的共同缺点是脆性大，只能研磨或电火花加工，不能进行一般的机械加工，因而不适宜制作特殊形状的永磁体。

4. 塑性变形硬磁材料

塑性变形硬磁材料也是一种金属硬磁材料，主要有永磁钢（铬钢、钨钢、钴钢）、铁钴钼型、铁钴钒型、铂钴、铜镍钴和铁铬钴型等合金。

这类材料经过适当的热处理后，塑性好，具有良好的机械加工性能，可加工成丝、带、棒材及其他特殊形状的永磁体。塑性变形硬磁材料都具有相当大的剩磁，但矫顽力较低，只宜作尺寸比（L/D）很大的永磁体，因而上述各种材料使用不多。其中，只有铁铬钴型合金是新开发的一种硬磁材料，其磁性能接近铝镍钴合金的某些品种，而加工性能较之优越，它除作特殊形状的永磁体外，还能替代铝镍钴合金的某些应用。塑性变形硬磁材料通常用于里程表、罗盘仪、计量仪表、微电机、继电器等。

综上可知，各种硬磁材料具有不同的特点，在选用硬磁材料时，通常要求其最大磁能积大、磁性受温度影响小、磁稳定性高，另外还要考虑其形状、重量、加工性能、价格及使用时的工作条件等因素。为使磁路工作在最佳状态，应尽可能使其工作点接近其最大磁能积点。工程中要根据实际需要，抓住主要矛盾，合理地选用磁性材料。

最后需要说明，永磁体的磁性是会发生变化的。因而磁稳定性是衡量硬磁材料品质的主要标准之一。永磁体的磁性发生变化的原因是什么呢？这是由于时间的延长和外界条件（如温度、干扰磁场、机械振动或冲击、与强磁场接触以及放射性效应等）的作用，使材料的组织结构和磁结构发生改变，因而引起材料磁性能的变化。为了使永磁体在使用过程中磁性稳定，必须对磁化后的永磁体预先进行热老化处理，交流退磁或低温退磁等稳定化处理。

硬磁材料的用途举例，见表 4 - 7。

表 4 - 7　　硬磁材料用途举例

硬磁材料品种		用 途 举 例
铝镍钴合金	铸造铝镍钴	磁电式仪表，永磁电机，里程表，传感器，微电机，微波器件，汽车发电机，话筒，磁性支座，磁分离器，质谱仪，扬声器，示波器
	粉末烧结铝镍钴	微电机，永磁电机，继电器，小型仪表
铁氧体硬磁材料		永磁电机，磁推轴承，永磁选矿机，磁分离器，扬声器，微波器件，电话机，磁疗片，磁性软水器
稀土钴硬磁材料		电子聚焦装置，小型电机，大型发电机，副励磁机，扬声器，拾音器，精密磁电式仪表，磁推轴承，医疗设备
塑料变形硬磁材料		里程表，罗盘仪，计量仪表，微电机，继电器

§4 - 4　特殊磁性材料简介

科学技术在高速发展，电工设备与电子设备对磁性材料提出了许多特殊要求，为了适应技术需求，磁性材料工业也随之不断开发生产出多种具有特殊磁性能的磁性材料。下面介绍的恒导磁合金、磁温度补偿合金、压磁材料、高饱和磁感应合金、磁记忆材料及磁记录材料等就是几种典型的特殊磁性材料。

一、恒导磁合金

一般软磁材料的磁导率受温度和频率的影响较显著；另外，从磁化曲线可知磁导率还随磁感应强度的变化而改变。而在一些要求高精密的电磁器件和设备中，常要求磁性材料在相当宽的磁感应强度范围内，以及在一定的温度和频率范围内，有不变的磁导率。这样的指标，一般软磁材料是无法达到的。而恒导磁合金就是一种在相当宽的磁感应强度、一定宽的温度和频率范围内，磁导率基本不变的软磁材料。

恒导磁合金是铁镍钴、铁镍钴钼合金经过适当处理的某些品种。恒导磁合金在磁感应强度 0.002～0.06T 之间，磁导率恒稳，电阻率低（约为 $2.5\times10^{-7}\Omega\cdot m$），居里温度为 600℃。其中，1J66 为此类合金的代表性品种。

恒导磁合金制造工艺复杂、成本高，一般用来制作恒电感、精密电流互感器和中等功率的单极性脉冲变压器等的铁芯。

二、磁温度补偿合金

磁温度补偿合金又称热磁合金。它是含镍 30%左右、低居里点（在 25～200℃之间）的铁镍合金。这类合金是磁导率随温度有显著变化的一类材料。其特点是在居里点以下，磁感应强度具有负的温度系数，即磁感应强度值随温度升高近似线性地急剧减小，随温度的降低而急剧地近似线性增加。

一般永磁体的磁性是随温度的升高而减弱的，具体对仪表中的永磁铁而言，磁性的这种变化就会引起磁极间隙内磁通密度的改变，从而导致仪表误差的增加。为了补偿仪表的这种温度误差，通常在永磁铁的磁极间适当设置一用磁温度补偿合金制成的磁分路，使磁极间隙内的磁通密度在一定的温度范围内基本保持恒定。这类合金多用于风向和风速表、行波管、磁控管、电压调整器、里程速度表及电度表等。

三、压磁材料

磁性材料在外磁场中磁化时，在磁化方向上会发生伸长或缩短的磁致伸缩现象。压磁材料是指具有显著磁致伸缩特性的一类材料。工程上常利用磁致伸缩效应制成电能对机械能或者机械能对电能的能量转换器。

当压磁材料处在一定的偏磁场和交变磁场双重作用下时，根据磁致伸缩特性，材料的长度将发生相应的改变，于是产生与交变磁场频率相同的机械振动，这就是电能转变为机械能的过程。由于磁致伸缩现象具有可逆性，如果有外部力的压伸作用，使材料的长度发生变化，这时材料的磁感应强度也相应发生变化，在与它有关联的线圈中就可以得到变化的电流，这是机械能转变为电能的过程。根据以上情况，工程上常用这类材料制成各种超声器件、回声器件、传感器及机械滤波器等。

常用压磁材料分为金属压磁材料、铁氧体压磁材料和稀土铁超磁致伸缩材料三类。前两者相比，铁氧体压磁材料的优点是电阻率大，能工作到很高的频率；但磁致伸缩系数、机电耦合系数、饱和磁感应强度不如金属压磁材料；另外，其受温度变化的影响也比较大。较常用的金属压磁材料有纯镍、铁铝合金、铁钴合金等。常用的铁氧体压磁材料多是一些镍锌铁氧体材料。稀土铁超磁致伸缩材料的磁致伸缩系数最大，机电耦合系数也高，这一直是该类材料发展的主要兴趣所在。

四、高饱和磁感应合金

高饱和磁感应合金是一种含钴 50%、钒 1.4%～1.8%，其余为铁的铁钴合金，其型号为 1J22。目前它是软磁材料中饱和磁感应强度最高的一种。这种合金除有高达 2T 以上的饱和磁感应强度这一特点外，还有很高的居里点（980℃），适于高温环境工作。此外，这种合金的磁致伸缩系数很高，还可用于磁致伸缩换能器。其缺点是电阻率很小，故铁损很大，不宜在交变磁场中使用。同时由于这种合金加工性能差，容易氧化，且价格昂贵，一般只用在十分必要的特殊场合。如用它制作重量轻、体积小的空间技术用器件（如微电机、继电器、电磁铁等）可以满足磁感应强度高，体积小，重量轻等特殊要求。

五、磁记忆材料

磁记忆材料主要用于电子计算机、自动控制和远程控制中作记忆元件、开关元件和逻辑元件。这类材料具有矩形磁滞回线，故又称为矩磁材料。按材料的组成它可分为铁氧体和铁镍合金两类磁记忆材料。两类材料相比，因为铁氧体具有电阻率很高，涡流损耗极小，工作频率可以提高以及制造工艺简单，成本低，比重小，重量轻等特点，所以目前大量使用的是铁氧体。但其缺点是饱和磁感应强度值较低，温度稳定性较差。铁氧体磁记忆材料按其温度特性通常分为在常温下使用的常温矩磁材料（如锰镁铁氧体）和在较宽温度范围内使用的宽温矩磁材料（如锰锂铁氧体）两类。这两类铁氧体相比较，后者温度系数小，开关时间短，剩磁比（B_r/B_S）较小（即磁滞回线接近矩形的程度稍差），矫顽力也稍大。工程上多采用锰镁铁氧体。

六、磁记录材料

磁记录材料是用作记录、存储和再现信息的磁性材料，主要有磁头材料和磁性媒质等。

磁头材料是高密度的软磁材料，要求其磁导率高，饱和磁感应强度高，剩磁低和矫顽力低，并要求磁导率的高频特性好，电阻率大，耐磨损，居里点高等。磁头材料有合金（如坡莫合金）和铁氧体（如锰锌和镍锌铁氧体）两大类。前者不宜在高频下使用，后者使用频率高达几兆赫。

磁性媒质是涂敷在磁带（磁盘）和磁鼓上面的用于记录和存储信息的磁性材料。要求其一般是具有较大的剩磁和矫顽力的永磁材料，常用的有氧化物和金属两类。如 $\gamma-Fe_2O_3$ 是氧化物记录媒质中应用最广的一种，而铁、钴、镍的合金粉末则是金属磁记录媒质中应用较多的一种。

习 题

一、填空题

（1）磁性材料按其磁特性和应用，可以分为__________磁材料、__________磁材料和__________磁材料三类；按其组成又可分为__________磁性材料和__________磁性材料两个系列；按原子排列状态可分为__________磁性材料、__________磁性材料、__________磁性材料和__________四大类。

（2）磁性材料受到外磁场磁化时，在磁化方向会发生伸长和缩短，这现象称为________________。

（3）因温度升高，而使材料失去磁性的这一临界温度，称为材料的________________或________________，它__________了磁性材料的工作温度。

（4）磁能积是表征__________材料磁性能的一个重要参数。

（5）软磁材料是易于________________和________________的一类磁性材料。

（6）软磁材料的特点是具有很高的________________和很小的________________和________________。

（7）衡量软磁材料的重要指标有______________、______________、____________和__________。

（8）硅钢片属__________材料，它在工程上应用在制作____________、____________、

__________、__________等电器铁芯。

（9）在低频弱小磁场下工作的软磁材料，一般选用__________和__________等。

（10）在高频场合使用的磁性材料，要求其__________大，以减小__________。常用的有__________和__________一类材料。

（11）软磁铁氧体，属于__________磁性材料，__________特别大，但随温度上升__________将减小。

二、问答题

（1）物质按其磁导率的大小，可分为哪几类？各有什么特点？各举两例。

（2）什么叫磁饱和与磁滞现象？磁性材料在磁化过程中为什么会产生这些现象？

（3）在两个完全相同的线圈中，一个放铁芯，一个放铜芯。当线圈通以相同的电流时，它们内部的磁感应强度哪一个大？为什么？

（4）磁性材料的铁损主要包括哪几种损耗？为了减少铁损，在选择材料时应如何考虑？

（5）软磁材料有什么特点？

（6）为什么软磁材料一般都是在交变磁场中使用？

（7）对强磁场、弱磁场、高频磁场下工作的软磁材料各有什么要求？

（8）下列几种设备、器件各应选择哪种软磁材料？为什么？

1）电力变压器的铁芯；

2）精密电表测量机构中的铁片；

3）天线的磁芯；

4）电磁铁的磁极。

（9）硬磁材料的磁性能有什么特点？

（10）衡量硬磁材料品质优劣的主要标准是什么？

（11）常用的硬磁材料有哪几种？

（12）哪类硬磁材料宜作一般电工仪表中的永磁体？为什么？

（13）工程上应用的特殊性能磁性材料有哪些？

（14）磁记忆材料是哪类磁性材料？对磁记忆材料的性能有什么要求？目前大量使用的是哪种磁记忆材料？为什么？

（15）哪种磁性材料能够制作恒电感的铁芯？为什么？

三、名词解释

1. 饱和磁感应强度 B_S

2. 剩磁感应强度 B_r

3. 矫顽力 H_c

4. 最大磁能积 $(BH)_{max}$

5. 居里点

6. 磁滞回线

7. 基本磁化曲线

第 5 章

其 他 电 工 材 料

电工三大材料（导电、绝缘、磁性材料）之外，还有品种繁多的其他材料。本章主要讲述与维修电工有关的部分材料。

§5-1　杆塔、线管及低压瓷件

一、杆塔

1. 杆塔的作用与分类

杆塔是架空输电线路的主要部件，用以支持导线和避雷线，并使导线和导线间、导线和避雷线间、导线和杆塔间，以及导线和大地、建筑物、输电线路、通信线路等被跨越物之间，保持一定的安全距离。

杆塔按材质可分为木杆、钢筋混凝土杆、钢杆和铁塔杆等类型。若按用途则又可将其分为直线杆、耐张杆、转角杆、终端杆和特殊杆塔等类型。由于我国木材资源比较紧缺，目前木杆已基本不用，而钢杆或铁塔的建设投资和运行费用均相当高，因此在一般情况下，架空配电线路应尽量采用钢筋混凝土电杆，并应选用定型产品。

钢杆、铁塔一般用于难以设置拉线的架空配电线路转角、终端、分支等受力电杆或大跨越处。

钢筋混凝土电杆及各部位尺寸如图 5-1 所示。

2. 杆塔的检查

（1）钢筋混凝土电杆的检查。

1）表面检查。型号、长度、梢径应符合要求，表面光洁、壁厚均匀、不露筋跑浆、杆弯曲不超过 1/500。

2）裂纹检查。将杆平放地面实测，横向裂纹宽度在 0.05mm 以下，长度不超过周长 1/3，裂纹宽度在 0.06～0.2mm 之间，电杆弯曲不超过杆长 2/1000，可直接使用，裂纹宽度 0.21～1.0mm 以内（非整圈裂纹），可用环氧树脂修补后作直线杆使用，整圈裂纹不能使用。裂纹宽度超过 1.0mm、弯曲度超过 1/200、纵向主筋外露情况严重均不能使用。

3）顶端堵头掉落，应补上，顶部或根部损坏，可截短作短杆使用。

（2）木杆的检查。

1）长度、梢径应符合设计要求。直线杆的梢径不小于 160mm，承力杆的梢径不小于 180mm；弯曲度不宜过大，梢端、根端和中心连线不应在杆身之外；不能有腐烂现象；不能有较严重的劈裂现象。

2）采用不带外皮的杉木、松木作电杆，不能用硬脆木质的材料作电杆。

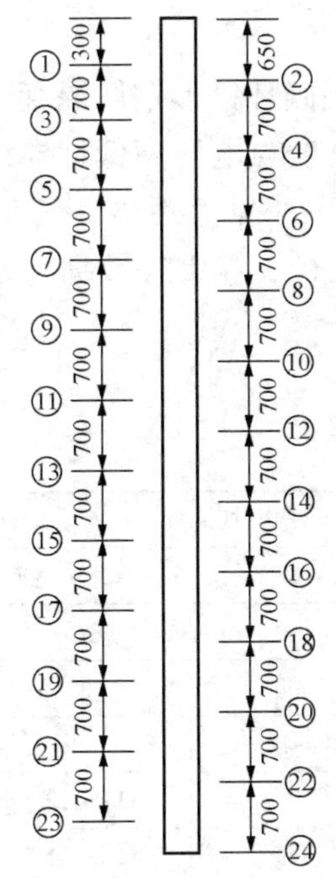

杆顶直径（mm）	150	170	190	杆顶直径（mm）	150	170	190
各部位代号	各部位直径（mm）			各部位代号	各部位直径（mm）		
（1）	154	174	194	（13）	210	228	248
（2）	159	179	199	（14）	215	233	235
（3）	162	183	203	（15）	219	237	257
（4）	168	188	208	（16）	224	242	262
（5）	173	192	217	（17）	229	246	266
（6）	177	197	217	（18）	233	251	271
（7）	182	201	221	（19）	238	255	275
（8）	187	206	226	（20）	243	260	280
（9）	191	210	230	（21）	—	267	284
（10）	196	215	235	（22）	—	269	289
（11）	201	219	239	（23）	—	—	293
（12）	205	224	244	（24）			298

图 5-1　钢筋混凝土电杆及各部位尺寸图

（3）电杆裂度及弯曲度测量方法。

1）裂度测量：用钳工用的塞尺，由薄到厚或几片叠加，塞紧为止，其塞片标数之和即为裂纹宽度。

2）弯曲度测量：用铁丝（或绳）从电杆外表面的杆根到杆梢拉一条直线，转 90°再测一次，测量出直线空隙最大点，在弯曲度要求之内为合格。

（4）铁塔的检查。不准有缺件、变形和严重锈蚀等情况发生。镀锌铁塔一般每 3～5 年要求检查一次锈蚀情况；涂油漆的铁塔一般应每 3～5 年刷油漆一次。

3. 杆塔的选用

架空线路杆塔的选用，主要考虑材质、杆型装置、杆高及强度等的要求。杆塔的选择要因地制宜，根据杆塔的不同作用、不同气象条件等进行选择。如在陆地运输较为困难的地区可选择木杆；在运输极其困难的山区，则可使用现场浇制的方形钢筋混凝土杆或使用铁塔；对大城市难以设置拉线且承受有水平荷载的受力杆，如转角、终端或大跨越等地段，为减少城市道路占地和环境美观，架空配电线路常使用钢杆，极少数情况下也使用铁塔。随着城市建设的快速发展，目前全国各地钢杆的应用越来越普遍。它不仅集有钢筋混凝土电杆及铁塔的优点，同时还有它们无法比拟的优点。钢杆的主要优点体现在其生产周期短、占地面积小、施工简便、能承受较大的应力、杆型漂亮美观等诸多方面，特别适用于城市景观道路、狭窄道路和其他无法安装扳线的地方。但相对而言，钢杆造价高、制造工艺复杂、质量大，因此在选用时必须对它们进行技术经济比较。

架空线路各类杆塔强度，一般是根据技术规程通过计算来确定的。杆塔高度，一般是按照技术规程所要求的装置尺寸、最小对地距离、交叉跨越距离以及导线最大弧垂去除电杆埋深等要求来确定的。

杆塔也可按设计要求规定取用。工厂 10kV 以下架空线路一般用圆环锥形钢筋混凝土电杆。直线杆梢径为 170mm，承力杆梢径为 170、190mm 两种，高度与电压高低、导线弧垂、与地面的允许距离、横担层数有关。导线和地面及水面间的最小垂直距离见表 5-1。常用钢筋混凝土电杆规格见表 5-2。从表 5-2 中查找杆长、梢径、杆重等数据为吊运、立杆提供依据。

电杆还有品种繁多的各种附件，限于篇幅，不再详述。

表 5-1　　导线和地面及水面间的最小垂直距离

<table>
<tr><th rowspan="2">导线所通过的地区</th><th colspan="2">线路电压下的距离（m）</th><th colspan="2">选电杆高度（m）</th></tr>
<tr><th>1kV 以下</th><th>1～10kV 之间</th><th>1kV 以下</th><th>1～10kV 之间</th></tr>
<tr><td>居民区、工业区、建筑工地等</td><td>6</td><td>7</td><td>8～9</td><td>10</td></tr>
<tr><td>非居民区、人迹罕见、有车到达</td><td>5</td><td>6</td><td>7～8</td><td>9</td></tr>
<tr><td>可通航的运河、河流等</td><td>5</td><td>6</td><td>7～8</td><td>9</td></tr>
<tr><td>铁路轨道</td><td>7.5</td><td>7.5</td><td>10</td><td>11～12</td></tr>
<tr><td>公路</td><td>6</td><td>7</td><td>8～9</td><td>10～11</td></tr>
<tr><td rowspan="2">进户线
1. 人行道上面
2. 人行道以外</td><td>6</td><td>7</td><td>8～9</td><td>10～11</td></tr>
<tr><td>3.5</td><td>4.5</td><td>7</td><td>8～9</td></tr>
<tr><td>电杆的电缆接头</td><td>3.0</td><td>4.5</td><td>7</td><td>8～9</td></tr>
</table>

表 5-2　　常用钢筋混凝土电杆规格

<table>
<tr><th>分类</th><th>序号</th><th>梢径（mm）</th><th>杆长（mm）</th><th>计算杆质量（kg）</th><th>杆型符号</th></tr>
<tr><td rowspan="4">直线杆</td><td>1</td><td>170</td><td>11.0</td><td>740</td><td>Z11—1—φ170</td></tr>
<tr><td>2</td><td>170</td><td>11.0</td><td>740</td><td>Z11—2—φ170</td></tr>
<tr><td>3</td><td>170</td><td>12.0</td><td>820</td><td>Z12—1—φ170</td></tr>
<tr><td>4</td><td>170</td><td>12.0</td><td>820</td><td>Z12—2—φ170</td></tr>
<tr><td rowspan="8">承力杆</td><td>5</td><td>170</td><td>8.0</td><td>554</td><td>C8—1—φ170</td></tr>
<tr><td>6</td><td>170</td><td>11.0</td><td>836</td><td>C11—1—φ170</td></tr>
<tr><td>7</td><td>170</td><td>12.0</td><td>937</td><td>C12—1—φ170</td></tr>
<tr><td>8</td><td>170</td><td>8.0</td><td>586</td><td>C8—2—φ170</td></tr>
<tr><td>9</td><td>170</td><td>11.0</td><td>915</td><td>C11—2—φ170</td></tr>
<tr><td>10</td><td>170</td><td>12.0</td><td>1019</td><td>C12—2—φ170</td></tr>
<tr><td>11</td><td>190</td><td>11.0</td><td>1038</td><td>C11—1—φ190</td></tr>
<tr><td>12</td><td>190</td><td>12.0</td><td>1188</td><td>C12—1—φ190</td></tr>
</table>

二、线管

线管用于保护穿越其中的绝缘导线不受外界的机械损伤，保障安全并有防潮、防腐的作用。常用的线管有水煤气管、电线管、硬聚氯乙烯管、软聚氯乙烯管、自熄塑料线管、金属软管、瓷管等。

1. 水煤气管

水煤气管是焊接钢管中的一种，分镀锌（白铁）和不镀锌（黑铁）两种。镀锌管的抗腐蚀能力较强，常用于潮湿、有腐蚀介质的场所作暗敷。不镀锌管的抗腐蚀能力差，常用于干燥场所作明敷。

普通水煤气管能承受 2×10^5Pa 的水压，加厚管能承受 3×10^5Pa 的水压。水煤气管按标准规定一般不车螺纹，这种管叫光管。根据用户要求公称尺寸大于 10mm 的钢管两端可车螺纹，叫车丝管。水煤气管直接用其公称口径的规格表示。其公称口径是钢管内径的近似尺寸，一般都略小于内径。常用水煤气管（YB234－1963）技术数据见表5-3。

表5-3　常用水煤气管（YB234－1963）技术数据

公称口径		外径	普通管		加厚管	
mm	in	(mm)	壁厚（mm）	理论质量（kg/m）	壁厚（mm）	理论质量（kg/m）
10	3/8	17	2.25	0.82	2.75	0.97
15	1/2	21.35	2.75	1.25	3.25	1.44
20	3/4	26.75	2.75	1.63	3.5	2.01
25	1	33.5	3.25	2.42	4	2.91
32	5/4	42.25	3.25	3.13	4	3.77
40	3/2	48	3.5	3.84	4.25	4.58
50	2	60	3.5	4.88	4.5	6.16
70	5/2	75.5	3.75	6.64	4.5	7.88
80	3	88.5	4	8.34	4.75	9.81

2. 电线管

电线管俗称黑铁管，是穿绝缘电线的专用管，管壁较薄，管壁内外均涂有一层绝缘漆。其常用于不受较大外力的干燥场合明敷。其公称口径表示外径的近似值。电线管的技术数据列于表5-4。

表5-4　电线管的技术数据

公称口径		外径	壁厚	质量
mm	in	(mm)	(mm)	(kg/m)
13	1/2	12.7	1.24	0.34
16	5/8	15.87	1.6	0.43
20	3/4	19.05	1.6	0.72
25	1	25.4	1.6	0.82
32	5/4	31.75	1.6	0.90
38	3/2	38.1	1.6	1.13
50	2	50.8	1.6	1.47

3. 硬聚氯乙烯管

硬聚氯乙烯管的特点是耐蚀、质轻，适用于较严重腐蚀的场合，但机械强度不如水煤气管和电线管。采用这种线管配线时，施工方便、周期短、价格比较便宜，还可节约钢材，目前已广泛使用。采用硬塑料管埋地敷设时，在露出地面及地面下 200mm 的这一段要用钢管保护，以免塑料管碰裂而损伤导线绝缘。

硬聚氯乙烯管分轻型（使用压力 6×10^5Pa）和重型（使用压力 9.8×10^5Pa）两种。其以内径的近似值表示公称尺寸。硬聚氯乙烯管（HG2－63－65）列于表 5-5。另外，还有硬聚丙烯塑料管，用途与硬聚乙烯相近。

表 5-5　硬聚氯乙烯管（HG2－63－65）技术数据

公称直径（mm）	外径（mm）	轻型（使用压力≤6×10^5P_a）		重型（使用压力≤9.8×10^5P_a）	
		壁厚（mm）	质量（kg/m）	壁厚（mm）	质量（kg/m）
10	15	—	—	2.5	0.14
15	20	2	0.16	2.5	0.19
20	25	2	0.2	3	0.29
25	32	3	0.38	4	0.49
32	40	3.5	0.56	5	0.77
40	51	4	0.88	6	1.49
50	65	4.5	1.17	7	1.74

4. 软聚氯乙烯管

软聚氯乙烯管常用作电器连接线套管，有多种颜色以示区别。其公称尺寸以内径表示（1～40mm）。软聚氯乙烯管技术数据见表 5-6。

表 5-6　软聚氯乙烯管技术数据

电器套管			电器套管		
内径（mm）	内径公差（mm）	壁厚及公差（mm）	内径（mm）	内径公差（mm）	壁厚及公差（mm）
1	±0.2	0.4±0.05	12	+0.50	0.7±0.1
1.5	±0.25	0.4±0.05	14	+0.50	0.7±0.1
2	±0.25	0.4±0.05	16	+0.80	0.9±0.1
2.5	±0.25	0.4±0.05	18	±0.9	1.2±0.15
3	±0.25	0.4±0.05	20	±0.1	1.2±0.15
3.5	±0.25	0.4±0.05	22	±0.1	1.2±0.15
4	±0.25	0.6±0.1	25	±0.1	1.2±0.15
4.5	±0.25	0.6±0.1	28	±0.1	1.4±0.2
5	±0.25	0.6±0.1	30	±1.3	1.4±0.2
6	±0.30	0.6±0.1	34	±1.3	1.4±0.2
7	±0.30	0.6±0.1	36	±1.3	1.4±0.2
8	±0.50	0.6±0.1	40	±2.0	1.8±0.2
9	±0.50	0.6±0.1	颜色：本色、红、黄、蓝、白、黑色		
10	±0.50	0.7±0.1			

5. 自熄塑料电线管

自熄塑料电线管由改性聚氯乙烯作原料，具有良好的自熄性和绝缘性，耐腐蚀，韧性好、色泽美观、质轻价廉。其可用胶黏剂黏接，公称尺寸以外径表示，单根长度 4m。自熄塑料电线管技术数据见表 5-7。

表 5-7　　自熄塑料电线管技术数据

型号与规格	外径 (mm)	内径 (mm)	管壁厚 (mm)	每根长度 (m)	备　注
PAV—016	16	12.4	1.8	4	安装采用扩口承插胶黏连接方法，并有接线盒、灯头箱、入盒接头、弯头末节、胶黏剂配套。其外径、内径、管壁厚单位为 mm
PAV—019	19	15	2.0		
PAV—025	25	20.6	2.2		
PAV—032	32	27	2.5		
PAV—040	40	34	3.0		
PAV—050	50	43.5	3.2		

6. 金属软管

金属软管俗称蛇皮管，外形如图 5-2 所示。它是由 0.5mm 以上双面镀锌薄钢带加工压边卷制而成，轧缝处有加石棉和不加石棉两种。其用于活动连接的场合，如机床主控电路板与外部连接导线穿软管作保护。金属软管公称尺寸以内径表示。镀锌金属软管技术数据见表5-8。

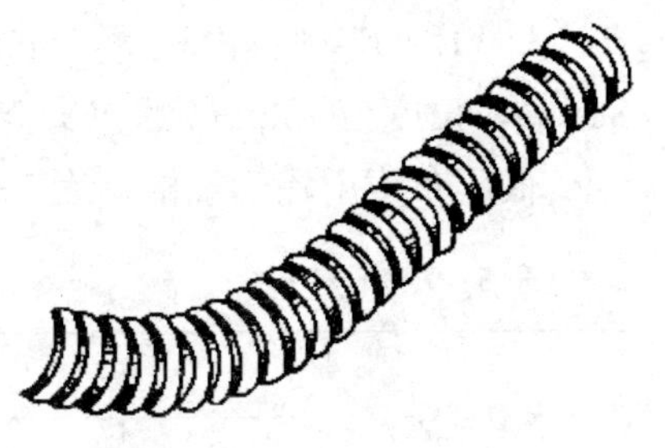

图 5-2　金属软管外形

表 5-8　　镀锌金属软管技术数据

内径 *d* (mm)	外径 *D* (mm)	轴向拉力不小于 (N)	计算质量 (kg/m)	内径 *d* (mm)	外径 *D* (mm)	轴向拉力不小于 (N)	计算质量 (kg/m)	备　注
6	8.2	353	0.0685	22	27.3	1294	0.384	计算软管长度，应处在自然平直状态，用量尺逐根进行。长度以 10cm 起算，10cm 以下不计算
8	11.0	471	0.111	25	30.3	1471	0.432	
10	13.5	588	0.141	32	38	1883	0.585	
12	15.5	706	0.164	38	45.9	2236	0.807	
13	16.5	765	0.176	51	58	3001	1.055	
15	19.0	883	0.236	64	72.5	3766	1.590	
16	20.0	941	0.249	75	83.5	4413	1.850	
19	23.3	1118	0.327	100	108.5	5884	2.430	
20	24.3	1117	0.342	—	—	—	—	

7. 瓷管

瓷管常用于导线穿过墙壁（或楼板）、导线交叉处的保护。它有直管、弯管、包头管三种形式，外形如图 5 - 3 所示。

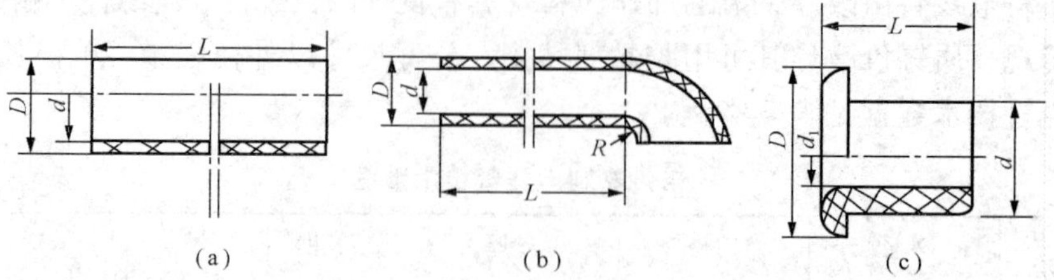

图 5 - 3 瓷管外形图

(a) 瓷直管；(b) 瓷弯管；(c) 瓷包头管

低压布线瓷管用字母 U 表示。瓷管管口形状代号："Z" 表示直管，"W" 表示弯管，"B" 表示包头管。第三个字母符号是瓷管长度代号："A" 表示长度为 305mm，"B" 表示长度为 152mm。公称尺寸以内径表示，内径有 9、15、19、25、38mm 五种。

型号示例：

UWB—15 型：内径为 15mm，长度为 152mm 的弯头瓷管；UBB－38 型：内径为 38mm，长度为 152mm 的包头瓷管。

低压布线用瓷管规格见表 5 - 9。

表 5 - 9 低压布线用瓷管规格表

瓷管型号	主要尺寸（mm）			瓷管型号	主要尺寸（mm）		
	L	D	d		L	D	d
UZA—9	305	15	9	UZB—9	152	15	9
UWA—9	305	15	9	UWB—9	152	15	9
UBA—9	305	15	9	UBB—9	152	15	9
UZA—15	305	24	15	UZB—15	152	24	15
UWA—15	305	24	15	UZB—15	152	24	15
UBA—15	305	24	15	UBB—15	152	24	15
UZA—15	305	29	19	UZB—19	152	29	19
UWA—15	305	29	19	UWB—19	152	29	19
UBA—15	305	29	19	UBB—19	152	29	19
UZA—25	305	36	25	UZB—25	152	36	25
UWA—25	305	36	25	UWB—25	152	36	25
UBA—25	305	36	25	UBB—25	152	36	25
UZA—38	305	51	38	UZB—38	152	51	38
UWA—38	305	51	38	UWB—38	152	51	38
UBA—38	305	51	38	UBB—38	152	51	38

注 L—长；D—外径；d—内径。

三、低压瓷件

线路的敷设与维修中常用到瓷绝缘子。低压瓷绝缘子供工频交流或直流电压1kV以下电力线路导线的绝缘和固定用。绝缘子除用于使导线间、导线与地或杆塔绝缘外，还用于固定导线，承受导线的垂直和水平荷载。因此架空线路用绝缘子不仅需要有良好的绝缘性能，而且要有足够的机械强度。并且由于绝缘子长期暴露在大气中，所以还要求绝缘子对风、冰、雪、雾、温度骤变以及大气中有害物质的侵蚀有足够的抗御能力。

架空导线应采用与线路额定电压相适应的绝缘子固定，其规格根据导线截面大小选定。绝缘子在使用前应做外观检查和绝缘测试，检查外表是否损坏，瓷面是否擦拭干净，绝缘子的铁脚与瓷件应结合紧密，铁脚镀锌良好；瓷釉表面应光滑，无裂纹、缺釉、破损等缺陷。有缺陷的绝缘子不能使用。绝缘测试用2500V兆欧表，测得的绝缘电阻值不应小于标准值。

低压瓷绝缘子主要有针式、蝶形、鼓形等类型。各式绝缘子剖面图如图5-4所示，主要尺寸见表5-10。

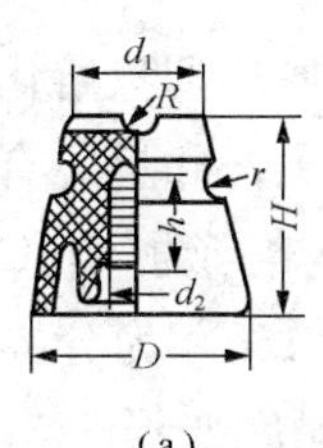

(a)

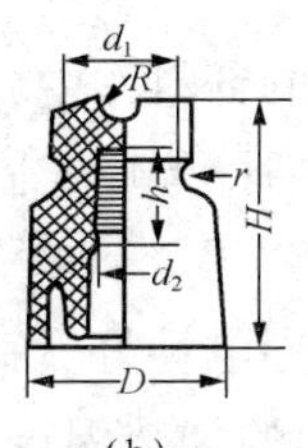

(b)

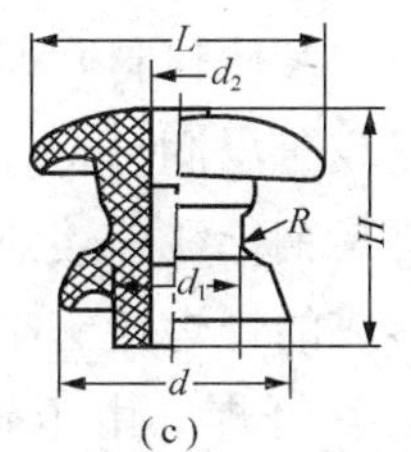

(c)

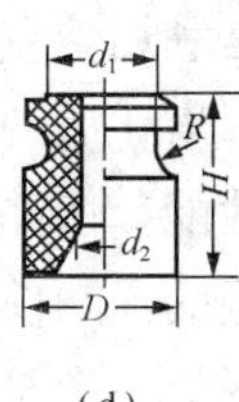

(d)

图5-4 低压瓷绝缘子剖面图

(a)、(b) 针式绝缘子；(c) 蝶形绝缘子；(d) 鼓形绝缘子

表5-10 (A)　　低压针式绝缘子尺寸表

型号	瓷件抗弯破坏负荷(kg)	主要尺寸(mm)							质量(kg)
		H	h	D	d_1	d_2	R	r	
PD—1	1000	66	33	76	43	20	6	6	0.32
PD_1—1	1000	110	38	88	45	22	10	7	0.65
PD_2—2	800	90	32	71	40	18	7	5	0.42
PD_1—3	300	71	32	54	31	15	6	4	0.27

表5-10 (B)　　低压蝶形绝缘子尺寸表

型号	耐压试验电压(kV)	机械破坏负荷(kg)	主要尺寸(mm)						质量(kg)
			H	D	d_1	d_2	R	r	
ED—1	2	1800	100	120	95	50	22	12	1.0
ED—2	2	1500	80	90	78	42	20	10	0.5
ED—3	2	1000	65	75	65	36	16	8	0.25

表 5-10 (C) 低压布线用鼓形绝缘子尺寸表

型 号	抗弯负荷 (kg)	主要尺寸 (mm)					质 量 (kg)
		H	D	d_1	d_2	R	
RG—30		30	30	20	7	5	0.03
G—35		35	35	22	7	7	0.05
G—38	100	38	38	24	8	7	0.06
G—50	250	50	50	34	9	12	0.14

§5-2 钎料、助钎剂及清洗剂

导线间、导线与电气设备间、电器内部的连接方式有固定螺拴连接、绞合连接、插头连接、触头连接和焊接等多种。焊接是固定连接方式中常用的方法，分熔焊和钎焊两类。电气工程中以钎焊为主。

钎焊是利用熔点比母材（基体材料）熔点低的钎料作中介质，加热到只熔化钎料，不熔化母材。熔化后的钎料能充分浸润母材，冷却后即形成牢固的接头，并且应有良好的导电、导热性能。例如，母材是铜导线，熔点为1083℃；钎料是锡，熔点约200℃。锡的熔点低，对铜的浸润性好，形成的钎焊接头牢固、导电性好。钎焊以450℃为分界线，高于它称为硬钎焊，低于它称为软钎焊。由于软钎焊的加热温度低，焊后变形小，表面光洁好，是电气工程中常用的工艺方法。

一、钎料（焊料）

1. 钎料的基本要求

欲获得优质钎焊接头，钎料是关键。钎料应具备以下基本性能：低于所钎接的母材熔点，对母材有良好的浸润性与流散性以获得牢固、致密的钎焊接头，同时还必须有良好的导电性、导热性，抗氧化、耐腐蚀，经得起机械冲击与温度冲击。另外，钎料还应组织均匀、化学稳定性好、价格适宜。

不同的母材，需要不同的钎料。电气工程中常用的钎料有锡基钎料、铜基钎料和银基钎料。

2. 锡基钎料

纯锡是较好的钎料，熔点为232℃，钎接强度高，耐腐蚀性好，但价格较高。若在锡中加一定比例的铅，可制成各种不同熔点的锡铅钎料，俗称焊锡。它不仅价格较低而且具有良好的钎接性能。焊锡熔点低，浸润性好，导电、导热、耐腐蚀性均优，施焊方便，焊缝牢固；缺点是铅蒸气有毒。除了含有大量的铬和铝等合金的金属材料不宜采用锡铅钎料进行焊接外，其他金属材料大都可以采用该材料焊接。例如用于钎接铜、铜合金、钢铁、锌及镀锌铁皮等母材。

锡铅钎料的产成品形式有：无钎剂芯的丝材、棒材、扁带和三角条，有松香钎剂芯的焊管（俗称松香焊锡丝），活性焊锡丝（松香芯中加入活性剂）。

常用锡铅钎料的型号、成分、特点及用途见表5-11。

表5-11 常用锡铅钎料的型号、成分、特点及用途表

型号（冶金部）（一机部）	主要成分（%）				熔点（℃）	特点和用途
	锡 Sn	锑 sb	铅 Pb	铋 Bi		
HLSnPb39 料600	60	≤0.8	余量	0.1	185	熔点低，钎焊不能受高热，能充分填充窄毛细间隙的地方，如无线电零件，电器开关零件，计算机零件，精密仪表中的导流丝、张丝、悬丝的钎接
HLSnPb50	50	≤0.8	余量	0.1	210	钎接散热器、计算机零件、一般仪表、仪表零件、铜、黄铜件等
HLSnPb10 料604	90	≤0.15	余量	0.1	220	可钎接大多数钢、铜及合金和其他金属，可钎焊仪表的游丝和可动部件、零件、含铅少，适于食品器皿和医疗器材的内钎缝
HLSnPb58－2 料603	40	2	余量	0.1	235	应用最广的钎料，润湿性好，扦焊铜或铜合金、钢、镀锌铁皮等。焊点表面光洁，用于散热器，无线电电器开关设备，仪表零件触点及导流片，仪表安装线的镀锡线的钎接
HLSnPb68－2 料602	30	2	余量	0.1	256	应用广泛，润湿性较好，钎接用铜、黄铜、钢、锌板、白铁皮等金属，用于散热器仪表零件、无线电器械、电动机匝线电缆套等钎接

锑、铜、铋对锡铅钎料的影响：加锑（如5%）可提高焊缝机械强度、光泽，但浸润性变差；加铜，熔点增高，变硬脆，因此限量为0.5%以下；加铋，降低熔点，有使锡变脆的倾向。如含铋量为5%的锡铅钎料属特低温（70℃）钎料。

3. 铜基钎料

铜基钎料是以铜为基材的钎料。常用的有铜锌和铜磷，熔点在800℃上下，不含银或含银较少，价格较低。其特点是熔点高，导电、导热、流动性均优，耐腐蚀，焊缝机械强度高，常用于铜、铜合金、镍、钢与铸铁等材料的钎接。

常用铜基钎料的型号成分、特点及用途见表5-12。

表5-12（A） 常用铜锌钎料的型号、成分、特点及用途表

型号（冶金部）（机械部）	成分（%）			熔点（℃）	特点和用途
	铜 Cu	锌 Zn	锰 Mn		
HLCuZn64 料101	36	64		823	强度低，塑性差，钎接要求低，含铜小于6.8%的铜合金
HLCuZn52 料102	48	52		870	钎焊含铜大于6.8%的铜合金，接头不能承受冲击和弯曲载荷

续表

型 号（冶金部）（机械部）	成 分（%）			熔点（℃）	特点和用途
	铜 Cu	锌 Zn	锰 Mn		
HLCuZn46 料 103	54	46		888	钎焊铜、青铜、铸铁、钢等不受冲击弯曲的工件
料 104	66	365	3.5	905	钎焊硬质合金刀具，接头强度和塑性均好
H62	62	38		905	强度和塑性好，用于铜、镍、钢和铸铁钎焊

注 料 101～102 多以铸条供应，H62、料 103 多以丝状供应。

表 5-12（B）　铜磷钎料的型号、成分、特点与用途表

型 号（冶金部）（机械部）	成 分（%）			熔点（℃）	特点和用途
	铜 Cu	磷 P	银 Ag		
料 201	92	8		800	钎焊不受冲击载荷的铜、黄铜工件
料 202	94	6		890	塑性稍有提高，用途同上
料 203	92	6	（锑）2	800	比料 201 熔点低，塑性稍好，用途同上
HLAgCu80－5 料 204	80	5	15	815	润湿性、接头强度、塑性及导电性较好，钎焊铜、黄铜、钼等受冲击载荷较小工件
HLAgCu70－5	70	5	25	710	工件性能、机械性能较好。钎焊要求较高的电气接头

注 用铜磷钎料钎焊铜，可不用钎剂，钎焊铜合金用钎剂。

4. 银基钎料

银基钎料是以银或银基固熔体为基材的硬钎料。其特点是熔点高（600～850℃），导电、导热性优，耐腐蚀，浸润性好，操作方便。常用于焊铜、不锈钢、硬质合金等除去低熔点的多数黑色及有色合金的钎接。

银基钎料的型号、成分特点及用途见表 5-13。

表 5-13　银基钎料的型号、成分、特点与用途

型 号（冶金部）（机械部）	成 分（%）					熔点（℃）	特点和用途
	银 Ag	铜 Cu	镉 Cd	锌 Zn	其他		
HLAgCu49－35 料 302	25	40		余量		775	有较好的润湿性和填缝能力，可钎焊光洁的薄工件接头，能承受冲击载荷的铜及铜合金、钢、不锈钢等工件
HLAgCu30－25 料 303	45	30		余量		775	有较好的润湿性和填缝能力、可钎焊光洁的薄工件接头，能承受冲击载荷的铜及铜合金、钢、不锈钢等工件，强度较高，用途较广

续表

型号（冶金部）（机械部）	成分（%）					熔点（℃）	特点和用途
	银 Ag	铜 Cu	镉 Cd	锌 Zn	其他		
HLAgCu20－15 料 306	65	20		余量		720	熔点低，强度和塑性好，钎焊要求高的铜及铜合金，钢和不锈钢
HLAgCu26－4 料 307	70	26		余量		775	钎焊要求导电好的铜、黄铜、银等零件
HLAgCu26－7－17 料 313	40	17	26	17	镍 0.2	605	熔点低、接头强度高，钎焊铜及铜合金，钢、不锈钢，特别适用于钎焊温度低的调质钢及青铜，仪表中的锰铜线及分流器等，料 313 机械性能稍高，其他同料 312
HLAgCu28 料 308	72	28				779	导电性好，用于铜、钼、镍，可代替钎焊仪表中的锰铜线和分流器
HLAgCu50	50	50				850	流动性稍差，用途同上

二、助钎剂（钎剂或焊剂）

欲获得高品质的钎焊接头，仅有优质的钎料是不够的。还必须有适当的助钎剂。其主要作用是除去被焊金属表面的氧化物、硫化物、油污等，净化金属与熔融钎料的接触面；同时具有覆盖保护作用，防止钎接加热过程中钎料的继续氧化，并可降低熔融焊料的表面张力，使其易流展，浸润金属表面，以得到牢固、完美的焊接接头。助钎剂的质量直接影响钎接质量。

对助钎剂的基本要求是：不导电、无腐蚀、在钎接过程中流展性好，残留物无副作用并易于清除，不产生（或不严重产生）有害及有刺激性异味气体，成本低，配制简便。

常用助钎剂有无机助钎剂、有机助钎剂和松香助钎剂。

（1）无机助钎剂。无机助钎剂分无机酸（盐酸、硫酸等）和无机盐（氯化锌、氯化氨）等两类。氯化锌与油乳化后制成的焊油，残存物具有高电导和腐蚀性，必须进行严格清洗，要慎用。一般作为钣金焊接用的助焊剂。在无线电、电子线路装置中禁用。

（2）有机助钎剂。有机助钎剂分有机酸（乳酸、乙二酸等）、有机酸和胺化合物（甲酸胺等）、胺和卤素化合物等几种。

（3）松香助钎剂。松香酒精溶液，无腐蚀，常和锡铅钎料配合，在仪器、电子设备生产中使用。松香加活性剂助焊性能更好。松香应选用一级以上产品。活性剂的主要功能是除去氧化膜，提高钎接质量。活性愈强，腐蚀性也愈强，选用时应注意。常用的活性剂有氯化锌、氯化氨、水杨酸、溴化水杨酸等。扩散剂也是助焊剂之一，其功能是在施焊温度下能引导熔化的焊料向周围扩散渗入间隙，同时使松香形成薄膜，防止熔化的钎料表面氧化。常用的扩散剂有甘油、硬脂酸、松香油等。乙醇、丙酮是松香的常用溶剂。

松香助钎剂举例：

（1）松香酒精助钎剂配方：30%松香、70%酒精。其优点是加热时除氧化物的能力强、无腐蚀、残留物，绝缘电阻高；缺点是流展性较差、助焊性不强、焊后残留物清除较难。

（2）活性松香酒精助钎剂配方：松香15%～20%，酒精70%，溴化水杨酸（活性剂）10%～15%。其特点是助钎性优，但有腐蚀、有异味。

部分材料的可钎焊性及钎料、钎剂选用参考见表5-14，部分钎剂的型号、钎焊温度及应用范围，见表5-15。

表5-14 部分材料的可钎焊性及钎料、钎剂选用参考表

材料	硬钎焊	软钎焊	钎 料	钎 剂
银	优	优	银基钎料	剂102、剂104
			锡基钎料	松香酒精溶液
铜及铜合金	优	优	铜磷钎料	焊铜不用钎剂，焊铜合金用硼砂或硼砂、硼酸混合物
			铜锌钎料	硼砂或硼砂、硼酸混合物
			银基钎料	剂102、剂104
			铅基钎料	氯化锌水溶液
			锡基钎料	松香酒精溶液，氯化锌或氯化胺水溶液
			镉基钎料	剂205

表5-15 部分钎剂的型号、钎焊温度及应用范围

型 号	钎焊温度（℃）	应 用 范 围
焊锡膏	180～350	铜及铜合金、钢等
钎剂205	250～400	铝及铝合金、钢、黄铜及青铜
钎剂105	400～600	铜及铜合金
钎剂104	650～850	钎焊铜及铜合金、钢、不锈钢及耐热钢等
钎剂102	600～850	
钎剂103	550～750	

选用助钎剂应考虑被焊金属的性能和氧化、污染等情况，还应从助钎剂对被焊件的焊接面的影响，如助钎剂的腐蚀性、导电性和助钎剂对元件损坏的可能性等方面进行全面考虑。

三、清洗剂

使用清洗剂的目的是焊前除去被焊件上的油污等以利施焊或清除焊后残留物。

常用的清洗剂有：

（1）无水酒精（乙醇含量99.5%以上）：易挥发、易吸水。用于焊后清洗。

（2）汽油：易挥发，易燃，用时应特别审慎。可用于焊前清洗油污。用松香酒精助钎剂的锡铅钎料焊制的工件，先用酒精清洗，再用汽油清洗，一般用60号或70号汽油。

(3) 三氟二氯乙烷：是一种高档清洗剂，不燃不爆、无腐蚀、绝缘好、去油能力强。用于清洗高档仪器、仪表。

§5-3　常用胶黏剂

胶黏剂又称黏合剂或黏接剂，功用是将同种或异种材料黏合在一起。就其来源来说，可分为天然胶黏剂和合成胶黏剂。现在大量使用的是合成胶黏剂，其适用范围之广几乎到了无论何种材料都能黏合的地步。而且新的品种还层出不穷。

一、用胶黏剂黏结物质的优缺点

这种黏结方法与铆接、螺栓连接、焊接等相比，突出的优点是质量轻、应力分布均匀、耐疲劳、适应各种复杂形状的构件和各种材质；操作简便，比较容易做到防锈、绝缘、密封。不足之处是质量检查及保证难于掌握，高温性能较差。某些黏合剂的耐老化、耐酸、耐碱能力不够强。某些黏合剂尚有工艺较复杂，需加温、加压，固化时间较长，被黏物质需经特殊表面处理等缺点。

胶黏剂的形状以液态和糊状最为常见，还有薄膜及棒状。

二、胶黏剂的组成

胶黏剂由基料、固化剂、增塑剂、稀释剂、填料（并非每个配方都需五个组分）所组成。

(1) 基料（亦称黏料）是胶黏剂的主要材料。如环氧树脂、酚醛树脂、合成有机硅树脂、橡胶等高分子化合物。

(2) 固化剂（亦称硬化剂）的作用是使基料固化硬结。它的品种繁多，因基料不同而异。

(3) 增塑剂（亦称增韧剂）用于提高胶黏剂的柔韧性、耐寒性和冲击强度，但抗拉强度、刚性和软化点则有所下降。

(4) 稀释剂（亦称稀料）用于降低胶黏剂的黏度，提高浸润能力，利于胶黏工艺。

(5) 填料用于增加黏度，提高硬度、强度、耐热性、导电性、导热性、耐磨性等，降低热胀系数和收缩率，还可降低成本。

三、胶黏剂的应用举例

胶黏剂的品种繁多，应用范围也极广泛，如胶黏金属、木材、塑料、玻璃，还有导电胶、导磁胶、密封胶。现仅举几例如下。

1. 环氧胶黏剂（俗称万能胶）

环氧胶黏剂可分为产成品胶和自行配制的两类。它具有良好的黏接能力，固化后收缩率小，化学稳定性、绝缘性均好，可用于金属与金属、金属与非金属、非金属与非金属间的黏接。如钢铁、合金钢、各种有色金属和合金、玻璃、陶瓷、玻璃钢、橡胶、硬塑料等。环氧胶黏剂使用范围广，也并非“万能”，而应根据具体对象选用。

环氧胶黏剂一般由环氧树脂和固化剂组成。为改进韧性和降低剥离程度可加入增韧剂。为提高硬度、强度、耐磨性等可加入填料。为增进浸润能力可加入稀释剂。为加速固化，缩短工艺时间，可加入催化剂（或再适当增加固化剂）。为延长使用寿命可加入抗氧化剂和防老剂。

配胶时，活性组分（固化剂、催化剂）应最后加入。先将基料一环氧树脂（若是固体时可先加热熔化）与惰性组分（稀释剂、增韧剂、填料）先搅匀（应注意避免杂质如水、油、尘土混入）。调整黏度可加入稀释剂（一般＜10%）或填料。加温可加速固化，但应注意防止“暴聚”。环氧胶黏剂一般是现配现用。常用万能胶有以下几种。

（1）914室温快速硬化环氧胶黏剂。由A、B两组分组成。A（基料）：B=6：1（重量）或5：1（体积）。调匀涂于被黏物的清洁表面（无油污、无锈），立即黏合；适度加压，一小时便可固化，三小时后完全固化。

其特点是硬化快、强度高，耐热、耐水、耐油性均好，适合金属、玻璃、陶瓷、木材、胶木等材料的小面积快速胶接。

（2）环氧导磁胶。主要成分是E—92环氧树脂、铁氧体粉、二乙烯三胺。室温下48h（或100℃下2h）固化，用于磁钢、铁氧体的胶接。

（3）JW－1环氧修补胶。60～80℃时固化，主要用于铝合金的胶黏修补（如气缸、计量工具、羽毛球拍等）。

（4）橡胶—树脂类胶黏剂XY401（也称88号胶）。主要成分是氯丁橡胶与叔丁甲醛树脂溶于乙酸乙酯加汽油（2：1）的混合液，外观呈淡黄色。对钢、铝等金属无腐蚀，适用于橡胶与橡胶、橡胶与金属、橡胶与玻璃及其他材料的胶接。

常用自制环氧胶黏剂的配方及用途见表5-16。

表5-16　常用自制环氧胶黏剂的配方与用途表

配　　方	固化条件	特性及用途
E－44环氧树脂100份； 邻苯二甲酸二丁脂15份； 多乙烯多胺12～14份； 三氧化二铝粉（或铁粉）20～40份	室温下2～3天	一般胶接固定，并可用于铸件砂眼的修复，室温下使用
E－44环氧树脂100份； H－4固化剂80～100份	室温下2～3天； 或60℃下4～6h	一般胶接固定，也可用于密封。韧性好，配制简便，室温下使用
E－44环氧树脂100份； 间苯二甲酸8～12份； 邻苯二甲酸二丁脂15份； 石英粉5～10份	室温下2～3天； 或60℃下4～6h	一般胶接固定。室温下使用
E－51环氧树脂100份； 多乙烯多胺8～12份； 聚硫橡胶（分子量1000）20～25份； DMP－30为3份	室温下2～3天； 或60℃下4～6h	金属、非金属材料的胶接修复。可在60℃下使用，韧性较好

续表

配方	固化条件	特性及用途
E—42环氧树脂100份； B—63环氧树脂20份； 690稀释剂10份； H—4固化剂140份； B201偶联剂3份； 三氧化二铝粉50份	室温下2～3天； 或80℃下2h	可胶接金属和非金属材料（包括橡皮），韧性较好，室温下使用
E—51环氧树脂100份； 2乙安基丙胺7份； 邻苯二甲酸二丁脂10份； 石英粉80份	60℃下4h； 或100℃下2h	金属胶接（石英粉可少加），浇铸修复
E—42环氧树脂100份； 顺丁烯二酸酐30份； 水泥50份	150℃下3h	金属胶接，可在60℃下使用
E—51环氧树脂100份， 聚硫橡胶（分子量1000）30份； 六氢吡啶6份	100℃下3h	金属胶接，强度较高，韧性好，80℃下使用
E—51环氧树脂100份； 羧基丁腈橡胶25份； 2—乙基4—甲基8份； 三氧化二铝粉25份	70℃下3h	金属、非金属的胶接强度高，韧性好。毒性小，可在100℃下使用

2. 快干502胶黏剂

（1）其主要成分是α—氰基丙烯酸乙酯、磷酸三甲酚酯、聚甲基丙烯酸甲酯粉、对苯二酚、二氧化硫，为无色或微黄色液体。其特点是：

1）快干。一般胶接金属15s～3min可固化、胶接非金属3s～1min可固化，2h后可使用。

2）应用面广。常可用于钢铁、铜、铝等各种金属，除聚乙烯、聚丙烯、聚四氟乙烯外的塑料、玻璃及其他非金属材料的胶黏。

3）使用温度范围较宽。一般为—50～70℃。

4）耐溶剂性好。胶接件受汽油、醇、苯等溶剂浸蚀后胶接强度变化不大，但在水及碱液中影响较大。

（2）502胶的使用方法及注意事项：

1）胶接金属件先用清洗剂清洗、除锈、擦干。对非金属件打磨除掉表面膜层，再用清洗剂清洗（清洗剂是乙醇、丙酮、乙酸乙酯等）。

2）将胶滴于欲胶接件表面，立即胶合。以湿润表面为准（1滴可湿润约4cm^2），不能过多，胶层厚度超过0.1mm，强度反而下降。复合后定准位置，略施压力在几秒至几分钟内可胶接牢。

3）此种胶有弱催泪作用，长期工作时要戴防护眼镜，在通风良好处进行。不可用手接触，更不可浸入眼内。应在干燥避光处保存，不与醇、丙酮、有机胺类物质共存在一起。用丙酮可除去手及衣物上的胶液飞溅。

四、胶黏剂的选用

胶黏剂的品种多、性能不一，只有选用得当才能取得好的效果。要抓住下面几个主要环节。

1．经济指标

低档产品选价格低的烯类胶黏剂，高档产品选优质胶。为提高劳动生产率可选快干胶。

2．技术指标

看产品的要求是突出强度，还是要求耐热或耐腐蚀或耐潮湿或耐气候或耐辐照等。有些专门胶黏剂适应某些专门用途，如导电胶、导磁胶、光学玻璃胶。总之，在满足胶接件的技术要求的前提下要有针对性地选用。

3．胶黏剂的正确使用

胶黏剂的正确使用非常重要。若仅仅是选胶正确，工艺过程不对，胶件质量也可能会很差。所以，应特别注意工艺方法。

部分胶黏剂及其用途，见表 5 - 17。部分胶黏剂选用，参照表 5 - 18。

表 5 - 17 部分胶黏剂及其用途表

名 称	用 途
光学树脂胶	光学玻璃黏接
E 型环氧树脂（618、634、6101）	黏接、浇铸、压层、涂料、气封
F 型环氧树脂（酚醛环氧）	黏接、浇铸、压层、涂料、气封
KH－1 密封胶（XY－755 胶）	金属密封
KH802 胶 KH－501 胶	高强度金属结构黏接
酚醛树脂胶	材料黏接，层压材料
脲醛及改性脲醛胶	木材黏接
KH－501 胶 502 快干胶 珊瑚 502 胶	多种材料的快速黏接
氯乙烯—醋酸乙烯共聚物	塑料黏接
软聚氯乙稀黏接剂	黏接软聚氯乙烯
硬聚氯乙烯黏接剂	黏接硬聚氯乙烯
聚醋酸乙烯脂乳胶（化学漂白胶、白乳胶）	通用黏接剂
聚氨脂黏接剂	塑料金属黏接
JQ－1 胶	橡胶与金属黏接
MCG 胶	橡胶、人造革、金属等黏接

续表

名称	用途
XY－401 胶	橡胶、皮革、金属、木材等
KH－506 胶	耐热结构黏接
TF－2 胶	橡胶与金属黏接
X98－4 胶（JSF－2 胶，Bφ 胶，培爱夫胶）	各种金属与非金属黏接（仪表常用）
X98－1 胶（JSF－4 胶；Bφ—4 胶，培爱夫胶）	各种金属与非金属黏接（仪表常用）
KH－505 胶	耐高温黏接胶
KH－1 导电胶	耐热导电胶
室温硫化硅橡胶	黏接、灌封、防潮（仪表常用）
压敏胶带（电工胶纸）	绝缘、气装、定位（一般电工常用）

表 5-18　　部分黏合剂选用参考表

黏接材料	胶黏剂																										
	有机硅	聚异丁烯	丁腈橡胶	氯丁橡胶	聚醋酸乙烯酯	氯醋共聚物	过氯乙烯	聚丙烯酸酯类	α-氰基丙烯酸酯	聚酰胺	丙烯酸聚酯	不饱和聚酯	酚醛尼龙	酚醛环氧	酚醛聚乙烯醇缩甲醛	酚醛聚乙醇缩丁醛	酚醛氯丁	酚醛丁腈	脲醛树脂	环氧树脂	环氧聚酰胺	环氧聚硫	呋喃树脂	聚氨酯	多异氰酸酯	聚酰亚酯	无机黏接剂
木材			√	√	√	√	√	√	√	√		√				√	√	√	√	√	√			√			√
金属	√	√	√	√	√	√		√	√	√	√	√	√	√	√	√	√	√		√	√	√	√	√	√	√	√
玻璃陶瓷	√	√	√	√	√			√	√		√	√	√	√	√	√	√	√	√	√	√	√	√	√	√	√	
热固性塑料	√	√	√	√	√				√		√	√	√	√	√	√	√	√	√	√	√	√	√	√			
层压塑料	√	√	√	√					√		√	√	√	√	√	√	√	√	√	√	√	√		√			
纤维素塑料			√			√			√	√														√		√	
硬聚氯乙烯			√	√		√	√	√			√										√			√			
软聚氯乙烯		√	√	√		√	√	√									√								√		
聚苯乙烯			√	√		√	√	√	√		√	√						√									
有机玻璃			√	√				√	√		√																
聚烯烃	√	√	√													√	√			√	√						
氟塑料	√	√	√				√												√			√	√		√		
聚碳酸酯				√			√	√	√		√	√											√				
涤纶		√					√																	√	√		
聚砜			√	√				√	√		√	√												√			
尼龙			√						√								√	√			√	√		√			
氯丁橡胶			√	√					√						√		√	√			√	√			√		
丁腈橡胶			√																√		√				√		

§5-4 常用润滑剂

电机中的轴承及某些电器中的机械装置需要润滑。良好的润滑可以降低摩擦力，减少磨损，还可防锈、降噪、减震并利于散热。因此应该掌握正确选用润滑剂的方法。

一、润滑剂的分类

润滑剂分润滑油、润滑脂和固体润滑剂三类。

1. 润滑油

润滑油的内摩擦较小，在高速高温下仍具有良好的润滑性能。习惯上按用途分类，有机械油、齿轮油、车轴油、仪表油、冷冻油、特种润滑油、汽油机润滑油、其他类润滑油等。

2. 润滑脂

润滑脂不易渗漏，不需经常添加，而且密封装置简单，维护保养方便，并且具有防尘和防潮能力。但由于内摩擦大，且稠稀受温度影响大，所以润滑脂常用于温度和转速都不很高的场合。

3. 固体润滑剂

当一般润滑油和润滑脂不能满足使用要求时，可采用固体润滑剂。常用固体润滑剂是二硫化钼。

二、常用润滑油举例

（1）30 号机械油（HJ－30）用于机床的主轴、齿轮、泵等的润滑（H—润滑油、J—机械、30—型号）。

（2）20 号齿轮油（HL－20）用于汽车、拖拉机的变速箱等的润滑（L—齿轮）。

（3）19 号压缩机油（HS－19），用于高压多级活塞式和回转式压缩机以及蒸气泵，但禁止在氧气或氯气压缩机上用，以免爆炸（S—压缩）。

（4）18 号冷冻机油（HD－18），用于氟里昂 12 冷冻机（家用电冰箱）（D—冷冻）。

（5）8 号仪表油（HY－8），用于普通仪表、液压装置等的润滑（Y—仪表）。

（6）缝纫机油（HA－8），用于缝纫机件的润滑（A—其他）。

三、润滑脂

润滑脂俗称黄油，是一种膏状的半固体润滑剂。由于它在常温下能保持自己的形状，在垂直时表面不流失，并能在敞开或密封不良的摩擦部位工作，因此能解决润滑油难于解决的问题。常用于各种电机轴承中。

润滑脂由基础油（约占总量的 75%～90%）、稠化剂（约占 10%～20%）、添加剂（约占 0.5%～5%）三部分组成。基础油（润滑油）是润滑脂的主体，决定润滑脂的性能。稠化剂起骨架作用，润滑油附着于骨架上大大降低其滚动性，形成黏稠的膏状物。添加剂是为了改善润滑脂的其他性能而加进的少量成分，如为提高防锈能力加入的防锈剂，为增强抗氧化性加入的抗氧剂。

1. 润滑脂的技术参数

（1）针入度。针入度（重量为150g的标准圆锥体，沉入润滑脂试样，经5s所达到的深度，其单位为1/10mm）可衡量润滑脂的软硬、稠稀程度，其值越小越稠（硬）。

（2）滴点。滴点表示耐热性能，是指润滑脂被加热到滴出第一滴油时的温度。使用场合的环境温度与允许温升是选择润滑脂的重要参数，与滴点有关。上述温度越高，要求滴点值也越高。

（3）最高工作温度。

（4）最低工作温度。

（5）抗水性等，都是选用润滑脂时必须考虑的因素。

2. 润滑脂的类型及常用润滑脂

润滑脂通常是以稠化剂来分类的，大致分为皂基、烃基、无机型和有机型四种类型。润滑脂的性质和使用范围主要由稠化剂来决定。各类润滑脂大多数按稠化剂的名称命名，例如钙基润滑脂、钠基润滑脂、锂基润滑脂、烃基润滑脂、膨润土润滑脂等。常用润滑脂及其主要性质、用途，见表5-19。

表5-19　　常用润滑脂及其主要性质、用途

名称（标准号）代号			颜色	滴点（不低于）（℃）	针入度 150g、25℃（1/10mm）	使用场合
钙基润滑脂（GB491－65）	1号 2号 3号 4号 5号	ZG－1 ZG－2 ZG－3 ZG－4 ZG－5	从淡黄色到暗褐色，在玻璃上涂抹1～2mm厚的润滑脂层，对光检查时，呈均匀无块状油膏	75 80 85 90 95	310～340 265～295 220～250 175～205 130～160	工作温度低于55～60℃与水接触的封闭式电动机，各种工农业与交通机械设备的轴承润滑。特点耐水性好，但不耐热
钠基润滑脂（GB492－77）	2号 3号 4号	ZN－2 ZN－3 ZN－4	深黄色到暗褐色均匀软膏	140 140 150	265～295 220～250 175～205	在较高工作温度、清洁无水分条件下（不潮湿）工作的开启式电机，其工作温度分别为：2号低于115℃，3号低于115℃，4号低于130℃
高温钠基脂			深绿色纤维状均匀软膏	200	170～225	高温钠基脂工作温度在140～160℃间
钙钠基润滑脂（SY1403－62）	1号 2号	ZGN－1 ZGN－2	由黄色到深棕色均匀软膏	120 135	250～290 200～240	在80～100℃，有水分或较潮湿环境下工作，电机润滑，不适于低温
石墨钙基润滑脂（SY1405－65）		ZG－S	黑色均一的非纤维状油膏	80	—	适于工作温度60℃以下粗糙、重负荷摩擦部位；不适于滚动轴承润滑

续表

名称（标准号）代号			颜 色	滴点（不低于）（℃）	针入度 150g、25℃（1/10mm）	使用场合
复合钙基润滑脂（SY1047－75）	1号	ZFG－1	淡黄色到暗褐色的光滑透明油膏	180	310～340	用于高温、有严重水分场合的封闭式电动机。工作温度范围在120～150℃之间
	2号	ZFG－2		200	265～295	
	3号	ZFG－3		220	220～250	
	4号	ZFG－4		240	175～205	
锂基润滑脂（SY1412－75）	1号	ZL－1	淡黄色到暗褐色均匀油膏	170	310～340	通用长寿命的润滑脂。可代替钙基、钠基、钙钠基润滑脂。广泛用于高温、高速及与水接触的机器上，能长期在120℃左右工作。2号用于中小型电机，3号用于大中型电机
	2号	ZL－2		175	265～295	
	3号	ZL－3		180	220～250	
	4号	ZL－4		185	175～205	
铝基润滑脂（SY1408－59）	2号	ZU－2	淡黄色到暗褐色的光滑透明油膏	75	230～280	用于常温工作，有严重水分场合电机和机器。特点是具有良好的抗水性和防护性

3. 润滑脂的应用举例

(1) 室温下，湿度较大或与水接触的场合使用的封闭式电动机用钙基（动植物油与石灰制成的钙皂为稠化剂）润滑脂 ZG－3：深黄色软膏状，25℃时针入度为 220～250（1/10mm），滴点不低于 85℃；最高工作温度 60℃，最低工作温度－10℃；不易溶于水，抗水性较强。

(2) 较高温度、清洁、无水条件下的开启式电动机可用 ZH－4 铝基润滑脂。硬脂酸铝皂为稠化剂，基础油为中等黏稠度的润滑油，呈暗褐色软膏状，针入度 175～205（1/10mm），滴点不低于 150℃，最高工作温度 150℃，最低工作温度－10℃，抗水性差，易溶于水。

(3) 高温环境、有水接触及严重水分的开启式及封闭电动机可用复合铝基润滑脂 ZFV－4。此润滑脂为黄褐色软膏状，针入度 175～205（1/10mm），滴点不低于 210℃，最高工作温度 200℃，抗水性强。

四、润滑脂的选用及使用注意事项

1. 润滑脂的选用

电工维修中选用的多数是电机中的轴承润滑剂，而电机常用的润滑剂是润滑脂。在选用润滑脂时，电机的工作温度、速度要与润滑脂的工作温度范围（最高与最低工作温度）、滴点相适应。润滑点的工作温度对润滑脂的润滑作用和使用寿命有很大的影响，一般认为润滑点工作温度超过润滑脂温度上限后，温度每升高 10～15℃，润滑脂的寿命降低 1/2。

润滑点的工作温度还随周围环境介质温度的变化而变化。除此以外，负荷、速度、长期连续运行、润滑脂装填得太多等因素也对润滑点的工作温度有一定的影响。对于温度低、转速高的电机选针入度值高的。电机的工作环境，与润滑脂的抗水性能密切相关，所以不能忽视抗水性这一参数。总的来讲，选用时应根据使用条件选择参数（针入度、滴点、工作温度、抗水性），选出最合适的润滑脂。除此，在选用润滑脂时，还要考虑使用时的经济性，综合分析使用此润滑脂以后是否延长了润滑周期，提高了加注次数、脂消耗量、轴承的失效率和维修费用等。

2. 使用润滑脂注意事项

电机用轴承润滑脂的用量一般约占轴承室容积的1/3～1/2。低转速可加至上限，高转速宜略少些。同时为了防止润滑剂流失和外界灰尘、水分侵入轴承，必须注意密封。轴承运行1000～1500h后应加一次润滑脂，运行2500～3000h后应更换润滑脂。不同型号润滑脂不能混用。添加润滑脂时应与原牌号相同。按不同电机轴承类型及使用时间的长短定期更换润滑脂。更换润滑脂时，必须将陈脂清洗干净。

习　　题

一、填空

（1）线管的作用是________。常用的线管有：①________、②________、③________、④________、⑤________、⑥________、⑦________。

（2）线管公称尺寸以内径（或近似值）表示的有________、________、________、________、________，以外径（或近似值）表示的有________和________。

（3）瓷管型号的含义：UWA－5 ______________、UZB－19 ______________、UBB－25 ______________。

（4）钎焊材料有________、________、________三类。

（5）锡铅钎料是电子上使用最广泛的一类，其产成品有_______、_______、_______三种。

（6）锡铅钎料所用松香助钎剂有____________和____________常用于无线电、电子行业。

（7）使用清洗剂的目的是__________________________，常用的清洗剂有________、____________、____________。

（8）胶黏剂由____________、____________、____________、____________和____________等组成。

（9）水与碱性液对502快干胶强度影响__________，应____________。

（10）润滑剂分为____________、____________和____________三类。

（11）润滑脂由____________、____________和____________组成。

（12）润滑脂的性能指标中，滴点表示________性能，针入度表示__________程度和________程度。

(13) 选用润滑脂应注意其主要参数__________、__________、__________与使用条件相适应。

(14) 润滑脂的选用举例：室温、潮湿、封闭式电机可选用__________；较高温、干燥环境可选用__________；高温、高湿度，开启式封闭式电机可选用__________。

(15) 润滑油习惯按__________分类，选用时应注意其性能与使用场合相适应，用错了达不到应有的效果，有时还会产生不良影响。

(16) 加润滑脂时，一般约是轴承容积的____________，对于转速低，负载轻的轴承可__________。不同牌号的润滑脂不能__________，更换时必须将旧脂__________。

二、问答题

(1) 如何检查钢筋混凝土电杆的质量？

(2) 如何根据工作环境条件正确选用线管？

(3) 什么是钎焊？硬钎焊？软钎焊？

(4) 助钎剂主要作用是什么？对它的基本要求有哪些？

(5) 胶黏剂的主要作用是什么？

(6) 如何选用胶黏剂？

(7) 502 胶的使用方法和注意事项是什么？

(8) 用胶黏剂黏结物质，具有哪些优缺点？举几种常用的黏结剂。

(9) 润滑剂的作用是什么？

三、简答题

(1) 简述常用 7 种线管的特点和用途。

(2) 简述对钎料的基本要求。

(3) 试选焊接黄铜电器件的钎料、助钎剂和清洗剂。

(4) 简述使用胶黏剂的方法与注意点。

(5) 简述焊剂在焊接时的作用，常用锡铅焊料如何选用。

四、名词解释

1. 针入度
2. 滴点
3. 增塑剂
4. 固化剂

参 考 文 献

1. 常润．电工手册．北京：北京出版社，1997.
2. 周文俊．电气设备使用手册．北京：中国水利水电出版社，1999.
3. 国家经济贸易委员会电力公司．电力电缆．北京：中国电力出版社，2002.
4. 李金伴，陆一心．电气材料手册．北京：化学工业出版社，2006.
5. L. Heinhold，R. Subbe(Hrsg.). 电力电缆及电线．北京：中国电力出版社，2001.
6. 中国电力企业联合会标准化中心．材料与金具标准．北京：中国电力出版社，2002.
7. 乔静宇．新编电气工程师实用手册．北京：中国水利水电出版社，1998.
8. 胡兆斌．绝缘材料．北京：化学工业出版社，2005.
9. 本书编写组．电力工程材料手册（电气材料）. 北京：中国电力出版社，2001.
10. 应去非，崔祐林．常用电工材料及其选用．北京：机械工业出版社，2003.
11. 芮静康．使用电工材料手册．北京：中国电力出版社，2003.
12. 郝有明，等．电力用油（气）实用技术问答．北京：中国水利水电出版社，2000.
13. 朱玉明，曾荣．电工材料．北京：北京科学技术出版社，1999.
14. 李海，等．光纤通信原理及应用．北京：中国水利水电出版社，2005.
15. 末松安晴，伊贺键一．光纤通信．北京：北京科学出版社，2005.
16. 孙克军．农村电工手册．北京：机械工业出版社，2002.
17. 高改莲，盛经文．电力工程常用材料．北京：中国水利水电出版社，1994.
18. 周南星．实用电工技术问答．北京：中国水利水电出版社，1997.
19. 许立梓，许守泽，朱龙昌．新编电工材料手册．广州：广东科技出版社，1994.